水环境污染控制技术

主编　倪寿清　蒙小俊

U0309140

中国原子能出版社
China Atomic Energy Press

图书在版编目（CIP）数据

水环境污染控制技术 / 倪寿清，蒙小俊主编. -- 北京：中国原子能出版社，2021.7（2023.1重印）

ISBN 978-7-5221-1480-4

Ⅰ. ①水… Ⅱ. ①倪… ②蒙… Ⅲ. ①水污染防治-研究 Ⅳ. ①X52

中国版本图书馆 CIP 数据核字（2021）第 136291 号

水环境污染控制技术

出版发行	中国原子能出版社（北京市海淀区阜成路 43 号 100048）	
责任编辑	刘东鹏	
责任印制	赵　明	
印　刷	河北宝昌佳彩印刷有限公司	
发　行	全国新华书店	
开　本	787mm×1092mm　1/16	
印　张	13.75	
字　数	280 千字	
版　次	2021 年 7 月第 1 版　2023 年 1 月第 2 次印刷	
书　号	ISBN 978-7-5221-1480-4	
定　价	76.00 元	

网址：http：//www.aep.com.cn　　　　E-mail：atomep123@126.com

前　言

　　资源短缺与环境污染是当今世界人类社会的突出问题，水资源与水环境首当其冲。水是人类及其他生物赖以生存的不可缺少的重要物质，也是工农业生产、社会经济发展和生态环境改善不可替代的自然资源。然而，自然界中的水资源是有限的，随着人口的不断增长和社会经济的迅速发展，用水量在不断增加，排放的废水、污水量也在不断增加，水资源与社会经济发展，生态环境保护之间的不协调关系在"水"上表现得十分突出。水资源的不合理开发和利用不仅引起大面积的缺水危机，还可能诱发区域性的生态恶化，严重地困扰着人类的生存和发展。

　　放眼世界文明史，无论是工业革命的发源地欧洲，还是科技最发达的美国，都经历了水污染的惨痛教训。我国改革开放以来经济的高速发展，最先凸显的沉重的环境代价也是水污染。水污染不仅进一步加剧了干旱、半干旱地区的水危机，也造成了"水乡缺水"情景的频繁发生。为了及时有效地解决这些水问题，必须加强水资源的污染控制，必须统筹考虑水资源与社会、经济、环境之间的协调发展，走可持续发展道路。为此，党和国家把环境保护摆到更加重要的位置，提出要加强环境保护，积极推进重点流域区域环境治理及城镇污水垃圾处理、农业面源污染治理、重金属污染综合整治等工作。水资源的合理利用与保护，不仅是我国现阶段必须大力发展和急需推进的重大战略，更是人类社会共同面临的课题。

　　水环境问题正受到各界的关注和重视。合理开发与利用水资源，科学治理污水，加强水环境管理与保护已经成为当前人类维持环境、经济和社会可持续发展的重要手段和保证措施。水资源的保护和水污染的治理都是十分重要的内容，因此，能够写作一本相关教材具有重要的现实意义。

　　作者在编写本书过程中，参考和借鉴了一些知名学者和专家的文献资料，在此向他们表示深深的感谢。由于作者水平有限，书中难免会出现不足之处，希望各位读者和专家能够提出宝贵意见，以待进一步修改，使之更加完善。

目　　录

第一章　绪论

导读：
　　水是人类及一切生物赖以生存的不可缺少的重要物质,也是工农业生产、经济发展和环境改善不可替代的极为宝贵的自然资源。但目前水资源短缺、洪涝灾害、水环境污染等问题日益严重,这迫使人类必须重视水资源与水环境的保护与利用。

学习目标：
　　1.了解水资源与水环境的含义
　　2.掌握水污染的来源及分类
　　3.了解水环境的主要危害

第一节　水资源与水环境

一、水资源

水是人类生存和社会发展必不可少的物质,是地球上最宝贵的一种自然资源。

地球上水的总量为 14.5 亿 km^3,其中淡水只占 2.5%,且主要分布在南北两极的冰雪中。目前,人类可以直接利用的只有地下水、湖泊淡水和河流水,三者总共约占地球总水量的 0.77%,除去不能开采的深层地下水,人类实际能利用的水占地球总水量的 0.26% 左右。

我国水资源总量 2.8 万亿 m^3,人均 2 173 m^3,仅为世界人均水平的 1/4。其特点是水资源不足、用水浪费、水污染严重,资源型缺水、工程型缺水和水质型缺水并存。并且我国水资源空间分布不平衡,总体上"南多北少",长江以北水系流域面积占全国国土面积的 64%,而水资源量仅占 19%。目前全国 600 多个城市中,400 多个缺水,其中 100 多个严重缺水,北京、天津等大城市最为严峻。

二、水循环

地球上的水始终处于循环运动之中,有自然循环和社会循环两种类型。

（一）自然循环

地球表面上的水在太阳辐射下，受热蒸发为水蒸气，水蒸气升至空中形成云，并被气流输送至各地，在适当条件下凝结而形成降水，降落在陆地上的雨雪转化为地表径流和地下径流，最后又回归海洋。因此自然界的水通过蒸发、输送、降水、渗透等环节不停地流动和转化，从海洋到天空高陆地，最后又回到海洋，这种循环就构成了水的自然循环。全世界自然水文循环总量 57.9 万 km^3/a，地表、地下径流总量 4.7 万 km^3/a。

（二）社会循环

人类以各种自然水体为水源用于生活和生产，使用后的水就变成了污染过的水，简称为废水或污水，被排出的污水最后又流入自然水体，这样在人类社会中构成的局部循环系统称为水的社会循环。

在水的社会循环中，显示出人与自然在水量和水质方面存在的巨大矛盾，集中表现在废水的排放对水体、土壤、大气等的污染，即废水污染。

三、水环境的概念

水环境即自然界中水的形成、分布和转化所处空间的环境，是指围绕人群空间及可直接或间接影响人类生活和发展的水体，其正常功能的各种自然因素和有关的社会因素的总体。也有的指相对稳定的、以陆地为边界的天然水域所处空间的环境。

水环境主要包括两大部分，即地表水环境和地下水环境。

（一）地表水环境

包括河流、湖泊、水库、海洋、池塘、沼泽和冰川等。

（二）地下水环境

包括泉水、浅层地下水、深层地下水等。

水环境是构成环境的基本要素之一，是人类社会赖以生存和发展的重要场所，也是受人类干扰和破坏最严重的领域。水环境的污染和破坏已成为当今世界主要的环境问题之一。

第二节　水污染的来源及分类

一、水体的主要污染源

水体是海洋、湖泊、河流、沼泽、水库、地下水的总称。按水体的类型，又可将水体分为海洋水体和陆地水体两种。陆地水体可以进一步分成地表水体和地下水体。

水在循环过程中，不可避免地会混入许多杂质（溶解的、胶态的和悬浮的），在自然循环中，由非污染环境混入的物质称为自然杂质或本底杂质。在社会循环中，使用过程中混入的物质称为污染物。

由于人类活动排放出大量的污染物,这些污染物通过不同的途径进入水体,使水体的感官性状(如色度、味、浑浊度等)、物理化学性质(如温度、电导率、氧化还原电位、放射性等)、化学成分(有机物和无机物)、水中的生物组成(种群、数量)以及底质等发生变化,水质变坏,水的用途受到影响,这种情况就称为水体污染。向水体排放或释放污染物的来源或场所,称为水体污染源。

随着人类生产、生活活动的不断扩大与增强,水体的污染程度有日益恶化的趋势。一般将水体的污染程度分为五级:一级水体水质良好,符合饮用水、渔业用水水质标准。二级水体受污染物轻度污染,符合地表水水质标准,可作为渔业用水,经处理之后可作为饮用水。三级水体污染较严重,但可以作为农业灌溉用水。四级水体水质受到重污染,水体中的水几乎无使用价值。五级水体水质受到严重污染,水质已超过工业废水最高允许排放浓度标准。

人类活动产生的大量污水中含有许多对水体产生污染的物质,从环境保护角度可将水体污染源分为以下几个方面。

(一) 生活废水

生活废水是人们日常生活中产生的各种废水的总称。它主要包括粪便水、洗浴水、洗涤水和冲洗水等。其来源除家庭生活废水外,还有各种集体单位和公用事业单位等排出的废水。

生活废水中杂质很多,杂质的浓度与用水量多少有关,它有如下几个特点:第一,含氮、磷、硫高。第二,含有纤维素、淀粉、糖类、脂肪、蛋白质、尿素等在厌氧性细菌作用下易产生恶臭的物质。第三,含有多种微生物,如细菌、病原菌、病毒等,易使人传染上各种疾病。第四,由于洗涤剂的大量使用,它在废水中含量增大,呈弱碱性,对人体有一定危害。

随着人口在城市和工业区的集中,城市生活废水的排放量剧增。生活废水中多含有机物质,容易被生物化学氧化而降解。未经处理的生活废水排入天然水体会造成水体污染。所以,这种水一般不能直接用于农业灌溉,需经处理后才能进行排放。

(二) 工业废水

1.工业废水的特点

由于工业的迅速发展,工业废水的水量及水质污染量很大,它是最重要的污染源,具有以下几个特点。

(1)排放量大,污染范围广,排放方式复杂

工业生产用水量大,相当一部分生产用水都挟带原料、中间产物、副产物及终产物等排出厂外。工业企业遍布全国各地,污染范围广,不少产品在使用中又会产生新的污染。如全世界化肥施用量约 5 亿 t,农药 200 多万 t,使遍及全世界广大地区的地表水和地下水都受到不同程度的污染。工业废水的排放方式复杂,有间歇排放、连续排放、有规律排放和无规律排放等,给污染的防治造成很大困难。

(2)污染物种类繁多,浓度波动幅度大

由于工业产品品种繁多,生产工艺也各不相同,因此工业生产过程中排出的污染物也数不胜数,不同污染物性质有很大差异,浓度也相差甚远。

（3）污染物质毒性强，危害大

被酸碱类污染的废水有刺激性、腐蚀性，而有机含氧化合物如醛、酮等则有还原性，能消耗水中的溶解氧，使水缺氧而导致水生生物死亡。工业废水中含有大量的氮、磷、钾等营养物，可促使藻类大量生长耗去水中溶解氧，造成水体富营养化污染。工业废水中悬浮物含量很高，可达 3 000 mg/L，为生活废水的 10 倍。

（4）污染物排放后迁移变化规律差异大

工业废水中所含各种污染物的性质差别很大，有些还有较强的毒性、较大的蓄积性及较高的稳定性。一旦排放，迁移变化规律不相同，有的沉积水底，有的挥发转入大气，有的富集于生物体内，有的则分解转化为其他物质，甚至造成二次污染，使污染物具有更大的危险性。

（5）恢复比较困难

水体一旦受到污染，即使减少或停止污染物的排放，要恢复到原来状态仍需要相当长的时间。

2.工业废水的来源

（1）采矿及选矿废水

各种金属矿、非金属矿、煤矿开采过程中产生的矿坑废水，主要含有各种矿物质悬浮物和有关金属溶解离子。硫化矿床的矿水中含有硫酸及酸性矿水，有较大的污染性。选矿或洗煤的废水，除含有大量的悬浮矿物粉末或金属离子外，还含有各类浮选剂。

（2）金属冶炼废水

炼铁、炼钢、轧钢等过程的冷却水及冲浇铸件、轧件的水，污染性不大；洗涤水是含污染物质最多的废水，如除尘、净化烟气的废水常含大量的悬浮物，需经沉淀后方可循环利用，但酸性废水及含重金属离子的水有污染。

（3）炼焦煤气废水

焦化厂、城市煤气厂等在炼焦与煤气发生过程中产生严重污染的废水，含有大量酚、氨、硫化物、氧化物、焦油等杂质，可产生多方面的污染效应。

（4）机械加工废水

机械加工废水主要含有润滑油、树脂等杂质，机械加工各种金属制品所排出的废液和冲洗废水，还含有各种金属离子，如铬、锌以及氰化物等，它们都是剧毒性的。电镀废水的涉及面很广，且污染性大，是重点控制的工业废水之一。

（5）石油工业废水

石油工业废水主要包括石油开采废水、炼油废水和石油化工废水三个方面。油田开采出的原油在脱水处理过程中排出含油废水，这种废水中含有大量溶解盐类，其具体成分与含油地层地质条件有关。

炼油厂排出的废水主要是含油废水、含硫废水和含碱废水。含油废水是炼油厂最大量的一种废水，主要含石油，并含有一定量的酚、丙酮、芳烃等；含硫废水具有强烈的恶臭，对设备具有腐蚀性；含碱废水主要含氢氧化钠，并常挟带大量油及相当数量的酚和硫，pH 可达11~14。

石油化工废水成分复杂。裂解过程的废水基本上与炼油废水相同,除含油外还可能有某些中间产物混入,有时还含有氰化物。由于产品种类多且工艺过程各不相同,废水成分极为复杂。总的特点是悬浮物少,溶解性或乳浊性有机物多,常含有油分和有毒物质,有时还含有硫化物和酚等杂质。

(6)化工废水

化学工业包括有机化工和无机化工两大类,化工产品多种多样,成分复杂,排出的废水也多种多样。其中多数有剧毒,不易净化,在生物体内有一定的积累作用,在水体中具有明显的耗氧性质,易使水质恶化。

无机化工包括从无机矿物制取酸、碱、盐类基本化工原料的工业,这类生产中主要有冷却用水,排出的废水中含酸、碱、大量的盐类和悬浮物,有时还含硫化物和有毒物质。有机化工废水则成分多样,包括合成橡胶、合成塑料、人造纤维、合成染料、油漆涂料、制药等过程中排放的废水,具有强烈耗氧的性质,毒性较强,且由于多数是人工合成的有机化合物,因此污染性很强,不易分解。

(7)造纸废水

造纸工业使用木材、稻草、芦苇、破布等原料,经高温高压蒸煮而分离出纤维素,制成纸浆。在生产过程中,最后排出原料中的非纤维素部分成为造纸黑液。黑液中含有木质素、纤维素、挥发性有机酸等,有臭味,污染性很强。

(8)纺织印染废水

纺织废水主要是原料蒸煮、漂洗、漂白、上浆等过程中产生的含天然杂质、脂肪以及淀粉等有机物的废水。印染废水是洗染、印花、上浆等多道工序中产生的废水,含有大量染料、淀粉、纤维素、木质素、洗涤剂等有机物,以及碱、硫化物、各类盐类等无机物,污染性很强。

(9)皮毛加工及制革废水

皮毛加工及制革废水主要包括动物生皮脱毛和鞋制等加工过程中,经浸泡、脱毛、清理等预备工序排出的废水,富含丹宁酸和铬盐,有很强的耗氧性,是污染性很强的工业废水之一。

(10)食品工业废水

食品工业的内容极其复杂,包括制糖、酿造、肉类、乳品加工等生产过程,所排出的废水都含有机物,具有强的耗氧性,且有大量悬浮物随废水排出。动物性食品加工排出的废水中还含有动物排泄物、血液、皮毛、油脂等,并可能含有病菌,因此耗氧量很高,比植物性食品加工排放的废水的污染性高得多。

(三)农业废水

农业废水包括农作物栽培、牲畜饲养、食品加工等过程排出的废水和液态废物。在农业生产方面,农药、化肥的广泛施用也对水环境、土壤环境等造成了严重的污染。

喷洒农药及施用化肥时,一般只有少量附着或施用于农作物上,其余绝大部分残留在土壤和飘浮在大气中,然后通过降雨、径流和土壤渗流进入地表水或地下水,造成污染。农药是农业污染的主要方面。各种类型农药的广泛施用,使它存在于土壤、水体、大气、农作物和水生生物体中。

肉类制品(包括鸡、猪、牛、羊等)在过去的15年中产量急剧增长,随之而来的是大量的动物粪便直接排入饲养场附近水体,造成了水体污染。牲畜饲养场排出的废物也是水体中生化需氧量和大肠杆菌污染的主要来源。在杭州湾进行的一项研究发现,水体中化学需氧量的88%来自农业,化肥和粪便中所含的大量营养物是对该水域自然生态平衡以及内陆地表水和地下水质量的最大威胁。

农业废水是造成水体污染的面源,它面广、分散,难于收集,难于治理。综合来看,农业污染具有以下两个显著特点:①有机质、植物营养物质及病原微生物含量高,如中国农村牛圈所排废水的生化需氧量可高达4 300 mg/L,是生活废水的几十倍。②含较大量的化肥、农药。施用的农药、化肥的80%~90%均可进入水体,有机氯农药半衰期约为15年,所以参加了水循环而形成全球性污染,在一般各类水体中均有其存在。

二、水体主要污染物

凡使水体的水质、生物质、底质质量恶化的各种物质均可称为水体污染物或水污染物。根据对环境污染危害的情况不同,可将水污染物分为以下几个类别:固体污染物、生物污染物、需氧有机污染物、营养性污染物、感官污染物、酸碱盐类污染物、有毒污染物、油类污染物、热污染等。

(一)固体污染物

固体物质在水中有三种存在形态:溶解态、胶体态、悬浮态。在水质分析中,常用一定孔径的滤膜过滤的方法将固体微粒分为两部分:被滤膜截留的悬浮固体和透过滤膜的溶解性固体,两者合称总固体。一部分胶体包括在悬浮物内,另一部分胶体包括在溶解性固体内。

悬浮物在水体中沉积后,会淤塞河道,危害水体底栖生物的繁殖,影响渔业生产。灌溉时,悬浮物会阻塞土壤的孔隙,不利于作物生长。大量悬浮物的存在,还干扰废水处理和回收设备的工作。在废水处理中,通常采用筛滤、沉淀等方法使悬浮物与废水分离而除去。

水中的溶解性固体主要是盐类,亦包括其他溶解的污染物。含盐量高的废水,对农业和渔业生产有不良影响。

(二)生物污染物

生物污染物系指废水中的致病微生物及其他有害的生物体。主要包括病毒、病菌、寄生虫卵等各种致病体。此外,废水中若生长有铁菌、硫菌、藻类、水草及贝壳类动物,会堵塞管道、腐蚀金属及恶化水质,也属于生物污染物。

生物污染物主要来自城市生活废水、医院废水、垃圾及地表径流等方面。病原微生物的水污染危害历史最久,至今仍是危害人类健康和生命的重要水污染类型。洁净的天然水一般含的细菌是很少的,病原微生物更少,受病原微生物污染后的水体,微生物激增,其中许多是致病菌、病虫卵和病毒,它们往往与其他细菌和大肠杆菌共存,所以通常规定用细菌总数和菌指数作为病原微生物污染的间接指标。

病原微生物的特点是数量大、分布广,存活时间较长,繁殖速度很快,易产生抗药性,很难消灭。因此,此类污染物实际上通过多种途径进入人体,并在体内生存,一旦条件适合,就会引起人体疾病。

(三)需氧有机污染物

废水中能通过生物化学和化学作用而消耗水中溶解氧的物质,统称为需氧污染物。绝大多数的需氧污染物是有机物,无机物主要有 Fe,Fe^{2+},S^{2-},SO_3^{2-},CN^- 等,仅占很少一部分。因而,在水污染控制中,一般情况下需氧物即指有机物。

天然水中的有机物一般指天然的腐殖质及水生生物的生命活动产物,生活废水、食品加工和造纸等工业废水中,含有大量的有机物,如碳水化合物、蛋白质、油脂、木质素、纤维素等。有机物的共同特点是这些物质直接进入水体后,通过微生物的生物化学作用而分解为简单的无机物质——二氧化碳和水,在分解过程中需要消耗水中的溶解氧,而在缺氧条件下污染物就发生腐败分解、恶化水质,因此常称这些有机物为需氧有机物。水体中需氧有机物越多,耗氧越多,水质也越差,说明水体污染越重。在一给定的水体中,大量有机物质能导致氧的近似完全消耗,很明显对于那些需氧的生物来说,要生存是不可能的,鱼类和浮游动物在这种环境下就会死亡。

需氧有机物常出现在生活废水及部分工业废水中,如有机合成原料、有机酸碱、油脂类、高分子化合物、表面活性剂、生活废水等。它的来源多、排放量大,所以污染范围广。

(四)营养性污染物

营养性污染物是指可引起水体富营养化的物质,主要是指氮、磷等元素,其他尚有钾、硫等。此外,可生化降解的有机物、维生素类物质、热污染等也能触发或促进富营养化过程。

从农作物生长的角度看,植物营养物是宝贵的物质,但过多的营养物质进入天然水体,将使水质恶化,影响渔业的发展和危害人体健康。一般来说,水中氮和磷的浓度分别超过 0.2 mg/L 和 0.02 m/L 时,会促使藻类等绿色植物大量繁殖,在流动缓慢的水域聚集而形成大片的水华(在湖泊、水库)或赤潮(在海洋);而藻类的死亡和腐化又会引起水中溶解氧的大量减少,使水质恶化,鱼类等水生生物死亡;严重时,由于某些植物及其残骸的淤塞,会导致湖泊逐渐消亡。这就是水体的营养性污染(又称富营养化)。

水中营养物质的来源,主要来自化肥。施入农田的化肥只有一部分被农作物吸收,其余绝大部分被农田排水和地表径流挟带至地下水和河、湖中。其次,营养物来自人、畜、禽的粪便及含磷洗涤剂。此外,食品厂、印染厂、化肥厂、染料厂、洗毛厂、制革厂、炸药厂等排出的废水中均含有大量氮、磷等营养元素。

(五)感官污染物

废水中能引起异色、浑浊、泡沫、恶臭等现象的物质,虽无严重危害,但能引起人们感官上的极度不快,被称为感官性污染物。对于供游览和文体活动的水体而言,感官性污染物的危害则较大。

异色、浑浊的废水主要来源于印染厂、纺织厂、造纸厂、焦化厂、煤气厂等。恶臭废水主要来源于炼油厂、石化厂、橡胶厂、制药厂、屠宰厂、皮革厂等。当废水中含有表面活性物质时,在流动和曝气过程中将产生泡沫,如造纸废水、纺织废水等。

各类水质标准中,对色度、臭味、浊度、漂浮物等指标都做了相应的规定。

(六)酸碱盐类污染物

酸碱污染物主要由工业废水排放的酸碱以及酸雨带来。酸碱污染物使水体的 pH 发生变化,破坏自然缓冲作用,消灭或抑制细菌及微生物的生长,妨碍水体自净,使水质恶化、土壤酸化或盐碱化。

各种生物都有自己的 pH 适应范围,超过该范围,就会影响其生存。对渔业水体而言,pH 不得低于 6 或高于 9.2,当 pH 为 5.5 时,一些鱼类就不能生存或繁殖率下降。农业灌溉用水的 pH 应为 4.5～8.5。此外,酸性废水也对金属和混凝土材料造成腐蚀。

酸与碱往往同时进入同一水体,从 pH 角度看,酸、碱污染因中和作用而自净了,但会产生各种盐类,又成了水体的新污染物。无机盐的增加能提高水的渗透压,对淡水生物、植物生长都有影响。在盐碱化地区,地表水、地下水中的盐将进一步危害土壤质量,酸、碱、盐污染造成的水的硬度的增长在某些地质条件下非常显著。

(七)有毒污染物

废水中能对生物起毒性反应的物质,称为有毒污染物,简称为毒物。工业上使用的有毒化学物已经超过 12 000 种,而且每年以 500 种的速度递增。毒物可引起生物急性中毒或慢性中毒,其毒性的大小与毒物的种类、浓度、作用时间,环境条件(如温度、pH、溶解氧浓度等),有机体的种类及健康状况等因素有关。大量有毒物质排入水体,不仅危及鱼类等水生生物的生存,而且许多有毒物质能在食物链中逐级转移、浓缩,最后进入人体,危害人的健康。

废水中的毒物可分为无机毒物、有机毒物和放射性物质等三类。

1.无机毒物

包括金属和非金属两类。金属毒物主要为重金属(汞、镉、镍、锌、铜、铬、铅、钛等)及轻金属。非金属毒物有砷、硒、氰化物、氟化物、硫化物、亚硝酸盐等。重金属不能被生物降解,其毒性以离子态存在时最为严重,故常称其为重金属离子毒物。重金属能被生物富集于体内,有时还可被生物转化为毒性更大的物质(如无机汞被转化为烷基汞),是危害特别大的一类污染物。

2.有机毒物

这类毒物大多是人工合成有机物,难以被生化降解,毒性很大。在环境污染中具有重要意义的有机毒物包括有机农药、多氯联苯、芳香胺类、杂环化合物、酚类等。许多有机毒物因其"三致效应"(致畸、致突变、致癌)和蓄积作用而引起人们格外的关注。以有机氯农药为例,首先,其具有很强的化学稳定性,在自然环境中的半衰期为十几年到几十年;其次,它们都可通过食物链在人体内富集,危害人体健康。如 DDT 能蓄积于鱼脂中,浓度可比水体中高 12 500 倍。

3.放射性物质

放射性是指原子核衰变而释放射线的物质属性,废水中的放射性物质主要来自铀、镭等放射性金属的生产和使用过程,如核试验、核燃料再处理、原料冶炼等。其浓度一般较低,主要会引起慢性辐射和后期效应,如诱发癌症,对孕妇和婴儿产生损伤,引起遗传性伤害等。

(八)油类污染物

油类污染物包括矿物油和动植物油。它们均难溶于水,在水中常以粗分散的可浮油和细分散的乳化油等形式存在。

油污染是水体污染的重要类型之一,特别是在河口、近海水域更为突出。其主要是由工业排放、海上采油、石油运输船只的清洗及油船意外事故的流出等造成的。漂浮在水面上的油形成一层薄膜,影响大气中氧的融入,从而影响鱼类的生存和水体的自净作用,也干扰某些水处理设施的正常运行。油类污染物还能附着于土壤颗粒表面和动植物体表,影响养分的吸收和废物的排出。

(九)热污染

废水温度过高而引起的危害,叫作热污染。热污染的主要危害有以下几点:

第一,由于水温升高,水体溶解氧浓度降低,大气中的氧向水体传递的速率也减慢;另外,水温升高会导致生物耗氧速度加快,促使水体中的溶解氧更快被耗尽,水质迅速恶化,造成异色和水生生物因缺氧而死亡。

第二,水温升高会加快藻类繁殖,从而加快水体富营养化进程。

第三,水温升高可导致水体中的化学反应速度加快,使水体的物理化学性质如离子浓度、电导率、腐蚀性发生变化,从而引起管道和容器的腐蚀。

第四,水温升高会加快细菌生长繁殖,增加后续水处理的费用。

第三节　水环境污染的主要危害

我国有关专家多项研究结果显示,我国水污染造成的经济损失占 GDP 的比率在 1.46%~2.84% 之间。水污染危害主要体现在以下方面。

一、降低饮用水的安全性,危害人的健康

长期饮水水质不良,必然会导致体质不佳、抵抗力减弱,引发疾病。伤寒、霍乱、胃肠炎、痢疾等人类疾病,均由水的不洁引起。当水中含有有害物质时,对人体的危害就更大。

饮用水的安全性与人体健康直接相关。安全饮用水的供给是以水质良好的水源为前提的。但是,我国近90%的城镇饮用水源已受到城市污水、工业废水和农业排水的威胁。水源受到的污染使原有的水处理工艺受到前所未有的挑战,有的已不可能生产出安全的饮用水,甚至不能满足冷却水及工艺用水的水质要求。

水污染后,通过饮水或食物链,污染物进入人体,使人急性或慢性中毒。水环境污染对人体健康的危害最为严重,特别是水中的重金属、有害有毒有机污染物及致病菌和病毒等。

重金属毒性强,对人体危害大,是当前人们最关注的问题之一。重金属对人体危害的

特点：

第一，饮用水含微量重金属，即可对人体产生毒性效应。一般重金属产生毒性的浓度范围是 1~10 mg/L，毒性强的汞、镉产生毒性的浓度为 0.01~0.1 mg/L。

第二，重金属多数是通过食物链对人体健康造成威胁。

第三，重金属进入人体后不容易排泄，往往造成慢性累积性中毒。

日本的"水俣病"是典型的甲基汞中毒引起的公害病，是通过鱼、贝类等食物摄入人体引起的；日本的"骨痛病"则是由于镉中毒，引起肾功能失调，骨质中钙被镉取代，使骨骼软化，极易骨折。砷与铬毒性相近，砷更强些，三氧化二砷（砒霜）毒性最大，是剧毒物质。

二、影响工农业生产，降低效益

有些工业部门，如电子工业对水质要求高，水中有杂质，会使产品质量受到影响。尤其是食品工业用水要求更为严格，水质不合格，会使生产停顿。某些化学反应也会因水中的杂质而发生，使产品质量受到影响。废水中的某些有害物质还会腐蚀工厂的设备和设施，甚至使生产不能进行下去。

农业使用污水，使作物减产，品质降低，甚至使人畜受害，大片农田遭受污染，降低土壤质量。如锌的质量浓度达到 0.01~1.0 mg/L 即会对作物产生危害，5 mg/L 使作物致毒，3 mg/L 对柑橘有害。

水质污染后，工业用水必须投入更多的处理费用，造成资源、能源的浪费，这也是工业企业效益不高、质量不好的因素之一。

三、影响农产品和渔业产品质量安全

目前，我国污水灌溉的面积比 20 世纪 80 年代增加了 1.6 倍，由于大量未经充分处理的污水被用于灌溉，已经使 1000 多万亩农田受到重金属和合成有机物的污染。长期的污水灌溉使病原体、"三致"物质通过粮食、蔬菜和水果等食物链迁移到人体内，造成污水灌溉区人群寄生虫、肠道疾病发病率、肿瘤死亡率等大幅度提高。

有机污染物分耗氧有机物和难降解有机物。耗氧有机物在水体中发生生物化学分解作用，消耗水中的氧，从而破坏水生态系统，对鱼类影响较大。在正常情况下，20 ℃水中溶解氧量（DO）为 9.77 mg/L，当 DO 值大于 7.5 mg/L 时，水质清洁；当 DO 值小于 2 mg/L 时，水质发臭。渔业水域要求在 24 h 中有 16 h 以上 DO 值不低于 5 mg/L，其余时间不得低于 3 mg/L。

四、造成水的富营养化，危害水体生态系统

生活污水含有大量氮、磷、钾，一经排放，大量有机物在水中降解放出营养元素，引起水体的富营养化，藻类过量繁殖。在阳光和水温最适宜的季节，藻类的数量可达 100 万个/L 以上，水面出现一片片"水花"，称为"赤潮"。水面在光合作用下溶解氧达到过饱和，而底层则因光合作用受阻，藻类和底生植物大量死亡，它们在厌氧条件下腐败、分解，又将营养素重

新释放进水中,再供给藻类,周而复始,因此水体一旦出现富营养化就很难消除。水生生态系统结构、功能失调,水体使用功能受到很大影响,甚至使湖泊、水库退化、沼泽化。

富营养化水体对鱼类生长极为不利,过饱和的溶解氧会产生阻碍血液流通的生理疾病,使鱼类死亡;缺氧也会使鱼类死亡。而藻类太多堵塞鱼鳃,影响鱼类呼吸,也能致死。

含氮化合物的氧化分解会产生硝酸盐,硝酸盐本身无毒,但硝酸盐在人们体内可被还原为亚硝酸盐。研究认为,亚硝酸盐可以与仲胺作用形成亚硝胺,这是一种强致癌物质。因此,有些国家的饮用水标准对亚硝酸盐含量提出了严格要求。

五、加剧水资源短缺危机,破坏可持续发展的基础

对于一些本来就贫水的国家而言,水污染导致的问题更加严重。水污染使水体功能降低,甚至丧失,更加加重贫水地区缺水的程度,还使一些水资源丰富的地区和城市面临着大面积水质不合格而严重影响使用,形成了所谓的污染型缺水。可持续发展无从谈起。

第四节　水体自净

水体自净的定义有广义与狭义两种:广义的定义指受污染的水体,经过水中物理、化学与生物作用,使污染物浓度降低,并基本恢复或完全恢复到污染前的水平;狭义的定义指水体中的微生物氧化分解有机物而使得水体得以净化的过程。

有机的自净过程,一般分为三个阶段。第一阶段是易被氧化的有机物所进行的化学氧化分解。该阶段在污染物进入水体以后数小时之内即可完成。第二阶段是有机物在水中微生物作用下的生物化学氧化分解。该阶段持续时间的长短随水温、有机物浓度、微生物种类与数量等而不同。一般要延续数天,但被生物化学氧化的物质一般在5天内可全部完成。第三阶段是含氮有机物的硝化过程。这个过程最慢,一般要持续一个月左右。

一、水体自净特征

废水或污染物一旦进入水体后,就开始了自净过程。该过程由弱到强,直到趋于恒定,使水质逐渐恢复到正常水平。全过程的特征是:

1.进入水体中的污染物,在连续的自净过程中,总的趋势是浓度逐渐下降。

2.大多数有毒污染物经各种物理、化学和生物作用,转变为低毒或无毒化合物。

3.重金属一类污染物,从溶解状态被吸附或转变为不溶性化合物,沉淀后进入底泥。

4.复杂的有机物,如碳水化合物,脂肪和蛋白质等,不论在溶解氧富裕或缺氧条件下,都能被微生物利用和分解。先降解为较简单的有机物,再进一步分解为二氧化碳和水。

5.不稳定的污染物在自净过程中转变为稳定的化合物。如氨转变为亚硝酸盐,再氧化为硝酸盐。

6.在自净过程的初期,水中溶解氧数量急剧下降,到达最低点后又缓慢上升,逐渐恢复到正常水平。

7.进入水体的大量污染物,如果是有毒的,则生物不能栖息,如不逃避就要死亡,水中生物种类和个体数量就要随之大量减少。随着自净过程的进行,有毒物质浓度或数量下降,生物种类和个体数量也逐渐随之回升,最终趋于正常的生物分布。进入水体的大量污染物中,如果含有机物过高,那么微生物就可以利用丰富的有机物为食料而迅速的繁殖,溶解氧随之减少。随着自净过程的进行,使纤毛虫之类的原生动物有条件取食于细菌,则细菌数量又随之减少;而纤毛虫又被轮虫、甲壳类吞食,使后者成为优势种群。有机物分解所生成的大量无机营养成分,如氮、磷等,使藻类生长旺盛,藻类旺盛又使鱼、贝类动物随之繁殖起来。

二、水体自净实现方式

水体自净主要通过三方面作用来实现。广义的是指受污染的水体由于物理、化学、生物等方面的作用,使污染物浓度逐渐降低,经一段时间后恢复到受污染前的状态;狭义的是指水体中微生物氧化分解有机污染物而使水质净化的作用。影响水体自净过程的因素很多,主要有:河流、湖泊、海洋等水体的地形和水文条件;水中微生物的种类和数量;水温和复氧(大气中的氧接触水面溶入水体)状况;污染物的性质和浓度等。水体自净机理包括沉淀、稀释、混合等物理过程以及生物化学过程。各种过程同时发生,相互影响,并相互交织进行。一般说来,物理和生物化学过程在水体自净中占主要地位。水体的自净能力是有一定限度的,与其环境容量有关。水体自净是一种资源,合理而充分利用水体自净能力,可减轻人工处理污染的负担,并据此安排生产力布局以最经济的方法控制和治理污染源。

(一)物理作用

物理作用包括可沉性固体逐渐下沉,悬浮物、胶体和溶解性污染物稀释混合,浓度逐渐降低。其中稀释作用是一项重要的物理净化过程。

(二)化学作用

污染物质由于氧化、还原、酸碱反应、分解、化合、吸附和凝聚等作用而使污染物质的存在形态发生变化和浓度降低。化学自净是指水体中的污染物质通过氧化、还原、中和、吸附、凝聚等反应,使其浓度降低的过程。影响这种自净能力的因素有污染物质的形态和化学性质水体的温度、氧化还原电位、酸碱度等。水体中化学自净能力的强弱,主要从以下三个方面反映出来。

一是反映在 DO 的含量水平上。在化学自净过程中,作为水体氧化剂 DO,其含量高低能够衡量水体自净能力的强弱,因为 DO 的含量不仅直接影响水生生物的新陈代谢和生长,还直接影响水体中有机物的分解速率及物质循环。若水体中的 DO 含量高,既对水生生物的繁殖生长起促进作用,又能加快有机物的分解速度,使生态中的物质循环,尤其是氮的循环达到最佳循环效果,提高水体的自净能力。大清河河口区水体的 DO 含量极低,因而水体中有机物的氧化分解速度缓慢,有机物的大量积累,河口区水环境质量下降,直接影响水生生物的繁殖和生长。

二是反映在有机污染物的氧化分解能力上。COD 是反映水体有机污染程度的一个重要指标,其含量的高低能够体现水体质量的好坏。大清河河口区水体中的 COD 和 BOD$_5$ 含量高,一方面表明该水体的有机污染比较严重,另一方面则表明该水体自净能力较差,缺乏将复杂组分的有机物分解成简单组分无机化合物的环境能力。

三是反映在营养盐的形态转化和消减程度上。在化学自净过程中,三态无机氮的含量变化能够反映水体自净能力的强弱。这是因为工业废水和生活污水中含有大量的含氮有机物,在水体溶解氧充分的条件下,好氧细菌能把有机物彻底分解成二氧化碳、水及硝酸盐等稳定性化合物。但若水体中含氮有机物过量时,水体没有能力把全部有机氮转化为硝酸盐,而只能转化到某一阶段,如氨或亚硝酸盐。因此硝酸盐、亚硝酸盐和氨氮的含量及比例能够很好体现水体的自净能力。大清河河口区水体中氨氮的含量很高,但是亚硝酸盐和硝酸盐含量很低,说明大清河河口区水体的污染负荷已经远远超出了其自净能力。另外,沉积物向上覆水体释放大量有机物,也是导致该水域氨氮含量始终维持较高含量的直接原因。

(三) 生物作用

由于各种生物(藻类、微生物等)的活动特别是微生物对水中有机物的氧化分解作用使污染物降解。它在水体自净中起非常重要的作用。

水体中的污染物的沉淀、稀释、混合等物理过程,氧化还原、分解化合、吸附凝聚等化学和物理化学过程以及生物化学过程等,往往是同时发生,相互影响,并相互交织进行。一般说来,物理和生物化学过程在水体自净中占主要地位。生物自净是指进入水体的污染物,经过水生生物降解和吸收作用,使其浓度降低或转变为无害物质的过程。生物净化过程进行的快慢和程度与污染物的性质和数量、(微)生物种类及水体温度、供氧状况等条件有关。大清河河口区水体污染严重,水体中 DO 含量很低,而且氨化作用较强,微生物生长繁殖受到抑制,水体中微生物仅以氨化细菌等兼性细菌或厌氧细菌为主。河道两侧几乎都是人工硬化堤岸,且水体富营养化严重,高等水生植物的繁殖和生长困难,河口区水生生物的种类和数量均很少。

三、水体自净影响因素

水体的自净能力是有限的,如果排入水体的污染物数量超过某一界限时,将造成水体的永久性污染,这一界限称为水体的自净容量或水环境容量。影响水体自净的因素很多,其中主要因素有:受纳水体的地理、水文条件、微生物的种类与数量、水温、复氧能力以及水体和污染物的组成、污染物浓度等。

(一) 水文要素

流速、流量直接影响到移流强度和紊动扩散强度。流速和流量大,不仅水体中污染物浓度稀释扩散能力随之加强,而且水汽界面上的气体交换速度也随之增大。河流中流速和流量有明显的季节变化,洪水季节,流速和流量大,有利于自净;枯水季节,流速和流量小,给自净带来不利。

河流中含沙量的多少与水中某些污染物质浓度有一定关系。例如,研究发现中国黄河含沙量与含砷量呈正相关关系。这是因为泥沙颗粒对砷有强烈的吸附作用。一旦河水澄清,含砷量就大为减少。

水温不仅直接影响到水体中污染物质的化学转化的速度,而且能通过影响水体中微生物的活动对生物化学降解速度产生影响,随着水温的增加,BOD(生物耗氧量)的降低速度明显加快。但水温高却不利于水体富氧。深潭-急流-沙(河)滩是天然河道的一种基本结构单元,分析认为,深潭-急流-沙(河)滩系统由于结构单元不同的环境异质性,水体的自净作用会增强。对其进行采样分析,测定其水质指标,检验典型自然河道形态结构对水体自净的影响,为河流生态修复提供理论依据。结果表明:赤水河深潭水体中总氮、硝酸盐氮、氨氮浓度大于急流,而溶解氧 BOD_5、COD、总磷浓度表现为急流大于深潭。方差分析表明,深潭-急流总氮、BOD_5 浓度在枯水期和丰水期均差异不显著,枯水期深潭-急流硝酸盐氮、氨氮、溶解氧、总磷浓度差异极显著($P<0.01$,$n=9$),丰水期深潭-急流硝酸盐氮、氨氮、溶解氧、总磷浓度差异均不显著。就采样时期来看,总氮、硝酸盐氮、氨氮、溶解氧、BOD_5、COD 浓度均表现为枯水期大于丰水期,而总磷浓度表现为丰水期大于枯水期。以上结果表明,水体在经过深潭-急流-沙(河)滩这一结构单元时水质会有差异,河流中不断重复出现的深潭-急流-沙(河)滩系统能有效的改善河流水质,提高水体的自净能力。

(二)太阳辐射

太阳辐射对水体自净作用有直接影响和间接影响两个方面。直接影响指太阳辐射能使水中污染物质产生光转化;间接影响指可以引起水温变化和促进浮游植物及水生植物进行光合作用。太阳辐射对水深小的河流的自净作用的影响比对水深大的河流大。

(三)底质

底质能富集某些污染物质。河水与河床基岩和沉积物也有一定物质交换过程。这两方面都可能对河流的自净作用产生影响。例如河底若有铬铁矿露头,则河水中含铬可能较高;又如汞易被吸附在泥沙上,随之沉淀而在底泥中累积,虽较稳定,但在水与底泥界面上存在十分缓慢的释放过程,使汞重新回到河水中,所谓形成二次污染。此外,底质不同,底栖生物的种类和数量不同,对水体自净作用的影响也不同。以松木片、透水砖、釉面瓷砖、砾石、生态砖、干砌石、浆砌石和蜂巢格宾为研究对象,结合室内模拟和野外观测,定量研究了河岸河床材料对河流自净能力的影响,并从微生物的生物量、多样性和酶活性三方面,探讨了产生这种影响的内在机理。

(四)水生物和水中微生物

水中微生物对污染物有生物降解作用。某些水生物对污染物有富集作用,这两方面都能减低水中污染物的浓度。因此,若水体中能分解污染物质的微生物和能富集污染物质的的水生物品种多、数量大,对水体自净过程较为有利。

(五)污染物的性质和浓度

易于化学降解、光转化和生物降解的污染物显然最容易得以自净。例如酚和氰,由于它们易挥发和氧化分解,而又能为泥沙和底泥吸附,因此在水体中较易净化。难于化学降解、光转化和生物降解的污染物也难在水体中的得以自净。例如合成洗涤剂、有机农药等化学稳定性级高的合成有机化合物,在自然状态下需十年以上的时间才能完全分解,它们以水流作为载体,逐渐蔓延,不断积累,成为全球性污染的代表性物质。水体中某些重金属类污染物可能对微生物有害,从而降低了生物降解能力。

思考题

1.水体污染的主要来源是什么?

2.水污染的分类及主要危害?

第二章 水环境质量评价

导读：

　　水环境质量关乎每一个人的身体健康与生活质量。为了确保水环境质量完全，要实时地对水质进行监测，定期采样分析有毒物质含量和动态，对水质的动态能够了解并更好地掌控。

学习目标：

　　掌握水环境质量评价的方法

一、水质监测

（一）监测站系统结构及功能

　　对于不同的水质监测站，要结合它所处的位置以及周边的环境状况，有针对性地选择合适它的通信方式，从而建立水质监测数据通信系统。不同的站点作用各异，如果是位于枢纽位置的站点或者是其他特别重要的站点，可以选用多种通信方式，这样能够更好地保证数据传输的流畅性、可靠性、及时性。

（二）水质生物监测

　　为了保护水环境，需要进行水质监测。监测方法有物理方法、化学方法和生物方法。只使用化学监测可测出痕量毒物浓度，但无法测定毒物的毒性强度。污染物种类是非常之繁多的，若全部进行监测根本就是不现实的问题，不管是从技术上还是经济上都存在很大的困难。再加上多种污染物共存时会出现各种复杂的反应，以及各种污染物与环境因子间的作用，会使生态毒理效应发生各种变化。这就使理化监测在一定程度上具有局限性。

　　如果使用同时进行生物监测与理化监测的方法，就可以弥补理化监测的不足。生物监测是系统地根据生物反应而评价环境的质量。在进行水环境生物监测时，第一个问题就是选择要进行重点监测的生物。我国监测部门从最初选择鱼类作为试验生物到后来慢慢认识到用微型生物或大型无脊椎动物进行监测更为合理，也是进步的一个体现。微型生物群落包括藻类、原生动物、细菌、真菌等。之所以选择微型生物进行水体生物监测，具体原因如下：

　　①就试验而言，微型生物类群是组成水生态系统生物生产力的主要部分；②微型生物容易获得；③可在合成培养基中生存；④可多次重复试验；⑤其世代时间短，短期内可完成数个

世代周期;⑥大多数微型生物在世界上分布很广泛,在不同国家有不同种类,易于对比。

二、水质评价

(一)水质评价分类

水质评价是环境质量评价的重要组成部分,其内容很广泛,工作目的和研究角度不同,分类的方法不同。

(二)水质评价步骤

水质评价步骤一般包括:提出问题、污染源调查及评价、收集资料与水质监测、参数选择和取值、选择评价标准、确定评价内容和方法、编制评价图表和报告书等。

(三)地表水水质评价

评价地表水水质的过程主要有以下几个环节。

1.评价标准

一般按照国家的最新规定和地方标准来制定地表水资源的评价标准,国家无标准的水质参数可采用国外标准或经主管部门批准的临时标准,评价区内不同功能的水域应采用不同类别的水质标准,如地表水水质标准、海湾水水质标准、生活饮用水水质标准、渔业用水标准、农业灌溉用水标准等。

2.评价指标

地表水体质量的评价与所选定的指标有很大关系,在评价时所有指标不可能全部考虑,但若考虑不当,则会影响到评价结论的正确性和可靠性。因此,常常将能正确反映水质的主要污染物作为水质评价指标。评价指标的选择通常遵照以下原则:

第一,应满足评价目的和评价要求。

第二,应是污染源调查与评价所确定的主要污染源的主要污染物。

第三,应是地表水体质量标准所规定的主要指标。

第四,应考虑评价费用的限额与评价单位可能提供的监测和测试条件。

水质评价指标包括以下几个方面:

(1)感官物理性指标

感官物理性指标包括温度、色度、浑浊度、透明度等。

①温度。水的许多物理特性、物质在水中的溶解度以及水中进行的许多物理化学过程都与温度有关。地表水的温度随季节、气候条件而有不同程度的变化,一般在 $0.1 \sim 30$ ℃。地下水的温度比较稳定,在 $8 \sim 12$ ℃。工业废水的温度与生产过程有关。饮用水的温度在 10 ℃比较适宜。

②色度。纯水是无色的,但水的颜色有真色和表色之分。真色是由于水中所含溶解物质或胶体物质所致,即除去水中悬浮物质后所呈现的颜色。表色包括由溶解物质、胶体物质和悬浮物质共同引起的颜色。测定水样时,将水样颜色与一系列具有不同色度的标准溶液进行比较或绘制标准曲线在仪器上进行测定。

③浑浊度和透明度。水中由于含有悬浮物及胶体状态的杂质而产生浑浊现象。水的浑

浊程度可以用浑浊度来表示。水体中悬浮物质含量是水质的基本指标之一,表明的是水体中不溶解的悬浮和漂浮物质.包括无机物和有机物。悬浮物对水质的影响表现在阻塞土壤孔隙,形成河底淤泥,还可阻碍机械运转。悬浮物能在 1~2 h 内沉淀下来的部分称为可沉固体,此部分可粗略地表示水体中悬浮物之量。生活污水中沉淀下来的物质通常称为污泥;工业废水中沉淀的颗粒物则称为沉渣。

浑浊度是一种光学效应,表现出光线透过水层时受到的阻碍程度.与颗粒的数量、浓度、尺寸、形状和折射指数等有关。浑浊度是一种光学效应,是光线透过水层时受到阻碍的程度,表示水层对光线散射和吸收的能力。浑浊度不仅与悬浮物的含量有关,而且还与水中杂质的成分、颗粒大小、形状及其表面的反射性能有关。

（2）物理性水质指标

物理性水质指标包括总固体、悬浮性固体、固定性固体、电导率(电阻率)等。

①总固体。水样在 103~105 ℃温度下蒸发干燥后所残余的固体物质总量,也称蒸发残余物。

②悬浮性固体和溶解性固体。水样过滤后,滤样截留物蒸发后的残余固体量称为悬浮性固体;滤过液蒸干后的残余固体量称为溶解固体。

③挥发性固体和固定性固体。在一定温度下(600 ℃)将水样中经蒸发干燥后的固体灼烧而失去的质量称为挥发性固体;灼烧后残余物质的质量称为固定性固体。

（3）化学性水质指标

一般的化学性水质指标有 pH、硬度、碱度、各种离子、一般有机物质等。

①pH。一般天然水体的 pH 为 6.0~8.5。其测定可用试纸法、比色法、电位法。试纸法虽简单,但误差较大;比色法用不同的显色剂进行,比较不方便;电位法用一般酸度计。

②硬度。水的总硬度指水中钙、镁离子的总浓度。其中包括碳酸盐硬度（即通过加热能以碳酸盐形式沉淀下来的钙、镁离子,故又叫暂时硬度和非碳酸盐硬度（即加热后不能沉淀下来的那部分钙、镁离子,又称永久硬度）。

碳酸盐硬度和非碳酸盐硬度之和称为总硬度;水中钙离子的含量称为钙硬度;水中镁离子的含量称为镁硬度;当水的总硬度小于总碱度时,两者之差,称为负硬度。

③碱度。碱度是指水中能与强酸发生中和反应的全部物质,即水接受质子的能力,包括各种强碱、弱碱和强碱弱酸盐、有机碱等。

（4）生物学水质指标

生物学水质指标一般包括细菌总数、总大肠菌数、各种病原细菌、病毒等。

3.评价方法

第一,单一指数法。计算公式如下:

$$I_i = \frac{C_i}{S_i} \tag{2-1}$$

式中,I_i 为某指标实测值对标准值的比值,量纲一;C_i 为某指标实测值;S_i 为某指标的标准值(或对照值)。

当标准值为一区间时：

$$I_i = \frac{|C_i - \bar{S_i}|}{|S_{imax} - \bar{S_i}|} \ \text{或} \ I_i = \frac{|C_i - \bar{S_i}|}{|\bar{S_i} - S_{imin}|} \tag{2-2}$$

式中，I_i 为某指标实测值对标准值的比值，量纲一；S_i 为某指标标准值区间中值；S_{imax}、S_{imin} 为某指标标准值的区间最大值、最小值；其他符号含义同上。

第二，综合指数法。美国的赫尔顿（R.K.HorTon）提出了一种水质评价的指数体系，并提出了制定指数的步骤：

国内外已提出多种不同的模式，归纳起来比较典型的为综合污染指数法、内梅罗（N.L.Nemerow）水质指数法、均方差法、指数法等，现介绍几种常用的综合指数计算公式。

叠加型指数法：

$$I = \sum_{i=1}^{n} \frac{C_i}{S_i} \tag{2-3}$$

式中，I 为水质综合评价指数；C_i 为某指标 z 的实测值；S_i 为某评价指标的标准值。

均值型指数：

$$I = \frac{1}{n} \cdot \sum_{i=1}^{n} \frac{C_i}{S_i} \tag{2-4}$$

式中，$\frac{1}{n}$ 为水质评价指标的个数；其他符号意义同前。

加权均值型指数：

$$I = \sum_{i=1}^{n} W_i \frac{C_i}{S_i} \tag{2-5}$$

式中，W_i 为各水质指标的权重值，$\sum_{i=1}^{n} W_i = 1$；其它符号意义同前。

内梅罗指数法：该方法不仅考虑了影响水质的一般水质指标，还考虑了对水质污染影响最严重的水质指标。其计算公式为：

$$I_{ij} = \sqrt{\frac{\left| \left(\frac{C_i}{S_{ij}}\right) + \left(\frac{1}{n}\sum_{i=1}^{n}\frac{C_i}{S_{ij}}\right)^2 \right|}{2}} \tag{2-6}$$

当 $\frac{C_i}{S_{ij}} > 1$ 时，$\frac{C_i}{S_{ij}} = 1 + k\lg\left(\frac{C_i}{S_{ij}}\right)$；当写 $\frac{C_i}{S_{ij}} \leq 1$ 时，用要的实际值。

$$I_i = \sum_{j=1}^{n} W_j I_{ij} \tag{2-7}$$

式中，i 为水质指标项目数，$i = 1,2,\cdots,n$，j 为水质用途数，j 为 $1,2,\cdots,m$；I_{ij} 为 j 用途 i 指标项目的内梅罗指数；C_i 指标实测值；S_{ij} 为 j 用途 i 指标项目的标准值；$\frac{1}{n}\sum_{i=1}^{n}\frac{C_i}{S_{ij}}$ 为 n 个 $\frac{C_i}{S_{ij}}$ 的平均值；k 常数，采用 5；I_i 为几种用途的综合指数，取不同用途的加权平均值；不同用途的

权重，$\sum\limits_{j=1}^{n} W_j = 1$。

随着人们对评价方法和评价理论的不断探索，国内外不断涌现更多新的综合评价方法，从而能对水体质量进行综合评价。这里不再赘述，有兴趣的可以自行查询课外资料。

4.湖泊(水库)的富营养化评价

上述地表水水质评价过程适合于河流、湖泊的水质量评价。对湖泊来讲，除对其进行以上水质评价外，还要求对湖泊(水库)的富营养程度进行评价。

(四)地下水水质评价

地下水水质调查评价的范围是平原及山丘区浅层地下水和作为大中城市生活饮用水源的深层地下水。地下水水质调查评价的内容是：结合水资源分区，在区域范围内，普遍进行地下水水质现状调查评价，初步查明地下水水质状况及氰化物、硝酸盐、硫酸盐、总硬度等水质指标分布状况。工作内容包括调查收集资料、进行站点布设、水质监测、水质评价、图表整理、编制成果报告等。地表水污染突出的城市要求进行重点调查和评价，分析污染地下水水质的主要来源、污染变化规律和趋势。

思考题

　地表水的评价方法是什么？

第三章　物理处理法

导读:
　　污水的物理处理是借助重力、离心力等物理作用去除污水中的漂浮物、悬浮物和易沉物等的过程,并进行水量、水质的均化,以保证污水处理设施的正常运转,获得稳定的污水处理效果。常用物理处理方法有均化法、筛滤法和重力分离法等。

学习目标
　　1.了解水质均化法的特点
　　2.掌握筛率截留法的内容
　　3.掌握重力分离法的沉淀的理论基础及方法

第一节　均化法

　　均化是用以尽量减小污水处理厂进水水量和水质波动的过程,其构筑物称均化池,亦称调节池。均化的内容包括水量调节和水质均化两个方面。

一、水量调节

　　污水处理中单纯的水量调节比较简单,所用调节池称均量池或水量调节池,其调节方式有线内调节和线外调节两种。

(一)线内调节

　　线内调节又称在线调节,其流程见图 3-1,均量池设置在污水处理流程中,所有污水均经过均量池。均量池进水一般采用重力流,出水用泵提升。均量池的容积可采用图解法计算,具体参见相关设计手册。实际上,由于污水流量的变化往往规律性差,所以均量池容积的设计一般凭经验确定。

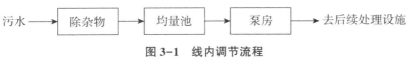

图 3-1　线内调节流程

(二)线外调节

线外调节又称离线调节,其流程见图 3-2,调节池设置在污水处理流程之外,部分污水经过调节池。当污水流量过高时,多余的污水用泵打入调节池,当流量低于设计流量时,再从调节池回流至集水井。与线内调节相比,线外调节的调节池不受进水管高度限制,其体积较小,但调节能力较差,而且被调节水量需要两次提升,动力消耗大。

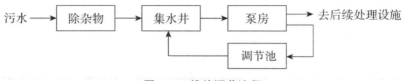

图 3-2　线外调节流程

二、水质均化

水质均化是采用某种方法使不同水质的污水相互混合,以得到较均匀水质的过程,所用构筑物称为水质调节池或均质池。水质均化的基本方式有动力均质和水力均质两种。

(一)动力均质

动力均质是利用压缩空气搅拌、机械搅拌、水泵循环等外加动力使污水强制混合,达到均质的过程。这种方式简单易行,效果好,但动力消耗较大,运行成本高,且空气和机械搅拌混合的设备及管道长期浸在水中,易于腐蚀,因此维护成本高,不宜用于大型污水处理厂。另外,当污水中含有易挥发有害物质和还原性物质时,不宜使用空气搅拌。

(二)水力均质

水力均质是通过均质池的特殊构造使进入池内的污水行程发生变化形成差流而进行自身水力混合,使不同时刻进入均质池的污水同时流出均质池,从而取得随机均质的效果。因此,水力均质池常称为差流式均质池或异程式均质池,这种方式不另外消耗能量,基本没有运行费,但池型结构比较复杂,施工困难。

差流式均质池类型有多种,图 3-3 和图 3-4 分别为常见的穿孔导流墙式均质池(对角线出水)和同心圆型均质池。污水进入均质池后,由于池体结构特殊,可以使不同时刻进入的污水同时流到出水槽,从而使不同浓度的污水相互混合,达到均质的目的。

经完全均和后的污水平均浓度 C 由下式计算:

$$C = \frac{\sum q_i C_i t_i}{\sum q_i t_i} \tag{3-1}$$

式中:q_i,C_i——分别为 t_i 时段内的污水流量和污水平均浓度。

均质池容积 $V = \sum q_i t_i$,它取决于采用的调节时间 $\sum t_i$ 的长短。当污水水质变化具有周期性时,采用的调节时间应等于变化周期,如一个工作班排浓液,一个工作班排稀液,调节时间应为两个工作班。如需控制出流污水在某一合适的浓度 C' 以内,则可以根据污水浓度的变化曲线用试算的办法确定所需的调节时间。

设备小时的流量和浓度分别为 q_1 及 C_1,q_2 及 C_2,…,则各相邻 2 h 的平均浓度分别为

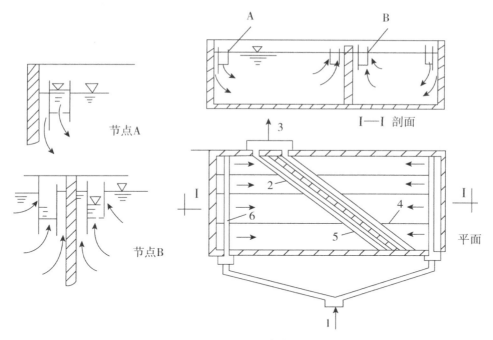

图 3-3　穿孔导流墙式均质池

1.进水;2.集水;3.出水;4.纵向隔墙;5.斜向隔墙;6.配水槽

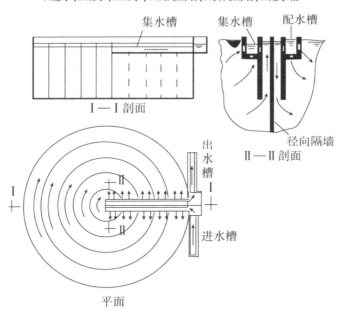

图 3-4　同心圆型均质池

$(q_1 C_1 + q_2 C_2)/(q_1 + q_2)$，$(q_2 C_2 + q_3 C_3)/(q_2 + q_3)$，…;各相邻 3 h 时的平均流量分别为 $(q_1 C_1 + q_2 C_2 + q_3 C_3)/(q_1 + q_2 + q_3)$，$(q_2 C_2 + q_3 C_3 + q_4 C_4)/(q_2 + q_3 + q_4)$，依此类推。先比较与相邻 2 h 的各平均浓度值,如 C' 均大于各平均值,则需要的调节时间即为 2 h;反之,比较 C' 与相邻 3 h 的各个平均浓度值,若 C' 均大于各平均值,则调节时间为 3 h;反之,按上法依次试算,直至符合要求为止。

第二节　筛滤截留法

筛滤法(Screening Method)是指通过机械设备的阻力截留作用,去除污水中粗大的漂浮物或悬浮物的一种水处理方法。筛滤法简单、实用,主要作用是拦截污水中的固态污染物,防止管道、机械设备及其他装置的堵塞,保证后续处理单元的正常运行和处理效果。常用的设备有格栅和筛网。

一、格栅

(一)格栅的作用

格栅(Bar Screen)由一组平行的金属栅条与框架制成,放置在进水的渠道或泵站集水池的进口处,用以截留较大的呈漂浮或悬浮状态的固体污染物(如纤维、碎皮、毛发、木屑、果皮、蔬菜、塑料制品等),以减轻后续处理构筑物的负荷,保护管道、水泵等机械设施不被磨损或堵塞,使之正常运行。

被格栅截留的污染物质称为栅渣,其含水率约为 70% ~ 80%,容重约为 960 kg/m³。栅渣量因地区的特点、栅条间距、污水类型而异,可采用人工或机械方式清除。

格栅的截留效果取决于栅条间距。根据栅条净间隙,可将格栅分为细格栅、中格栅和粗格栅,细格栅栅条间距 3~10 mm,中格栅栅条间距 16~40 mm,粗格栅栅条间距 50~100 mm,分别用于拦截不同尺寸的悬浮污染物。实际应用时依所处理的污水类型而定,一般城市污水处理厂可以根据需要采用粗细两道格栅,其中粗格栅在水流阻力不太大的情况下拦截较大的漂浮物和悬浮物,改善水力条件,减轻细格栅负担;细格栅则进一步拦截尺寸较小的污染物质,净化污水水质,保障后续管道系统和设备的正常运行。大型污水处理厂亦可采用粗、中、细三道格栅。

格栅是污水处理厂的第一道工序,也是预处理的主要设备,对后续工序有着举足轻重的作用,格栅选择是否合适,直接影响整个水处理设施的运行。格栅栅条的断面形状主要有正方形、圆形、矩形和迎水面或背水面为半圆的矩形等。其中圆形断面的栅条水流阻力较小,但容易发生弯曲变形,一般多采用断面为矩形的栅条。为防止格栅堵塞,污水经过格栅应保持一定的流速,通常过栅流速为 0.6~1.0 m/s,保证悬浮物不会沉积在沟渠底部,又防止把已经截留的污物冲过格栅,格栅的相关设计计算和选型参见相关手册。

(二)格栅的分类

根据形状,格栅可分成平面格栅和曲面格栅。

1.平面格栅

平面格栅由栅条与框架组成,框架采用型钢焊接而成,分成 A 型和 B 型,如图 3-5所示。

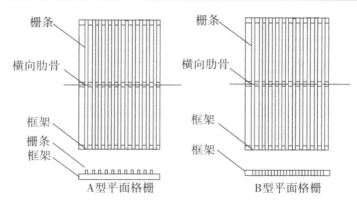

图 3-5 平面格栅

A 型平面格栅的栅条安装在框架的外侧,方便机械清渣;B 型是栅条安装在框架的内部,一般人工清渣。当格栅长度>1 000 mm 时,可在格栅框架内增加横向肋条,横向肋条的数量及断面尺寸应通过计算确定。

平面格栅通常倾斜安装在栅槽中,倾角一般采用 60°~75°,并联的格栅之间设置200 mm左右的隔墙。在设计中,为了防止在格栅前出现阻流回水现象,进水渠应是逐渐加宽,并在栅前保持一段 0.5 m 的直线距离,使进入格栅的水流具有比较好的水力条件,流动平稳。为保证出栅的污水不会回流,栅后也应保持一段直线距离,一般为 1.0 m,然后出水渠由栅槽宽度渐缩到出水渠宽。

2.曲面格栅

曲面格栅又可分为固定曲面格栅与转鼓筒式格栅两种。

固定曲面格栅是一种比较简单的曲面格栅,栅条为圆弧形,采用不锈钢制,框架用型钢焊接,如图 3-6 所示。固定曲面格栅是利用渠道水流速度推动除渣桨板。

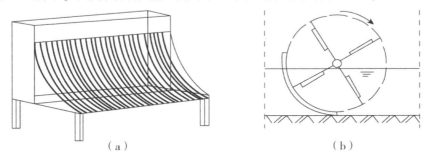

（a）   （b）

图 3-6 固定曲面格栅

转鼓筒式格栅是城市污水处理厂和工业污水处理中将水中漂浮物、悬浮物和沉降物质分离的理想设备,可以安装在箱体内,也可以直接倾斜安装在沟渠中,安装倾角一般为 35°。

转鼓筒式格栅由转鼓筛网、旋转齿耙,压榨管和传动装置组成。格栅中的栅齿可用工程塑料或不锈钢等材料制造,栅齿轴等由不锈钢制造,可提高格栅整体的耐腐蚀性能。污水从圆筒形栅筐前端流入栅内,通过筛网过滤,流向水池出口,栅渣依靠安装在中心轴上的旋转齿耙回转清污,通过压榨脱水,栅渣固体含量可达 35%~45%。

转鼓筒式格栅结构紧凑,几乎全部由不锈钢制成,具有足够的耐蚀性和强度,工作效率高、运行平稳、格栅前后水位差小,并且不易堵塞。

(三)栅渣的清除与处理

栅渣的数量与服务地区的情况、污水排水系统的类型、污水流量以及栅条的间隙等因素有关。对于一般城镇污水处理厂,栅条间距为 16~50 mm 的情况下,栅渣量约为 0.10~0.01 m^3/ 1 000 m^3污水。具体栅渣量应通过实验确定。

1.平面格栅的栅渣清除

平面格栅的栅渣清除分为人工清渣和机械清渣两种方式。

(1)人工清渣

人工清渣格栅为了使工人易于进行清渣作业,避免清渣过程中栅渣掉回水中,人工清渣格栅安装倾角较小,一般为 30°~45°,容易清理,水力阻力小,但占地面积大。人工清渣格栅的过水断面面积应不小于进水管渠的 2 倍,以免清渣过于频繁,在污水泵站前集水井中的格栅,应采取有效措施避免有害物质对操作人员的危害。

人工清渣适用于栅渣量小于 0.2 m^3/ d 的小型格栅。

(2)机械清渣

机械清渣是采用机械带动耙齿对栅渣进行打捞,使污水中的固态悬浮物分离出去,保证水流畅通流过。格栅安装倾角一般为 60°~75°,有时为 90°,过水断面的面积一般不小于进水管渠有效面积的 1.2 倍。占地面积较人工清渣格栅小,但水流阻力略大,清渣装置设计要求较高。

按照格栅齿耙动作的方式,格栅除污机可分为臂式格栅除污机、高链式格栅除污机、钢索牵引式格栅除污机、回转式格栅除污机、阶梯式格栅除污机等。

机械清渣的工作过程可以是连续的,也可以是间歇的,可以根据用户需要任意调节设备运行间隔,实现周期性运转,可以根据格栅前后液位差自动控制设备的启停,同时具有手动控制功能,以方便检修。机械清渣格栅自动化程度高、分离效率高,适用于栅渣量大于 0.2 m^3/d 的大型格栅。

2.曲面格栅的栅渣清除

曲面格栅的栅渣清除方式都是机械清渣,不同形式的曲面格栅清渣方式不同。

(1)弧形格栅除污机

固定式曲面格栅采用弧形格栅除污机。弧形格栅除污机,污水流经固定的曲面格栅,栅渣被截留下来。耙齿插入固定曲面格栅的下部,被格栅弧面所在圆心处的中心轴带动,向上运动,将栅渣剥离,运送到栅渣槽。

(2)转鼓式格栅除污机

转鼓式曲面格栅采用转鼓式格栅除污机。栅条弯曲安装制成鼓形栅筐,污水从前端流入,经格栅拦截流向栅筐后,栅渣被截留在栅筐内部,安装在中心轴上的旋转耙齿回转清污,把栅渣扒至栅筐顶部,在栅渣自重及水流冲洗作用下落入栅筐中间的栅渣槽,再通过螺旋输送器提升至压榨装置。

转鼓式格栅除污机是集格栅除污，栅渣螺旋提升输送和压榨于一体的设备，适用于细格栅。

3.栅渣的脱水与输送

清除的栅渣可采用带式输送机或螺旋输送机输送，由于栅渣含水率较高，最终清运前宜进行压榨脱水。常用的栅渣压榨装置为栅渣螺旋压榨机。作为格栅配套设备，栅渣螺旋压榨机的作用是对栅渣进行压榨以减少其水分和体积。螺旋压榨机由挤压螺旋、螺旋管、传动部件、进料斗及卸料斗等组成，污物由进料斗进入螺旋管，在挤压螺旋的作用下，压缩、脱水后输送至出渣口。

栅渣螺旋压榨机的工作原理是驱动减速机带动叶片轴旋转，螺旋升角产生向前推力从而挤压进入压榨管的物料，挤压后的物料由出料口排出，而污水则被分离后进入排水槽达到分离的目的。其特点是结构简单，占地面积小，安装维护方便，除进出料口敞开外，其余部分均可加盖封闭，物料不会外溢，减少空气污染。

栅渣的输送一般采用螺旋输送机，螺旋输送机通常由螺旋输送机本体、进出装置，驱动装置三大部分组成。

旋转的螺旋叶片将物料推移，物料自身重量和螺旋输送机机壳对物料的摩擦阻力使物料不与螺旋输送机叶片一起旋转，从而实现螺旋输送机输送。螺旋输送机具有结构简单，成本低，密封性强，操作安全方便等优点。

二、筛网

工业污水中有的含有纤维状，软性悬浮或漂浮物，这些污染物或因尺寸太小或质地柔软细长能钻过格栅的空隙，对水泵或其他设备的运转造成不利影响。对于含有这样漂浮物的工业污水可利用筛网进行处理。

筛网主要用以滤除纺织、造纸、制革、洗毛等一些工业污水中含有的细小纤维状的悬浮物质，如棉布毛、化学纤维、纸浆纤维、羽毛、兽毛、藻类等，以保证后续处理单元的正常运行和处理效果。通常污水可先经过格栅截留大尺寸杂物后用筛网过滤，或直接经过筛网过滤。

污水物理处理中所用筛网是用金属丝编织或金属板冲孔拉伸制成，孔径较小。孔径小于 10 mm 的筛网主要用于工业污水的预处理，截留粒度在几毫米大小的细碎悬浮物，去除效果相当于初次沉淀池；孔径小于 0.1 mm 的细筛网则用于二级处理出水的最终处理或污水回用前的处理。

根据在工作过程中的运行特点，筛网分为固定筛网，振动筛网、旋流筛网和转鼓式筛网。

(一) 固定筛网

固定筛网是把筛网固定在支座上，拦截悬浮物的过程中筛网没有运动。筛网为防堵采用楔形格网，孔眼尺寸大小为 0.25～1.5 mm，可以根据处理污水的水质特点，在筛网的栅条上再覆以 16～100 网目的不锈钢丝网或尼龙网。常用固定式筛网根据筛网构造形式分为平面式固定筛网和曲面式固定筛网。

固定筛网都是倾斜固定在支座上，配水槽设置在筛网上方，污水沿筛网从上向下流经筛网,清水在重力作用下透过筛网孔眼落入筛网下方的集水槽中,而悬浮物被截留在筛网的上表面,并沿筛网表面滑落到筛网底部的集浆槽,必要时可对筛网表面进行冲洗。

平面式固定筛网没有弧度,制作容易,安装简单;曲面式固定筛网呈弧形,污水流过的水力条件更好。

(二)振动筛网

振动筛网通常是平面的,以一定角度倾斜安装,通过电动机带动筛网进行机械振动,使拦截下来的悬浮物从筛网表面剥离开。

污水流经振动筛网,清水落入筛网下面的集水槽,悬浮物被筛网拦截。同时,通过电动机带动筛网进行机械振动,将倾斜的振动筛网上截留的纤维等杂质卸到振动筛网下方的固定筛网上,进一步滤去附在纤维上的水滴。振动筛网不需要对筛网表面进行冲洗,配水系统比较简单,而且一般和固定筛网联合使用,截留的悬浮物含水率低,容易处理。

(三)旋流筛网

旋流筛网是指筛网围成锥筒状,中心轴呈水平状态,运行时污水从圆台的小端进入,筛网旋转,带动污水形成旋流,水流在从小端到大端的流动过程中,纤维状污染物在离心力作用下向外运动,被筛网截留,水则从筛网的细小孔中流入集水装置。

根据筛网旋转的动力可分为水力旋流筛网和电动回转筛网,水力旋流筛网利用水的冲击力和重力作用带动筛网旋转;电动回转筛网转动的动力来自机械动力。由于整个筛网呈圆台形,被截留的污染物会沿筛网的倾斜面卸到锥筒大口端下方的固定筛上,以进一步滤去水滴。

(四)转鼓式筛网

微滤机是一种截留细小悬浮物的转鼓式筛网过滤装置,是由转鼓、筛网,驱动装置,冲洗装置等构成,将 $15 \sim 20~\mu m$ 孔径的微孔筛网固定在转鼓型过滤设备上,可有效截留水中的泥沙、悬浮藻类等颗粒态污染物。被处理的污水沿轴向进入鼓内,在转筒转动离心力的作用下以径向辐射状经筛网流出,水中杂质即被截留于鼓筒上滤网内面。在转鼓的正上方,与转鼓平行设置有带喷嘴的冲洗水管,当截留在滤网上的杂质被转鼓带到上部时,被压力冲洗水反冲到排渣槽内流出,排水管通过转鼓的中空轴连接到池外。运行时,转鼓 2/5 的直径部分露出水面,转速为 $1 \sim 4~r/min$,滤网过滤速度可采用 $30 \sim 120~m/h$,冲洗水压 $0.5 \sim 1.5~kg/cm^2$,冲洗水量为生产水量的 $0.5\% \sim 1.0\%$。通过转鼓的转动和反冲水的作用力,使微孔筛网得到及时的清洁,设备始终保持良好的工作状态。

微滤机处理效果好,出水水质稳定,操作维修简便,运行费用低、占地面积小,主要用于纺织、印染、食品、自来水、电厂等行业的水质净化。

第三节　重力分离法

重力分离法是利用水中悬浮微粒与水的密度差来分离污水中的悬浮物,使水得到澄清的方法。若悬浮物密度大于水的密度,则悬浮物在重力作用下下沉形成沉淀物,反之则上浮到水面形成浮渣,通过收集沉淀物或浮渣,使污水得到净化。前者称为沉淀法,后者称为上浮法。重力沉淀法是最常用、最基本、最经济的污水处理方法,几乎所有的污水处理系统都用到该方法。通常,重力分离可用于:第一,化学或生物处理的预处理;第二,分离化学沉淀物或生物污泥;第三,污泥浓缩脱水;第四,污灌的灌前处理;第五,去除污水中的可浮油。

重力分离法的去除对象为砂粒、一般悬浮物、剩余活性污泥、生物膜残体等粒径大于10 μm的可沉固体和可浮油,所用设备有沉砂池和沉淀池等沉淀设备及隔油池和气浮池等上浮设备。

一、沉淀理论

(一)沉淀类型

根据污水中悬浮颗粒的浓度及其凝聚性能(即彼此黏结、团聚的能力),沉淀可分为4种基本类型:自由沉淀、絮凝沉淀、区域沉淀(也称成层沉淀、集团沉淀或拥挤沉淀)和压缩沉淀。四种沉淀类型的发生条件及特征见表3-1。

表3-1 4种沉淀类型的比较

沉淀类型	发生条件	主要特征	观察到的现象	典型例子
自由沉淀	悬浮物浓度不高且无凝聚性	在沉淀过程中,颗粒呈离散状态,互不干扰,其形状、尺寸、密度等均不变,沉速恒定	水从上到下逐渐变清	砂粒在沉砂池中的沉淀
絮凝沉淀	悬浮物浓度不高,但有凝聚性	在沉淀过程中,颗粒互相碰撞、聚合,其质量、粒径均随深度的增加而增大,沉速亦加快	水从上到下逐渐变清,但可观察到颗粒的絮凝现象	化学混凝沉淀;生物污泥在二沉池中的初期沉淀
区域沉淀	悬浮物浓度较高(>500 mg/L)	每个颗粒下沉都受到周围其他颗粒的干扰,颗粒互相牵扯形成网状的"絮毯"整体下沉	水与颗粒群之间有明显的分界面,沉淀过程即该界面的下降过程	生物污泥在二沉池内的后期沉淀和浓缩池内的初期沉淀
压缩沉淀	悬浮固体浓度很高	颗粒互相接触、互相支承,在上层颗粒的重力作用下,下层颗粒间隙中的水被挤出界面,固体颗粒群被浓缩	颗粒群与水之间有明显的界面,但颗粒群比区域沉淀时密集,界面沉降速度很慢	生物污泥在二沉池内的后期沉淀和浓缩池内的初期沉淀

在同一沉淀池中的不同沉淀时间或不同深度处可能存在着不同的沉淀类型。如果用量筒来观察沉淀过程,会发现随沉淀时间的延长,不同沉淀类型会在不同时间出现。图3-7中时刻1沉淀时间为零,污水中悬浮物在搅拌下呈均匀状态;在时刻1与时刻2之间为自由沉淀或絮凝沉淀阶段;到时刻2时,水与颗粒层出现明显的界面,此时变为区域沉淀阶段,同时

由于靠近底部的颗粒很快沉淀到容器底部,故在底部出现压缩层 D。在时刻 2 与时刻 4 之间,界面继续以匀速下沉,沉降区 B 的浓度基本保持不变,压缩区的高度增加。到时刻 5 时沉降区 B 消失,此时称为临界点。时刻 5 和时刻 6 之间为压缩沉降阶段。实验时各时刻出现的时间和存在的时间长短与颗粒的性质、浓度和是否添加药剂有关。

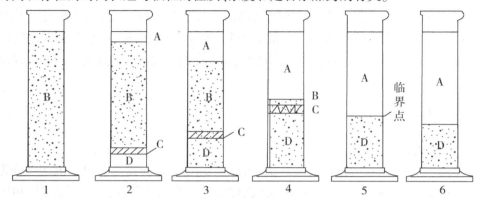

图 3-7　不同沉淀时间沉淀类型分布示意

A—澄清区;B—沉降区;C—过渡区;D—压缩区

(二)自由沉淀理论基础

假定:①颗粒为球形、不可压缩、无凝聚性,沉淀过程中其大小、形状和质量等均不变;②水处于静止状态;③颗粒沉淀仅受重力和水的阻力作用。在此假设的基础上,如以 F_1、F_2 分别表示颗粒的重力和水对颗粒的浮力,则颗粒在水中的有效重量 F_g 为二者之差,即

$$F_g = F_1 - F_2 = \frac{\pi d^3}{6}\rho_S g - \frac{\pi d^3}{6}\rho_L g = \frac{\pi d^3}{6}(\rho_S - \rho_L)g \tag{3-2}$$

式中:d ——颗粒的直径;

　　　ρ_S 和 ρ_L ——分别为颗粒及水的密度;

　　　g——重力加速度。

当 $\rho_S > \rho_L$ 时,$F_1 > F_2$,颗粒便在合力 F_g 的作用下做加速下沉运动,此时颗粒便受到水的阻力 F_D 的作用,根据因次分析和实验验证,F_D 可按下式计算:

$$F_D = \lambda \cdot A \cdot \rho_L \cdot \frac{u^2}{2} = \lambda \cdot \frac{\pi d^2}{4} \cdot \rho_L \cdot \frac{u^2}{2} = \frac{\pi d^2}{8}\lambda \rho_L u^2 \tag{3-3}$$

式中:λ ——牛顿无因次阻力系数;

　　　A——颗粒在垂直于运动方向上的投影面积,$A = \dfrac{\pi d^2}{4}$;

　　　u ——颗粒的沉淀速度。

颗粒在下沉运动过程中,净重 F_g 不变,而 F_D 则随沉淀速度 M 的平方的增大而增大。因此,经过某一短暂时刻(约 0.1 s)后,F_D 便增大到与 F_g 相平衡,即 $F_D = F_g$。此时,颗粒的加速度变为零,沉速 u 变为常数。由此可得球形颗粒自由沉淀的沉淀速度表达式为:

$$u = \left[\frac{4g \cdot (\rho_S - \rho_L) \cdot d}{3\lambda \cdot \rho_L}\right]^{1/2} \tag{3-4}$$

此式称为牛顿定律,这里的 u 为离散颗粒的稳定沉淀速度或最终沉淀速度,简称沉速。

式中阻力系数 A 是颗粒沉淀时周围液体绕流雷诺数 Re 的函数。当颗粒沉速较小时,周围流体绕流速度不大,处于层流状态,颗粒所受阻力主要为液体黏滞阻力;当绕流速度较大,并转入湍流状态时,液体的惯性力也将产生阻力。

对于污水中的颗粒物而言,其粒径较小,沉速小,绕流多处于层流状态,阻力主要来自污水的黏滞力,此时阻力系数 $\lambda = 24/Re$,其中 Re 与颗粒的直径、沉速、液体的黏度等有关, $Re = du\rho_L/\mu$,其中 μ 为液体的动力黏度。将阻力系数公式代入式(3-5),整理后得

$$u = \frac{g(\rho_S - \rho_L)}{18\mu}d^2 \qquad (3-5)$$

式(3-5)即为斯托克斯(Stokes)公式,它揭示了各有关因素对沉淀速度影响的一般规律,为强化沉淀过程提供了理论依据,这些规律主要有:

(1)影响固液分离的首要因素是 $(\rho_S - \rho_L)$ 。当 $\rho_S - \rho_L < 0$ 时, $u < 0$,颗粒上浮, u 为上浮速度;当 $\rho_S - \rho_L > 0$ 时, $u > 0$,颗粒下沉, u 为下沉速度;当 $\rho_S - \rho_L = 0$ 时, $u = 0$,颗粒既不上浮,也不下沉,呈随机悬浮状态,这样的固体颗粒不能用自然沉淀和上浮去除。

(2)沉速 u 与 d^2 成正比,因此,增大颗粒直径,可大大提高沉淀(或上浮)的效果。

(3)沉速 u 与 μ 成反比,而 μ 决定于水质和水温,在水质相同的条件下,水温高则 μ 值小,有利于颗粒下沉(或上浮)。

(三)沉淀池的工作原理

1.理想沉淀池

进行重力沉淀分离的构筑物称为沉淀池。为了分析悬浮颗粒在沉淀池内运动的普遍规律和沉淀池的分离效果,哈增(Hazen)和坎普(Camp)提出了一种概念化的沉淀池,即理想沉淀池,它分为 4 个功能区,即流入区、沉淀区、流出区和污泥区,并满足以下假设:

①污水在沉淀区以流速 v 沿水平方向做等速流动,从入口到出口的流动时间为

②在沉淀池的进水区,水流中的悬浮颗粒均匀分布在整个过水断面上;

③悬浮颗粒在沉淀区以沉速 μ 等速下沉,其水平分速度等于水流速度 v:

④颗粒落到池底不再浮起即被除去。

图 3-8 所示为平流理想沉淀池,其沉淀区的长、宽、深分别为 L、B 和 H。

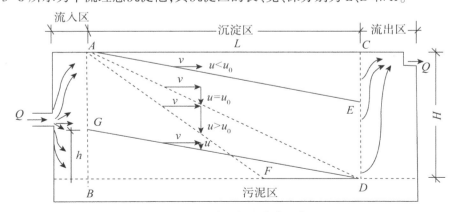

图 3-8　平流理想沉淀池示意

2.沉淀过程分析

根据上述假设,悬浮颗粒随水流进入沉淀区后,其运动轨迹为一组斜率等于 u/v 的直线。

从沉淀区顶部 A 点进入的颗粒中,某一粒径颗粒的沉速为 u_0,刚好能沉到池底,即在池内运动了水平距离 L 后刚好到达沉淀区端点 D,则 u_0 为临界沉淀速度,也称最小沉淀速度,即在该沉淀池中能完全除去的最小颗粒的沉淀速度。

由图 3-8 可知,当颗粒沉速 $u \geq u_0$ 时,这些颗粒无论处于进水端的什么位置,都可以沉到池底被去除;当颗粒沉速 $u < u_0$ 时,从 A 点入流,则其运动轨迹为斜率小于 u_0/v 的斜线 AE,它们在沉到池底前就被水流带出沉淀池,因而不能被除去。如果由 D 点作 AE 的平行线 GD,交入流断面于 G 点,则从 G 点及其以下入流的 $u < u_0$ 的颗粒能沉到污泥区,即有部分 $u < u_0$ 的颗粒能被去除。设 G 点的水深为 h,显然,$u < u_0$ 的颗粒中能被除去的部分占其总量的比例为 h/H。

3.沉淀池的去除效率

根据以上分析可知,沉淀池能去除的颗粒包括全部 $u \geq u_0$ 的颗粒和部分 $u < u_0$ 的颗粒,因此沉淀池的总去除效率为 $u \geq u_0$ 的颗粒去除率与 $u < u_0$ 的颗粒去除率之和。

设 $u < u_0$ 的颗粒占全部颗粒的百分率为 P_0,则 $u \geq u_0$ 的颗粒去除率为 $(1 - P_0)$。若以 $\mathrm{d}P$ 表示 $u < u_0$ 的颗粒中某一微小粒径范围的颗粒占全部颗粒的百分率,其中能被去除的部分占 h/H,则这种粒径范围的颗粒中能被去除的部分占全部颗粒的百分率为 $\dfrac{h}{H}\mathrm{d}P$。当考虑的粒径范围由某一微小值扩展到整个 $u < u_0$ 的颗粒群体时,它们占全部颗粒的百分率也由 0 增大到 P_0,其中能被除去的部分占全部颗粒的百分率即为 $\displaystyle\int_0^{P_0} \dfrac{h}{H}\mathrm{d}P$,而 $h/H = ut/u_0 t = u/u_0$,其中 t 为沉淀时间,则有 $\displaystyle\int_0^{P_0} \dfrac{h}{H}\mathrm{d}P = \int_0^{P_0} \dfrac{u}{u_0}\mathrm{d}P$。因此,在 t 时间内沉淀池的总去除效率 E_T 为:

$$E_T = \left[(1 - P_0) + \frac{1}{u_0}\int_0^{P_0} u\mathrm{d}P \right] \times 100\% \tag{3-6}$$

4.沉淀池计算基本关系式

设处理水量为 Q,沉淀区表面积为 A,结合图 3-8,则可得下列各项关系式:

(1)颗粒在沉淀池中的沉淀时间 t 和沉淀池的容积 V:

$$t = \frac{L}{v} = \frac{H}{u_0} \tag{3-7}$$

(2)沉淀区表面积 A

因为 $H = u_0 t$,所以由式(3-7)可得:

$$A = \frac{Qt}{H} = \frac{Qt}{u_0 t} = \frac{Q}{u_0} \tag{3-8}$$

由式(3-8)可得:

$$u_0 = \frac{Q}{A} = q \tag{3-9}$$

式中 Q/A 的物理意义是单位时间内通过沉淀池单位表面积的污水量,称为表面水力负荷(简称表面负荷)或溢流率,以 q 表示,单位为 $m^3/(m^2 \cdot h)$ 或 $m^3/(m^2 \cdot s)$,是沉淀池设计的一个重要参数。式(3-9)是沉淀池理论中的一个重要关系式,该式表明:

①沉淀池表面负荷 q 与该沉淀池能够完全除去的最小颗粒的沉速 u_0 在数值上相等,这为沉淀池的设计提供了理论依据;

②表面负荷 q 值越小,沉淀池的沉淀效率 E_T 越高;

③沉淀效率 E_T 仅为沉淀区表面积 A 的函数,而与水深 H 无关。当沉淀区容积一定时,水深愈浅,则表面积愈大,沉淀效率也愈高,据此产生了"浅层沉淀"的应用。

在实际沉淀池中,理想沉淀池的假设条件均不存在。因此,将理想条件下的静置沉淀曲线用于实际沉淀池的设计时,常按以下经验公式确定设计表面负荷 q 和沉降时间 t:

$$q = \left(\frac{1}{1.25} \sim \frac{1}{1.75} \right) u_0 \tag{3-10}$$

$$t = (1.5 \sim 2.0) t_0 \tag{3-11}$$

式中: u_0 , t_0 ——分别为由沉淀曲线上查得的理论沉淀速度和沉淀时间。

二、沉砂池

沉砂池的去除对象是污水中比重较大的无机颗粒(如泥砂、煤渣等),一般设于泵站或沉淀池之前,使水泵和管道免受磨损和阻塞,同时减轻沉淀池的无机负荷,使污泥具有良好的流动性,便于排放输送、处理与处置。沉砂池的工作原理是以重力分离或离心力分离为基础,即控制沉砂池内的污水流速或旋流速度,使相对密度大的无机颗粒下沉,而有机悬浮颗粒则随水流带走。常用的沉砂池有平流沉砂池、曝气沉砂池、旋流沉砂池等。

(一)平流沉砂池

1.构造及特点

平流沉砂池的构造见图3-9,它由入流渠、沉砂区、出流渠及沉砂斗等组成,两端设有闸板以控制水流。沉砂斗设置在池底,斗底接有带闸阀的排砂管,利用重力排砂,也可用射流泵或螺旋泵排砂。

平流沉砂池的特点是沉砂效果较好,构造简单,排沉砂较方便,但沉砂中有机颗粒含量较高,排砂常需要进行洗砂处理。

2.平流沉砂池的设计要求

①当污水为自流进入时,应按最大设计流量计算;当污水用水泵提升进入时,应按工作水泵的最大组合流量计算。

②沉砂池个数或分格数不应少于2,且宜按并联系列设计。当污水量较小时,可考虑一格工作,一格备用,但每个格应按最大设计流量计算。

③最大流速 0.3 m/s,最小流速 0.15 m/s。

④最大流量时的停留时间不小于 30 s,一般为 30~60 s。

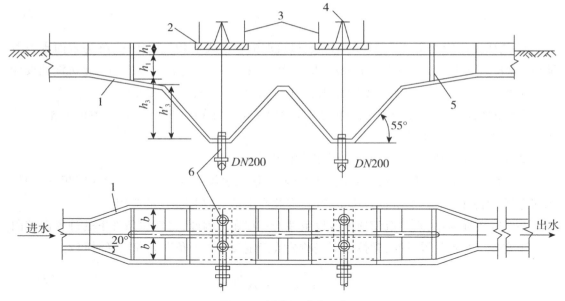

图 3-9 平流沉砂池示意

1.池壁；2.操作平台；3.栏杆；4.排砂阀门；5.闸槽；6.排砂管

⑤有效水深应不大于 1.2 m，一般采用 0.25～1 m，每格宽度不宜小于 0.6 m；

⑥沉砂量依水质不同而异，城市生活污水可按每人每天 0.01～0.02 L 计，城市污水按每立方米污水 0.03 L 计，其含水率约 60%，容重约 1 500 kg/m³。

⑦砂斗容积不大于 2 d 的沉砂量，斗壁与水平面的倾角不应小于 55°。

⑧池底坡度一般为 0.01～0.02，并可根据除砂设备的要求考虑池底形状。

⑨除砂宜采用机械方法，并设置贮砂池或晒砂场。采用人工排砂时，排砂管直径不应小于 200 mm。

⑩沉砂池超高不宜小于 0.3 m。

（二）曝气沉砂池

平流沉砂池的主要缺点是沉砂中夹杂约 15%（质量分数）的有机物，使沉砂的后续处理难度增加。曝气沉砂池集曝气和除砂于一身，不但可使沉砂中的有机物降低至 5% 以下（达到清洁砂标准），而且还有预曝气、脱臭、除油等多种功能。

1.构造及工作原理

如图 3-10 所示，曝气沉砂池是一个断面呈矩形的狭长渠道，沿渠道壁一侧的整个长度上，距池底 0.6～0.9 m 处设置曝气装置，并在其下部设集砂斗，集砂斗侧壁的倾角应不小于 60°，在池底另一侧有 0.1～0.5 的坡度坡向集砂斗。为增强曝气推动水流回旋的作用，可在曝气器的外侧装设导流挡板。

污水进入沉砂池后，在水平和回旋的双重推力作用下，以螺旋形轨迹向前流动。由于曝气以及水流的旋流作用，污水中的悬浮颗粒相互碰撞、摩擦，并受到气泡上升时的冲刷作用，使黏附在砂粒上的有机污染物得以去除。此外，由于旋流产生的离心力，把密度较大的无机物颗粒甩向外层而下沉，密度较小的有机物旋至水流的中心部位随出水带走。因此，沉于池底的砂粒较为洁净,有机物含量只有 5% 左右,便于沉砂处置。

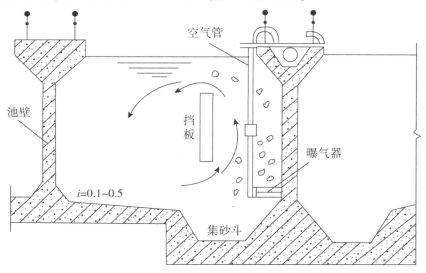

图 3-10　曝气沉砂池剖面示意

2.曝气沉砂池的设计

曝气沉砂池的设计水平流速 0.1 m/s,在过水断面周边的最大旋流速度 0.25~0.4 m/s;有效水深 2~3 m,宽深比 1~1.5,长宽比可达 5,当长宽比大于 5 时,可考虑设置横向挡板;最大流量时的停留时间为 1~3 min;每立方米污水的曝气量为 0.1~0.2 m³ 空气;曝气装置多采用穿孔管,孔径 2.5~6.0 mm,安装于池壁一侧距池底 0.6~0.9 m 处。

(三)旋流沉砂池

污水由池下部呈旋转方向流入,从池上部四周溢流而出,利用机械力控制水流流态与流速、加速砂粒的沉淀,并使有机物随水流带走的沉砂装置称为旋流沉砂池(也称为涡流沉砂池),其类型有多种,目前应用较多的有英国 Jones&Attwod 公司的钟式(Jeta)沉砂池和美国 Smith&Loveless 公司的佩斯塔(Pista)沉砂池等。这类沉砂池结构紧凑,占地面积小,土建费用低,维护管理较方便,对中小型污水处理厂具有较好的适用性。

1.构造及工作原理

旋流沉砂池由流入口、流出口、沉砂区、砂斗、涡轮驱动装置及排砂系统等组成,利用水力涡流原理除砂。污水由流入口切线方向流入沉砂区,旋转的涡轮叶片使砂粒呈螺旋形流动,促进有机物和砂粒的分离,由于所受离心力的不同,相对密度较大的砂粒被甩向池壁,在重力作用下沉入砂斗,有机物随出水旋流带出池外,通过调整转速,可达到最佳沉砂效果。砂斗内沉砂可采用空气提升、排砂泵排砂等方式排除,再经过砂水分离达到清洁砂标准。

2.旋流沉砂池设计

旋流沉砂池进水管最大流速 0.3 m/s;池内最大流速 0.1 m/s,最小流速 0.02 m/s;最大流量时,停留时间不小于 20 s,一般采用 30~60 s;设计水力表面负荷为 150~200 m³/(m²·h),有效水深为 1.0~2.0 m,池径与池深比宜为 2.0~2.5。

三、沉淀池

(一)沉淀池分类

沉淀是从污水中分离出悬浮物的基本操作工艺过程,它利用悬浮物比水重的特点使悬浮物从水中分离。根据沉淀过程中悬浮物颗粒间的相互关系,可将悬浮颗粒在水中的沉淀分为:自由沉淀、絮凝沉淀、拥挤沉淀和压缩沉淀四大类。

1.初次沉淀池和二次沉淀池

沉淀池是污水处理厂分离悬浮物的一种常用的构筑物。按工艺要求不同,可分为初次沉淀池和二次沉淀池。

初次沉淀池是一级处理污水厂的主体构筑物,或是二级处理污水厂的预处理构筑物,设置在生物处理构筑物之前。处理的对象是悬浮物质(通过沉淀处理可去除40%甚至50%以上),同时可去除部分 BOD_5(占总 BOD_5 的20%~30%,主要是悬浮物质的 BOD_5),可改善生物处理构筑物的运行条件并降低 BOD_5 负荷。初次沉淀池中沉淀的物质称为初次沉淀污泥或初沉污泥。

二次沉淀池设置在生物处理构筑物之后,用于去除活性污泥或脱落的生物膜,它是生物处理系统的重要组成部分。初沉池、生物膜法构筑物及其后的二沉池的 SS 和 BOD_5 总去除率分别为60%~90%和65%~90%;初沉池、活性污泥法构筑物及其后的二沉池的 SS 和 BOD_5 总去除率分别为70%~90%和65%~95%。

2.平流式沉淀池、辐流式沉淀池和竖流式沉淀池

沉淀池按池内水流方向的不同,主要可分为平流式沉淀池、辐流式沉淀池和竖流式沉淀池。

当需要挖掘原有沉淀池潜力或建造沉淀池面积受限制时,通过技术经济比较,可采用斜板(管)沉淀池,作为初次沉淀池用,但不宜作为二次沉淀池,原因是活性污泥的黏度较大,容易黏附在斜板(管)上,影响沉淀效果甚至可能堵塞斜板(管)。同时,在厌氧的情况下,经厌氧消化产生的气体上升时会干扰污泥的沉淀,并把从板(管)上脱落下来的污泥带至水面结成污泥层。

(二)沉淀池设计原则及参数

第一,沉淀池的设计流量与沉砂池相同,当污水自流进入时,按最大日最大时设计流量计算;当污水为提升进入时,应按工作水泵的最大组合流量计算。

第二,沉淀池的超高不应小于0.3 m,有效水深宜采用2~4 m。沉淀池出水堰最大负荷:初次沉淀池不宜大于2.9 L/(s·m);二次沉淀池不宜大于1.7 L/(s·m)。初次沉淀池的污泥区容积,宜按不大于2 d 的污泥量计算。曝气池后的二次沉淀池污泥区容积,宜按不大于2 h 的污泥量计算,并应有连续排泥措施。机械排泥的初次沉淀池和生物膜法处理后的二次沉淀池污泥容积,宜按4 h 的污泥量计算。当采用静水压力排泥时,初次沉淀池的净水头不应小于1.5 m;二次沉淀池的静水头,生物膜处理后不应小于1.2 m,曝气池后不应小于0.9 m。排泥管的直径不应小于200 mm。沉淀池应设置撇渣设施。当采用污泥斗排泥时,每个泥斗均应设单独

的闸阀和排泥管。泥斗的斜壁与水平面的倾角,方斗宜为60°,圆斗宜为55%。

第三,对城镇污水处理厂,沉淀池的数目应不少于2座(格);

第四,工业废水沉淀池的设计参数,应根据试验或实际生产运行经验确定。

(三)平流沉淀池

1.平流沉淀池的构造

平流沉淀池由流入装置、流出装置、沉淀区、缓冲层及排泥装置等组成。

流入装置由设有侧向或槽低潜孔的配水槽、挡流板组成,起到均匀布水与消能作用。流出装置由流出槽与挡板组成。流出槽采用锯齿形自由溢流堰,溢流堰严格要求水平,既可以保证水流均匀,又可控制沉淀池水位。挡板起挡浮渣的作用。

缓冲层的作用是避免已沉污泥被水流搅起以及缓解冲击负荷。污泥区起贮存、浓缩和排泥的作用。

2.排泥装置与方法

(1)静水压力法

静水压力法是利用池内的静水位将污泥排出池外。排泥管直径200 mm,下端插入污泥斗,上端伸出水面以便清通。为减少沉淀池深度,也可采用多斗排泥。

(2)机械排泥法

机械排泥法是利用机械将污泥排出池外。链带式刮泥机机件长期浸于水中,易被腐蚀,且难修复。行走小车刮泥机由于整套设备在水面上行走,腐蚀较轻,易于维护。这两种机械排泥法主要适用于初次沉淀池。当平流式沉淀池用作二次沉淀池时,由于活性污泥比较轻,含水率高达99%以上,且呈絮状,故可采用单口扫描泵吸排,使集泥和排泥同时完成。采用机械排泥时,平流式沉淀池可做成平底,使池深大大减少。

3.设计要求

平流式沉淀池对冲击负荷和温度变化的适应能力较强,但在池宽和池深方向存在水流不均匀及紊流流态,影响沉淀效果。平流沉淀池的设计,应符合下列要求:第一,每格长度与宽度的比值不小于4,长度与有效水深的比值不小于8,池长不宜大于60 m;第二,一般采用机械排泥,排泥机械的行进速度为0.3~1.2 m/min;第三,缓冲层高度,非机械排泥时为0.5 m;机械排泥时,缓冲层上缘宜高出刮泥板0.3 m;第四,池底纵坡不小于0.01。

(四)普通辐流式沉淀池

1.普通辐流式沉淀池的构造特点

辐流式沉淀池亦称为辐射式沉淀池。池形多呈圆形,小型池子有时亦采用多边形。水流流速从池中心向池四周逐渐减慢。泥斗设在池中央,池底向中心倾斜,污泥通常用刮泥机或吸泥机排除。

沉淀池由五部分组成,即进水区、出水区、沉淀区、贮泥区及缓冲层。

2.普通辐流式沉淀池的设计计算

(1)每座沉淀池表面面积和池径

$$A_1 = \frac{Q_{max}}{nq_0} \qquad\qquad (3-12)$$

$$D = \sqrt{\frac{4 \times A_1}{\pi}} \qquad (3-13)$$

式中：A_1——每座沉淀池的表面积，m^2；

D——每座沉淀池的直径，m；

Q_{max}——最大设计流量，m^3/h；

n——池数；

q_0——表面水力负荷，$m^3/(m^2 \cdot h)$。

（2）沉淀池有效水深

$$h_2 = q_0 t \qquad (3-14)$$

式中：h_2——有效水深，m；

t——沉淀时间。

池径与水深比取 6~12。

（3）沉淀池总高度

$$H = h_1 + h_2 + h_3 + h_4 + h_5 \qquad (3-15)$$

式中：H——总高度，m；

h_1——保护高，取 0.3 m；

h_2——有效水深，即沉淀区高度，m；

h_3——缓冲层高，m，非机械排泥时宜为 0.5 m，机械排泥时，缓冲层上缘宜高出刮板0.3 m；

h_4——沉淀池底坡落差，m；

h_5——污泥斗高度，m。

（4）沉淀池污泥区容积

按每日污泥量和排泥的时间间隔计算：

$$W = \frac{SNt}{1000} \qquad (3-16)$$

式中：W——沉淀池污泥区容积，m^3；

S——每人每日产生的污泥量，$L/(人 \cdot d)$；

N——设计人口数；

t——两次排泥的时间间隔，d。初次沉淀池宜按不大于 2 d 计；曝气池后的二次沉淀池按 2 h 计；机械排泥的初次沉淀池和生物膜法处理后的二次沉淀池按 4 h 计。

如果已知污水悬浮物浓度和去除率，污泥量也可按下式计算：

$$W = \frac{Q_{max} \times 24(C_0 - C_1)100}{\rho(100 - P_0)}t \qquad (3-17)$$

（五）周进周出辐流式沉淀池

周边进水周边出水辐流式沉淀池是一种沉淀效率较高的新池型，与传统辐流式沉淀池相比，能提高水力负荷、沉淀区容积利用和耐冲击能力，并可适当缩短沉降时间。从流态上，普通辐流式沉淀池采用中心进水时,水流集中于水表面部分,下部的水基本不参与流动,近似于驻流区,有效流动断面仅为上部区域,容积利用率小于50%。中心进水时,中心导筒的流速可达100 mm/s,动能很大,配水断面积为中心柱面面积,流速大;周边进水时,水流向中心的配水断面积大大增加,流速变缓,配水均匀性较好,流体质团在池中的停留时间延长,沉淀出的固体物质相应增多,从而提高了沉淀效率,容积利用率可达80%。

1.周进周出沉淀池的功能分区

周进周出沉淀池可以分为五个功能区,为进水槽、导流絮凝区、沉淀区、出水槽、污泥区。

(1)为流入槽

流入槽沿池壁周边设置,槽底均匀开设布水孔并下接短管,供均匀分布进水用。

(2)为导流絮凝区

使进水均匀地导向沉淀区。因进入流入导流絮凝区后,在区内形成回流,可促使活性污泥絮凝,加速沉淀区沉淀。因该区过水断面积较中心进水的导筒面积大大增加,故向下流速小,对池底污泥无冲击作用。

(3)为沉淀区

污泥在沉淀发生沉降作用。由于沉淀区下部的水流方向是向心流,可促使沉淀污泥推向池中心的污泥斗,便于排泥。

(4)为流出槽

流出槽由外向内,可依次设置在池周边 R 、$R/2$、$R/3$、$R/4$ 等处。根据实测资料,流出槽设置在不同位置,容积利用系数不同。

(5)为污泥区

与普通辐流式沉淀池功能一样。

2.辐流式二沉池的一般设计参数

国内外许多专家学者通过实验研究指出:选择合适的沉淀池几何结构参数可以提高沉淀池的处理效率。二次沉淀池的效率受下列因素影响,包括悬浮物固体浓度(污泥颗粒大小、污泥的密度、进水速度),流场和构筑物的几何尺寸与挡板的特征。

辐流式沉淀池一般为圆形,水流沿沉淀池半径方向流动。池直径在6~60 m之间。具体设计参数如下:第一,池直径与有效水深之比6~12;第二,坡向泥斗的底坡≥0.05;第三,池径≥16 m;第四,表面负荷≤2.5 m³/(m²·h);第五,沉淀时间1~1.5 h;第六,池径<20 m,一般采用中心传动的刮泥板。池径>20 m,一般采用周边传的刮泥机;第七,刮泥机转速为1~3 r/h,刮泥机外缘线速度≤3 m/min;第八,非机械刮泥时,缓冲层高0.5 m,机械刮泥时,缓冲层上边缘宜高出刮泥板0.3 m;第九,排泥管的直径不应小于200 mm;第十,当采用静水压力排泥时,初次沉淀池的静水头不应小于1.5 m;二次沉淀池的静水头,生物膜法处理后不应小于1.2 m,活性污泥法处理池后不应小于0.9 m;第十一,沉淀池应设置浮渣的撇除、输送和处置设施。

3.辐流式二沉池几个关键构造的设计

(1)配水系统的设计

配水系统的设计是辐流式二沉池的关键所在。周进式辐流式二沉池的只有沿圆周各点的进出水量一致,布水均匀,才能发挥其优点。常用的配水系统由配水槽和布水孔组成。

目前的配水槽大多采用环状和同心圆状。布水孔的形状分为圆形和方形。布水孔间距有等距,也有不等距。一般选用平底、孔距不变的环形配水槽。孔径一般为 50~100 mm,并在槽底设短管,长度为 50~100 mm,管内流速 0.3~0.8 m/s。

$$v_n = \sqrt{2tv}\, G_m \tag{3-18}$$

$$G_m = \sqrt{\frac{v_1^2 - v_2^2}{2t\mu}} \tag{3-19}$$

式中,v_n——配水孔平均流速,m/s,一般取 0.3~0.8 m/s;

t——导流絮凝区平均停留时间,s,池周有效水深为 2~4 m 时,t 取 360~720 s;

v——污水的运动黏度,m^2/s,与水温有关;

G_m——导流絮凝区的平均速度梯度,一般可取 10~30 s^{-1};

v_1——配水孔水流收缩断面的流速,m/s,$v_1 = v_n/\varepsilon$,ε 为收缩系数,因设短管,取 $\varepsilon = 1$;

v_2——导流絮凝区的向下流度,m/s;

$$v_2 = \frac{Q'}{f} \tag{3-20}$$

式中:f——絮凝区环形面积,m^2;

Q'——每池的最大设计流量,m^3/s。

为了施工安装方便,导流絮凝区宽度 $B \geqslant 0.4$ m,与配水槽等宽。配水槽宽 B 确定后,需校核 G_m,其值在 10~30 s^{-1} 为合格,否则需要调整 B 值。

(2)进水区挡水裙板

挡水裙板与池壁的距离与配水槽的宽度相等,向下延伸至水面以下 1.5 m 处形成环形导流絮凝区,以保证良好的絮凝效果。

(3)出水装置的设计

出水装置由集水槽和挡渣板组成。

二沉池集水槽是污水沉淀过程中泥水、固液分离的最后一道环节和工序,在实际的工程设计中,常见有 3 种布置形式:内置双侧堰式、内置单侧堰式、外置单侧堰式。内置单侧堰式、外置单侧堰式均为单侧堰进水,设计堰上负荷基本一致,从构造和水力条件来看,两者没有明显的优劣之分。内置双侧堰式的集水槽因堰上负荷小而应用较多。

二次沉淀池集水槽出口处一般需要设置挡渣板,挡渣板高出水面 0.1~0.15 m,挡板淹没深度由沉淀池深度而定,一般为 0.3~0.4 m,挡渣板距集水槽出水口为 0.25~0.5 m。

(六)竖流式沉淀池

竖流式沉淀池可用圆形或正方形。中心进水,周边出水。为使池内水流分布均匀,池径不宜太大,池径与池深之比不宜大于 3,竖流沉淀池比辐流式小得多,一般池径采用 4~7 m。沉淀区呈柱形,污泥斗呈截头倒椎体。

竖流式沉淀池的水流流速 v 是向上的,而颗粒沉速 u 是向下的,颗粒的实际沉速是 v 与 u 的矢量和,只有 $u \geqslant v$ 的颗粒才能被沉淀去除,因此竖流式沉淀池与辐流式沉淀池相比,去除效率低些。但若颗粒具有絮凝性能,则由于水流向上,带着颗粒在上升的过程中,互相碰撞,促进絮凝,颗粒变大,沉速随之变大,又有被去除的可能,故竖流沉淀池作为二次沉淀池是可行的。竖流沉淀池的池深较深,适用于中小型污水处理厂。

思考题

　　1.均化法包含哪两个方面的内容?

　　2.简单阐述格栅的主要作用及分类。

　　3.沉淀池的种类?

第四章　化学处理法

导读:
　　化学处理法主要利用化学反应的作用去除水中杂质,主要处理对象是污水中的溶解性物质或胶体物质。常见的化学处理法包括混凝法、中和法、化学沉淀法、氧化还原法和电解法。

学习目标:
　　1.了解化学处理法中的混凝法
　　2.了解化学处理法中的中和法
　　3.掌握化学处理法中的化学沉淀法
　　4.掌握化学处理法中的氧化还原法
　　5.掌握化学处理法中的电解法

第一节　混凝法

　　各种污水都是以水为分散介质的分散体系。根据分散粒度不同,污水可分为 3 类:真溶液(0.1~1 nm)、胶体溶液(1~100 nm)和悬浮液(>100 nm),其中粒度为 1 nm~100 μm 的悬浮液和胶体溶液可采用混凝处理法。混凝就是向待处理水中投加化学药剂以破坏胶体的稳定性,使污水中的胶体和细小悬浮物聚集成可分离的絮凝体,再加以分离去除的过程。

一、胶体的稳定性

　　胶体微粒都带有电荷,其结构如图 4-1 所示。胶体的中心称为胶核,其表面选择性吸附了一层带同号电荷的离子,该层离子称为电位离子层。为维持胶体微粒的电中性,在电位离子层外面又吸附了大量的反离子,构成了所谓的"双电层"结构。反离子层又分为吸附层和扩散层,前者紧靠电位离子层,随胶核一起运动,和电位离子层一起构成了胶体粒子的固定层,而扩散层由于受到电位离子的引力较小,因而不随胶核一起运动,而是趋于向溶液主体扩散。吸附层与扩散层的交界面称为滑动面。

胶核表面与溶液主体之间的电位差称为 ψ 电位,滑动面与溶液主体间的电位差称为 ζ 电位。图 4-1 描述了两种电位随距离的变化而变化的情况。ψ 电位对于某类胶体而言是固定不变的,但无法度量,而 ζ 电位可计算得出,并随温度、pH 及溶液中反离子浓度等外部条件而变化,在水处理中具有重要意义。

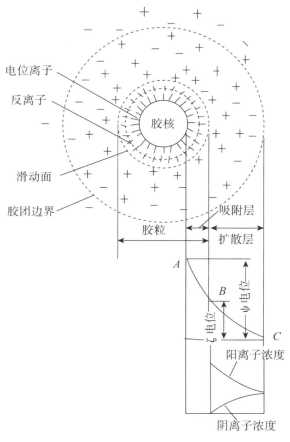

图 4-1 胶体双电层结构示意

胶体能在水中保持稳定且呈分散悬浮状态,主要有以下两方面原因:①带同号电荷的胶粒之间存在静电斥力,ζ 电位愈高,静电斥力愈大。胶粒间的斥力不仅与 ζ 电位有关,还与胶粒之间的间距有关,距离越近,斥力越大,而布朗运动的动能不足以将两颗胶粒推进到使范德华引力发挥作用的距离。因此,胶粒不能相互聚结而长期保持稳定分散状态。②水化作用。由于胶粒带电,能将极性水分子吸引到它的周围形成一层水化膜,水化膜同样能阻止胶粒间相互接触。水化膜是伴随胶粒带电而产生的,如果胶粒的电位消除或减弱,水化膜也将随之消失或减弱。

二、混凝机理

化学混凝的目的就是破坏胶体的稳定性,使胶体微粒相互聚集。其中,胶体失去稳定性的过程叫凝聚,脱稳胶体相互聚集的过程称为絮凝,混凝就是凝聚和絮凝的总称。混凝机理至今尚未完全清楚,但归结起来,可以认为是以下4方面的作用。

(一)压缩双电层作用

水中胶粒能维持稳定分散悬浮状态,主要是由于胶粒的 ζ 电位,如果能消除或降低胶粒的 ζ 电位,就有可能使胶粒相互接触聚结,失去稳定性。向水中投加无机盐混凝剂可达此目的。例如,天然水中带负电荷的黏土胶粒,当投入铁盐或铝盐等混凝剂后,混凝剂提供的大量正离子会涌入胶体扩散层甚至吸附层,使扩散层变薄, ζ 电位降低;当大量正离子涌入吸附层以致扩散层完全消失时, ζ 电位降为零,此时称为等电状态。在等电状态下,胶粒间的静电斥力消失,胶粒最易发生聚结。实际上, ζ 电位只要降至某一程度使胶粒间排斥的能量小于胶粒布朗运动的动能时,胶粒就开始发生明显聚结,这时的 ζ 电位称为临界电位。

压缩双电层作用是阐明胶体凝聚的一个重要理论,特别适用于无机盐混凝剂所提供的简单离子情况。但是,仅用压缩双电层作用来解释水中的混凝现象,会产生一些矛盾。例如,铝盐或铁盐混凝剂投加量过多时效果反而下降,水中胶粒会重新获得稳定;又如,与胶粒带相同电性的高分子聚合物也有良好的混凝效果。于是,又提出了以下几种作用机理。

(二)吸附电中和作用

吸附电中和作用指由于胶粒表面对异号离子、异号胶粒及链状离子或分子带异号电荷的部位有强烈的吸附作用,从而中和了胶粒所带的部分电荷,静电斥力减小,电位降低,使胶体的脱稳和凝聚易于发生。例如,当投加三价铝盐或铁盐时,它们能在一定条件下离解和水解生成多种络合离子,如 $[Al(H_2O)_6]^{3+}$ 、 $[Al(OH)(H_2O)_5]^{2+}$ 、 $[Al_2(OH)_2(H_2O)_8]^{4+}$ 、 $[Al_3(OH)_5(H_2O)_9]^{4+}$ 等,这些络离子不但能压缩双电层,而且能进入到胶核表面,中和电位离子所带电荷,使 ψ 电位降低, ζ 电位也随之减小,从而达到胶粒脱稳和凝聚的目的。吸附电中和作用的一个显著特点是,若药剂投加过量,则由于胶粒吸附了过多反离子,使 ζ 电位反号,排斥力变大,出现胶粒再稳现象。

(三)吸附架桥作用

吸附架桥作用主要是指投加的水溶性链状高分子聚合物在静电引力、范德华引力和氢键力等作用下,其活性部位与胶体或细微悬浮物发生吸附,将微粒搭桥联结为一个个絮凝体(俗称矾花)的过程。如在溶液中投加三价铝盐或铁盐及其他高分子混凝剂后,经水解、缩聚反应形成的线形高分子聚合物,可被胶粒强烈吸附,因它们的线形长度较大,当一端吸附一胶粒后,另一端又吸附另一胶粒,在相距较远的两胶粒间起到架桥作用,使颗粒逐渐变大,形成粗大絮凝体。

根据此作用机理,可解释当水体浊度很低时为什么有些混凝剂使用效果不好,因为浊度低,水中胶体少,当高分子聚合物一端吸附一个胶粒后,另一端因粘连不到第二个胶粒,不能起到架桥作用,从而达不到混凝效果。

显然,在吸附架桥形成絮凝体的过程中,胶粒和细微悬浮物并不一定要脱稳,也无须直接接触, ζ 电位的大小也不起决定性的作用,但高分子絮凝剂的投加量及搅拌的时间和强度都必须严格控制。若投加量过大,胶粒被过多的聚合物所包围,胶粒会出现再稳现象;若搅拌强度过大或时间过长,会使架桥聚合物断裂或吸附的胶粒脱开,絮凝体破碎,形成二次吸附再稳颗粒。

(四)沉淀网捕作用

采用铁、铝等高价金属盐作混凝剂时可水解形成难溶性氢氧化物如 $Al(OH)_3$、$Fe(OH)_3$ 等,水中的胶粒和细微悬浮物可被这些沉淀物在形成时作为晶核或吸附质予以捕获共同沉降下来,此过程并不一定使胶粒脱稳,但能将胶粒卷带网罗除去。由于水中的胶体多带负电荷,若沉淀物带正电荷,更能加快网捕速度。此过程是一种机械作用,所需混凝剂与水中杂质含量成反比,即当水中胶体含量少时,所需混凝剂量多。

在实际水处理过程中,以上4种作用机理往往同时或交叉发挥作用,只是依条件不同,其中某一种机理起主导作用。对高分子混凝剂特别是有机高分子混凝剂,吸附架桥作用可能起主导作用,而对简单的铝、铁等无机盐混凝剂来说,压缩双电层、吸附电中和及沉淀网捕作用起主要作用。

三、混凝剂与助凝剂

(一)混凝剂

混凝剂应符合如下要求:混凝效果良好,对人体健康无害,价廉易得,使用方便。混凝剂的种类较多,主要有以下两大类。

1.无机盐类混凝剂

目前应用最广的是铝盐和铁盐。铝盐中主要有硫酸铝、明矾、聚合氯化铝、聚合硫酸铝等,比较常用的是 $Al_2(SO_4)_3 \cdot 18H_2O$,混凝效果较好,使用方便,适宜 pH 为 5.5~8,但水温低时,硫酸铝水解困难,形成的絮凝体较松散,效果不及铁盐。聚合氯化铝是在人工控制条件下预先制成的最优形态聚合物,投入水中后可发挥优良的混凝作用,对各种水质适应性较强,pH 适用范围较广,对低温水效果也较好,形成的絮凝体粒大且重,所需的投加量为硫酸铝的 1/3~1/2。

铁盐主要有三氯化铁、硫酸亚铁、硫酸铁、聚合硫酸铁、聚合氯化铁等。三氯化铁是褐色结晶体,极易溶解,形成的絮凝体较紧密、易沉淀,pH 适宜范围也较铝盐宽,为 5~11,但三氯化铁为铁锈色,腐蚀性强,易吸水潮解,不易保管,而且投加量控制不好会导致出水色度升高。硫酸亚铁($FeSO_4 \cdot 7H_2O$)是半透明绿色结晶体,离解出的 Fe^{2+} 不具有三价铁盐的良好混凝作用,使用时需将二价铁氧化成三价铁。聚合铁盐与聚合铝盐的作用机理颇为相似,具有投加剂量小、絮体形成快、对不同水质适应强等优点,所以在水处理中的应用越来越广泛。

2.有机高分子混凝剂

有机高分子混凝剂有天然和人工合成两种。凡链节上含有的可离解基团水解后带正电的称为阳离子型,带负电的称为阴离子型,链节上不含可离解基团的称为非离子型。我国当前使用较多的是人工合成的聚丙烯酰胺,为非离子型高聚物,聚合度可达 $2 \times 10^4 \sim 9 \times 10^4$,相应的分子量高达 $150 \times 10^4 \sim 600 \times 10^4$,但它可通过水解构成阴离子型,也可通过引入基团制成阳离子型。

由于有机高分子混凝剂对水中胶体微粒有极强的吸附作用,所以混凝效果好。并且,即使是阴离子型高聚物,对负电胶体也有强的吸附作用,但对于未脱稳的胶体,由于静电斥力作用,有碍于吸附架桥作用,所以通常作助凝剂使用;阳离子型高聚物的吸附作用尤其强烈,且在吸附的同时,对负电胶体有电中和脱稳作用。

有机高分子混凝剂虽然效果优异,但制造过程复杂,价格较贵。另外,聚丙烯酰胺单体——丙烯酰胺有一定的毒性,也一定程度上限制了它的应用。

(二)助凝剂

在实际水处理中,有时使用单一混凝剂不能取得良好效果,可投加某些辅助药剂以提高混凝效果,这些辅助药剂称为助凝剂。助凝剂可参加混凝,也可不参加混凝。广义上的助凝剂分为3类:①酸碱类,主要用以调节水的pH;②加大絮凝体粒度和结实性类,利用高分子助凝剂的强烈吸附架桥作用,使细小松散的絮凝体变得粗大而紧密,常用的有聚丙烯酰胺、活化硅酸、骨胶、海藻酸钠、黏土等;③氧化剂类,如利用Cl_2、O_3等以分解过多有机物,避免对混凝剂的干扰,当采用硫酸亚铁作混凝剂时将亚铁离子氧化成三价铁离子。

四、影响混凝效果的因素

(一)原水水质

原水水质主要包括水温、pH、杂质等。

1.水温

水温对混凝效果有明显影响。无机盐类混凝剂水解是吸热反应,水温低时,水解困难,特别是硫酸铝,当水温低于5 ℃时,水解速率缓慢。水温降低,水的黏度升高,布朗运动减弱,不利于脱稳胶粒相互絮凝,影响絮凝体的增大,进而影响后续的沉淀处理效果。另外,水温低时,胶粒水化作用增强,妨碍颗粒凝聚。而当温度较高时,混凝剂又易于老化或分解,也影响混凝效果。

2.pH

原水pH对混凝的影响程度视混凝剂的品种而异。用硫酸铝去除浊度时,最佳pH范围为6.5~7.5,用于脱色时,为4.5~5。用三价铁盐时,最佳pH范围为6.0~8.4,比硫酸铝宽。若用硫酸亚铁,只有在pH>8.5和水中有足够溶解氧时,才能迅速形成Fe^{3+},这就使设备和操作较复杂,因此,常采用加氯氧化的方法。铝盐和铁盐水解过程中会不断产生H+,导致水体pH下降,影响混凝效果,所以当原水中碱度不足或混凝剂投加量较大时,常投加石灰等进行调整。而高分子混凝剂尤其是有机高分子混凝剂,混凝效果受pH的影响较小。

3.杂质

水中杂质的成分、性质和浓度都对混凝效果有明显的影响。水中正二价及以上的离子多,将有利于压缩双电层;各种无机金属盐离子的存在通常能起到提高混凝效果的作用,而磷酸根离子、硫酸根离子、氯离子等的存在通常不利于混凝。水中的杂质颗粒尺寸越细小越单一均匀,越不利于混凝,而大小不一的颗粒将有利于混凝。当水中的杂质浓度低时,颗粒间的碰撞概率下降,混凝效果较差,可以通过投加高分子助凝剂、黏土、泥渣等以提高混凝效果,或投加混凝剂后对生成的絮凝体直接过滤去除。当水中的悬浮物含量较高时,为了减少混凝剂的用量,可投加适量高分子助凝剂。

(二)混凝剂

混凝剂的种类与投加量对混凝效果都会产生明显影响。混凝剂的选择主要取决于水中胶体与悬浮物的性质和浓度。若污染物主要以胶体状态存在,电位较高,则应先投加无机盐混凝剂使胶体脱稳,若生成的絮体较细小,还应投加高分子助凝剂。在很多情况下,将无机盐混凝剂与高聚物并用,可明显提高混凝效果,扩大使用范围。但两种及以上混凝剂混合使用时,混凝剂的投加顺序有时也会影响混凝效果。对一定废水,均存在最佳投药量的问题,最佳投药量主要通过混凝试验来决定。

(三)水力条件

混凝过程中的水力条件对絮凝体的形成影响很大。整个混凝过程可分为两个阶段:混合(凝聚)阶段和反应(絮凝)阶段,水力条件的配合对这两个阶段非常重要。

混合阶段要求药剂迅速均匀地扩散到全部水中,以创造良好的水解和聚合条件,使胶体脱稳并借颗粒的布朗运动和紊动水流进行凝聚。在此阶段并不要求形成大的絮凝体,而是要快速和剧烈搅拌,通常在几秒钟或一分钟内完成。对于高分子混凝剂,由于它们在水中的形态不像无机盐混凝剂那样易受时间影响,混合作用主要是使药剂在水中均匀分散,混合反应可以在很短时间内完成,但不宜进行过度剧烈的搅拌。

反应阶段依靠机械或水力搅拌促进颗粒间碰撞凝聚逐渐形成大的具有良好沉淀性能的絮凝体。反应阶段的搅拌强度或水流速度应随着絮凝体的增大而逐渐降低,以免形成的絮凝体被打碎。如果在混凝处理后不经沉淀处理而直接进行接触过滤或是进行气浮处理,反应阶段可省略。

五、混凝设备

混凝设备主要包括混凝剂的配制与投加设备、混合设备和反应设备。

(一)混凝剂的配制与投加设备

混凝剂的投加方式分干投法和湿投法。干投法是把固体药剂破碎至一定粒度后直接定量投放到待处理水中,其优点是占地少,缺点是对药剂的粒度要求较高,投加量难以控制,对机械设备要求较高,同时劳动条件差,该方法现已很少使用。湿投法是将混凝剂先溶解,配制成一定浓度的溶液后定量投加,其所用的设备有溶液配制设备和投加设备。

1.配制设备

混凝剂一般在溶解池中进行溶解,溶解池配有搅拌装置,目的是加速药剂溶解。搅拌方式有机械搅拌、压缩气体搅拌和水泵搅拌等。对于无机盐类混凝剂,溶解池搅拌装置和管配件等应考虑防腐蚀措施。

药剂溶解完成后,再将浓药液送到溶液池,用清水稀释到一定浓度后备用。溶液池的体积可按下式计算:

$$V_1 = \frac{AQ}{417wn} \tag{4-1}$$

式中，V_1——溶液池体积，m^3；

Q——处理水量，m^3/h；

A——混凝剂的最大用量，mg/L；

w——溶液质量分数，%；

n——每天配制次数，一般为 2~6 次。

溶解池体积 V_2 可按下式计算：

$$V_2 = (0.2 \sim 0.3) V_1 \tag{4-2}$$

2.投加设备

混凝剂溶液的投加要求计量准确、调节灵活及设备简单，所需设备包括计量设备、药液提升设备、投药箱、水封箱以及注入设备等。

计量设备目前较为常用的有孔口计量设备、转子流量计、电磁流量计、计量泵等。在孔口计量设备中，配制好的混凝剂溶液通过浮球阀进入恒位水箱，箱中液位靠浮球阀保持恒定，在恒定液位下 A 处有出液管，管端装有苗嘴或孔板。因作用水头 A 恒定，一定口径的苗嘴或一定开启度的孔板的出流量是恒定的。当需要调节投加量时，可以更换苗嘴或改变孔板的出口断面。

药液的投加方式通常有泵前重力投加、水射器投加、高位溶液池重力投加、虹吸式投加、计量泵投加等。高位溶液池重力投加通常适合取水泵房距水厂较远的情况，而泵前重力投加比较适合取水泵房离水厂较近的情况，采用水封箱防止管路进气，以防泵"气蚀"，溶液池高架进行投加。虹吸式定量投加设备是利用空气管末端与虹吸式管出口之间的水位差不变而设计的投加设备，因而投加量恒定。水射器主要用于向压力管内投加混凝剂溶液，使用方便。

（二）混合设备

混合设备的作用是使药剂迅速均匀扩散到水中，使混凝剂的水解产物与胶体、细微悬浮物接触产生凝聚作用，形成细小矾花。根据动力来源分为水力和机械搅拌两类混合设备，前者有管道式、穿孔板式、隔板混合槽（池）等，后者有机械搅拌混合槽、水泵混合槽等。机械搅拌混合槽通过桨板的快速搅拌完成混合。在隔板混合池中，当水流通过隔板孔道时产生急剧的收缩和扩散，形成涡流，从而达到混合目的。

（三）反应设备

混合反应完成后，水中已产生细小絮体，但还没有达到自然沉降的粒度，反应设备的任务就是使小絮体逐渐絮凝成大絮体以利于沉降。为了让凝絮物长大到 0.6~1.0 mm 的粒度，要求颗粒间不断接触长大，反应设备应有一定的停留时间和适当的搅拌强度，以让小絮体能相互碰撞，并防止生成的大絮体沉淀。但搅拌速度太大，则会使生成的絮体破碎，因此在反应设备中，沿水流方向的搅拌强度应越来越小。反应设备也分为水力和机械搅拌两大类。

水力搅拌型反应池包括隔板反应池、旋流反应池、涡流反应池等，其中隔板反应池应用较多，分为回转式隔板反应池和往复式隔板反应池两种。隔板反应池是利用水流断面上流速分布不均匀所造成的速度梯度，来促进颗粒相互碰撞进行絮凝的，为避免结成的絮凝体被打碎,隔板中的流速应逐渐减小。隔板反应池构造简单,管理方面,效果较好,但反应时间较长,容积较大,主要适用于处理水量较大的处理厂。

机械搅拌反应池的桨板式机械搅拌反应池的主要设计参数为:每台搅拌设备上的桨板总面积为水流截面积的 10%~20%,不超过 25%;桨板长度不大于叶轮直径的 75%,宽度为 10~30 cm;第一格叶轮半径中心点旋转线速度 0.5~0.6 m/s,以后逐格减少,最后一格 0.1~0.2 m/s,不得大于 0.3 m/s;反应时间为 15~20 min。

(四) 澄清池

在澄清池内,可同时完成混合、反应、沉降分离等过程。澄清池的优点是占地面积小,处理效果好,生产效率高,节省药剂用量;缺点是对进水水质要求严格,设备结构复杂。根据泥渣与污水接触方式的不同,澄清池可分为两类,一类是悬浮泥渣型,包括悬浮澄清池、脉冲澄清池;另一类是泥渣循环型,有机械搅拌澄清池和水力加速循环澄清池。

第二节　中和法

含酸与含碱污水是两种重要的工业废液,其来源非常广泛。酸含量大于 5%~10% 的高浓度含酸废水称为废酸液,碱含量大于 3%~5% 的高浓度含碱废水称为废碱液。对于这类废液,可因地制宜采用特殊方法回收其中的酸或碱,或者进行综合利用,例如,用蒸发浓缩法回收苛性钠,用扩散渗析法回收钢铁酸洗废液中的硫酸,利用钢铁酸洗废液作为制造硫酸亚铁、聚合硫酸铁的原料等。然而,对于酸含量小于 5%~10% 或碱含量小于 3%~5% 的低浓度酸性废水或碱性废水,由于其中酸、碱含量低,回收价值不大,但不能直接排放,因此常采用中和处理法进行处理。

中和法就是利用碱性药剂或酸性药剂将污水从酸性或碱性调整到中性 pH 附近的一类处理方法。在工业废水处理中,中和处理既可作为主要的处理单元,又可作为预处理方法,与其他后续处理工艺联用。污水排入受纳水体前,其 pH 超过排放标准,这时应采用中和处理,以减少对水生生物的影响;工业废水排入城市下水道系统前,进行中和处理,以免对管道系统造成腐蚀;化学处理或生物处理之前,对生物处理而言,需将处理系统的 pH 维持在 6.5~8.5 范围内,以确保最佳的生物活性。

中和处理法因污水的酸碱性不同而不同。针对酸性废水,主要有酸性废水与碱性废水相互中和、药剂中和及过滤中和 3 种方法,而对于碱性废水,主要有碱性废水与酸性废水相互中和、药剂中和与利用酸性废气中和 3 种方法。

一、酸性废水的中和处理

酸性废水中常见的酸性物质有硫酸、硝酸、盐酸、氢氟酸、磷酸等无机酸和醋酸、甲酸、柠檬酸等有机酸。

(一)碱性废水中和法

酸性、碱性废水相互中和是一种既简单又经济的以废治废的处理方法,该法既能处理酸性废水,又能处理碱性废水。如电镀厂的酸性废水和印染厂的碱性废水相互混合,达到中和的目的。

常用的中和设备有连续流中和池、间歇式中和池、集水井及混合槽等。当水质和水量较稳定或后续处理对 pH 要求较宽时,可直接在集水井、管道或混合槽中进行连续中和反应,不需设中和池;当水质水量变化不大或者后续处理对 pH 的要求较高时,可设连续流中和池;而当水质变化较大且水量较小时,连续流中和无法保证出水 pH 要求,或者出水中含有其他杂质如重金属离子时,多采用间歇式中和池,即在间歇池内同时完成混合、反应、沉淀、排泥等操作。

(二)药剂中和法

药剂中和法能处理任何浓度、任何性质的酸性废水,对水质和水量波动适应性强,中和药剂利用率高,中和过程易调节,但也存在劳动条件差、药剂配制及投加设备较多、基建投资大、泥渣多且脱水难等缺点。选择碱性药剂时,不仅要考虑它本身的溶解性、反应速度、成本、二次污染、使用方便等因素,而且还要考虑中和产物的性状、数量及处理费用等因素。常用药剂有石灰(CaO)、石灰石($CaCO_3$)、碳酸钠、电石渣等,因石灰来源广泛、价格便宜,所以最为常用。当投加石灰进行中和处理时,产生的 $Ca(OH)_2$ 有凝聚作用,因此对杂质多、浓度高的酸性废水尤其适宜。

药剂中和流程通常包括污水的预处理、药剂的制备与投配、混合与反应、中和产物的分离、泥渣的处理与利用等环节。污水的预处理包括悬浮杂质的澄清、水质及水量的均和调节,前者可以减少投药量,后者可以创造稳定的处理条件。中和剂的投加量可按实验绘制的中和曲线确定,也可根据水质分析资料,按中和反应的化学计量关系确定。

当采用石灰作为中和剂时,其投加方式可分为干投法和湿投法两种。干投法可采用具有电磁振荡装置的石灰振荡设备投加,以保证投加均匀。此法设备构造简单,但反应较慢,而且不充分,投药量大(需为理论量的 1.4~1.5 倍)。当石灰成块状时,可采用湿投法,将石灰在消解槽内先加水消解,可采用人工方法或机械方法消解。机械方法有立式和卧式两种,立式消解适用于用量在 4~8 t/d,卧式消解适用于在 8 t/d 以上。石灰经消解成为 40%~50% 的乳液后,投入石灰乳贮槽中,经加水搅拌配成 5%~15% 的石灰水,然后用耐碱水泵送到投配器中,经投配器投入渠道,与酸性废水共同流入中和池,反应后进行澄清,使水与沉淀物进行分离。消解槽和乳液槽中可用机械搅拌或水泵循环搅拌,以防产生沉淀。投配系统采用溢流循环方式,即输送到投配槽的乳液量大于投加量,剩余量沿溢流管流回乳液槽,这样可维持投配槽内液面稳定,易于控制投加量。

药剂中和法有以下两种运行方式:当污水量少或间断排出时,采用间歇处理,设置 2~3 个池子进行交替工作;当污水量大时,采用连续流式处理,并采取多级串联的方式,以获得稳定可靠的中和效果。

(三)过滤中和法

过滤中和法是将碱性滤料填充成一定形式的滤床,酸性废水流过此滤床即被中和。过滤中和法与药剂中和法相比,具有操作方便、运行费用低及劳动条件好等优点,并且产生的沉渣少,只有污水体积的 0.1%,主要缺点是进水酸浓度受到限制,还必须对污水中的悬浮物、油脂等进行预处理,以防滤料堵塞。常用的滤料有石灰石、大理石和白云石 3 种,其中前两种的主要成分是 $CaCO_3$,第三种的主要成分是 $CaCO_3$ 和 $MgCO_3$。

滤料的选择与水中酸的种类及浓度密切相关,因为滤料的中和反应发生在滤料表面,如果生成的中和产物溶解度很小,就会沉淀在滤料表面形成外壳,影响中和反应进一步进行。各种酸中和后形成的盐具有不同的溶解度,其顺序为:$Ca(NO_3)_2$、$CaCl_2 > MgSO_4 \gg CaSO_4 > CaCO_3$、$MgCO_3$,因此,中和处理硝酸、盐酸时,滤料选用石灰石、大理石或白云石都可;中和处理碳酸时,含钙或镁的中和剂都不适用,不宜采用过滤中和法,中和含硫酸废水时,最好选用含镁的中和滤料(白云石),若采用石灰石,硫酸浓度不应超过 1~1.2 g/L,否则就会生成硫酸钙外壳,使中和反应终止。

根据滤床形式的不同,中和滤池分为普通中和滤池、升流式膨胀中和滤池和滚筒中和滤池 3 种类型。

普通中和滤池为固定床式,按水流方向分平流式和竖流式两种,其中竖流式较常用,又分为升流式和降流式两种。

升流式膨胀中和滤池结构见图 4-2,污水自下向上运动,由于流速高,滤料呈悬浮状态,滤层膨胀,滤料间不断发生碰撞摩擦,使沉淀难以在滤料表面形成,因而进水含酸浓度可以适当提高,生成的 CO_2 气体也容易排出,不会使滤床堵塞。此外,由于滤料粒径小,比表面积大,相应接触面积也大,使中和效果得到改善。滤料层厚度在运行初期为 1~1.2 m,最终换料时为 2 m,滤料膨胀率保持 50%。池底设 0.15~0.2 m 的卵石垫层,池顶保持 0.5 m 的清水区。采用升流式膨胀中和滤池处理含硫酸废水,硫酸允许浓度可提高到 2.2~2.3 g/L。升流式膨胀中和滤池要求布水均匀,因此池子直径不能太大,并常采用大阻力配水系统和比较均匀的集水系统。

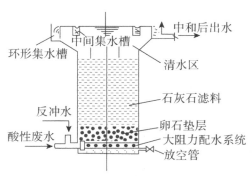

图 4-2　升流式膨胀中和滤池

为了使小粒径滤料在高滤速下不流失,可将升流式膨胀滤池设计成变截面形式,上部放大,称为变速升流式膨胀中和滤池。这种结构既保持了较高的流速,使滤层全部膨胀,维持处理能力不变,又保留了小滤料在滤床中,使滤料粒径适用范围增大。

滚筒式中和滤池结构如图 4-3 所示。滚筒用钢板制成,内衬防腐层。筒为卧式,直径

1 m或更大,长度为直径的6~7倍。筒内壁设有挡板,装于滚筒中的滤料随滚筒一起转动,使滤料互相碰撞,及时剥离由中和产物形成的覆盖层,使沉淀物外壳难以形成,从而加快中和反应速度。污水由滚筒的一端进入,由另一端流出。为避免滤料流失,在滚筒出水处设有穿孔板。滚筒转速约10 r/min,滤料的粒径较大(达十几毫米),装料体积约占转筒体积的一半。这种装置的最大优点是进水酸浓度可以超过允许浓度数倍,其缺点是负荷率低[约为36 m³/(m²·h)]、构造复杂、动力费用较高、运转时噪声较大,同时对设备材料的耐蚀性能要求高。

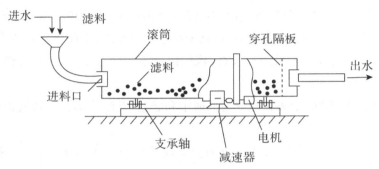

图4-3 滚筒式中和滤池

二、碱性废水的中和处理

(一)酸性废水中和法
该方法与利用碱性废水中和酸性废水的原理相同。

(二)药剂中和法
常用的药剂是无机酸,如硫酸、盐酸及压缩二氧化碳等。硫酸的价格较低,应用最广。盐酸的优点是反应物溶解度高,沉渣量少,但价格较高。用无机酸中和碱性废水的工艺流程及设备,与药剂中和酸性废水的基本相同。

(三)酸性废气中和法
烟道气中CO_2含量可高达24%,有时还含有SO_2和H_2S,故可用来中和碱性废水。

用烟道气中和碱性废水时,均采用逆流接触喷淋塔,污水由塔顶布水器均匀喷出,或沿筒内壁流下,烟道气则由塔底鼓入,在逆流接触过程中,污水与烟道气都得到了净化。用烟道气中和碱性废水的优点是把污水处理与消烟除尘结合起来,缺点是处理后的污水中硫化物、色度和耗氧量均显著增加。

第三节　化学沉淀法

化学沉淀法是指向污水中投加化学药剂(沉淀剂),使之与其中的溶解态物质发生化学反应,生成难溶性固体物质,然后进行固液分离,从而达到去除污染物的一种处理方法,该方法可以去除污水中的重金属离子(如 Hg^{2+}、Cr^{3+}、Pb^{2+}、Zn^{2+}、Ni^{2+}、Cd^{3+}、Fe^{3+}、Cu^{2+} 等)、钙、镁和某些非金属(如砷、氟、硫、硼等),某些有机污染物亦可采用化学沉淀法去除。

化学沉淀法的工艺流程通常包括投加化学沉淀剂,与水中污染物反应,生成难溶性沉淀物而析出;通过凝聚、沉降、浮选、过滤、离心等方法进行固液分离;泥渣处理和回收利用。

化学沉淀的基本过程是难溶电解质的析出,其溶解度大小与溶质性质、温度、盐效应、沉淀颗粒的大小及晶型等有关。在污水处理中,根据沉淀/溶解平衡移动的一般原理,可利用过量投药、防止络合、沉淀转化、分步沉淀等来提高处理效率,回收有用物质。可根据难溶电解质(以 $M_m N_n$ 表示)的溶度积常数 K_{sp} 进行相关计算:若 $[M^{n+}]^m \cdot [N^{m-}]^n < K_{sp}$,则溶液未饱和,不产生沉淀;若 $[M^{n+}]^m \cdot [N^{m-}]^n = K_{sp}$,则溶液处于溶解平衡状态,无沉淀产生;若 $[M^{n+}]^m \cdot [N^{m-}]^n > K_{sp}$,则溶液饱和,产生沉淀,但溶液中的离子浓度仍保持 $[M^{n+}]^m \cdot [N^{m-}]^n = K_{sp}$ 关系。

根据沉淀剂的不同,常见的化学沉淀法有氢氧化物沉淀法、硫化物沉淀法、碳酸盐沉淀法、铁氧体沉淀法、钡盐沉淀法、卤化物沉淀法等。

一、氢氧化物沉淀法

除了碱金属和部分碱土金属外,其他金属的氢氧化物大都是难溶物,因此,工业废水中的许多金属离子可通过生成氢氧化物沉淀得以去除。金属氢氧化物的溶解度与废水 pH 直接相关。以 $M(OH)_n$ 表示金属氢氧化物,则金属离子在水中的浓度与废水 pH 有以下关系:

$$\lg[M^{n+}] = npK_w - npH + \lg K_{sp} \tag{4-3}$$

式中,p 为水的离解平衡常数,25 ℃时为 10^{-14}。由式(4-3)可知:①金属离子浓度 $[M^{n+}]$ 相同时,溶度积常数 K_{sp} 愈小,则开始析出氢氧化物沉淀的 pH 愈低;②同一金属离子,浓度愈大,开始析出沉淀的 pH 愈低。

氢氧化物沉淀法中所用的沉淀剂为各种碱性药剂,主要有石灰、碳酸钠、苛性钠、石灰石、白云石等,其中石灰最常用,其优点是去除污染物范围广(不仅可沉淀去除重金属离子,还可沉淀去除砷、氟、磷等)、药剂来源广、价格低、操作简便、处理可靠且不产生二次污染;主要缺点是劳动卫生条件差、管道易结垢堵塞、泥渣体积庞大且脱水困难。

二、硫化物沉淀法

大多数过渡金属的硫化物都难溶于水,向污水中投加硫化氢、硫化钠或硫化钾等沉淀剂,使其中的重金属离子反应生成难溶性硫化物沉淀得以去除的方法,称为硫化物沉淀法。由于重金属离子与硫离子能生成溶度积很小的硫化物,所以硫化物沉淀法能更彻底地去除污水中的溶解性重金属离子。并且,由于各种金属硫化物的溶度积相差较大,可通过控制水体 pH,用硫化物沉淀法把水中不同的金属离子分步沉淀而加以回收。

同样,硫化物沉淀的生成与水体的 pH 有关,以 MS 表示金属硫化物,金属离子浓度与水体的 pH 及水中硫化氢浓度有以下关系:

$$[M^{2+}] = \frac{K_{sp} [H^+]^2}{1.1 \times 10^{-22} [H_2S]} \tag{4-4}$$

在 0.1 MPa、25 ℃条件下,硫化氢在水中的饱和浓度为 0.1 mol/L(pH ≤ 6),因此:

$$[M^{2+}] = \frac{K_{sp} [H^+]^2}{1.1 \times 10^{-23}} \tag{4-5}$$

采用硫化物沉淀法处理含重金属离子的污水,具有 pH 适用范围大、去除率高、可分步沉淀、便于回收利用等优点。此外,有些金属硫化物(如 HgS)的颗粒微细而难以分离,需要投加适量絮凝剂进行共沉。硫化物沉淀法处理含 Cu^{2+}、Cd^{2+}、Zn^{2+}、Pb^{2+}、AsO_2^- 等的污水已得到应用。

三、其他化学沉淀法

(一)碳酸盐沉淀法

碱土金属(Ca、Mg 等)和一些重金属(Mn、Fe、Co、Ni、Cu、Zn、Ag、Cd、Pb、Hg 等)的碳酸盐都难溶于水,所以可用碳酸盐沉淀法将这些金属离子从污水中去除。对于不同的处理对象,碳酸盐沉淀法有 3 种不同的应用方式:

第一,投加难溶碳酸盐(如碳酸钙),利用沉淀转化原理,使污水中的重金属离子(如 Pb^{2+}、Cd^{2+}、Zn^{2+}、Ni^{2+} 等)生成溶解度更小的碳酸盐而沉淀析出。

第二,投加可溶性碳酸盐(如碳酸钠),使水中的金属离子生成难溶碳酸盐而沉淀析出,此方法适用于去除水中的重金属离子与非碳酸盐硬度。

第三,投加石灰,与造成水中碳酸盐硬度的 $Ca(HCO_3)_2$ 和 $Mg(HCO_3)_2$ 生成难溶的 $CaCO_3$ 和 $Mg(OH)_2$ 而沉淀析出。

(二)铁氧体沉淀法

铁氧体是指铁族元素和其他一种或多种金属元素的复合氧化物。铁氧体晶格类型中的尖晶石型铁氧体最为人们所熟悉,其化学组成一般可用通式 $BO \cdot A_2O_3$ 表示,其中 B 代表二价金属,如 Fe、Mg、Zn、Mn、Co、Ni、Ca、Cu、Hg、Bi、Sn 等,A 代表三价金属如 Fe、Al、Cr、Mn、V、Co、Bi 及 Ga、As 等。许多铁氧体中的 A 或 B 可能更复杂,如分别由两种金属组成。磁铁矿(其主要成分为 Fe_3O_4 或 $FeO \cdot Fe_2O_3$)就是一种天然的尖晶石型铁氧体。

污水中各种金属离子形成不溶性铁氧体晶粒而沉淀析出的方法叫作铁氧体沉淀法,可分为中和法、氧化法、GT-铁氧体法以及常温铁氧体法等。铁氧体沉淀工艺通常包括投加亚铁盐、调整 pH、充氧加热、固液分离和沉渣处理 5 个环节。例如,氧化法处理含锰废水时,首先向水中投加亚铁盐,通过调整 pH,生成 $Fe(OH)_2$ 沉淀,再向水中鼓入空气,将 $Fe(OH)_2$ 氧化成铁氧体,再与锰离子反应,使锰离子均匀混杂到铁氧体晶格中,形成锰铁氧体,最后进行固液分离,废渣加以利用,出水经检测达标后排放。

(三)钡盐沉淀法

钡盐沉淀法主要用于处理含 Cr(Ⅵ)废水,采用 $BaCO_3$、$BaCl_2$、BaS 等为沉淀剂,通过形成 $BaCrO_4$ 沉淀得以去除。pH 对钡盐沉淀法有很大影响,pH 越低,$BaCrO_4$ 溶解度越大,对铬去除越不利,而 pH 越高,CO_2 气体难以析出,也不利于除铬反应。采用 $BaCO_3$ 为沉淀剂时,用硫酸或乙酸调 pH 至 4.5~5,反应速度快,除铬效果好,药剂用量少;若用 $BaCl_2$ 则要将 pH 调到 6.5~7.5,因会生成 HCl 而使 pH 降低。为了促进沉淀,沉淀剂常过量投加,出水中含过量的钡,可通过加入石膏生成硫酸钡去除。钡盐法形成的沉渣中主要含铬酸钡,可回收利用,通常是向沉渣中投加硝酸和硫酸,反应产物有硫酸钡和铬酸。

(四) 卤化物沉淀法

卤化物沉淀法的用途之一是处理含银废水,用以回收银。处理时,一般先用电解法回收污水中的银,将银离子浓度降至 100~500 mg/L,然后用氯化物沉淀法将银离子浓度降至 1 mg/L左右。当污水中含有多种金属离子时,调 pH 至碱性,同时投加氯化物,则其他金属离子形成氢氧化物沉淀,只有银离子生成氯化银沉淀,二者共沉淀,可使银离子浓度降至0.1 mg/L。

卤化物沉淀法的另一个用途是处理含氟废水。当水中含有单纯的氟离子时,投加石灰,调 pH10~12,生成 CaF_2 沉淀,可使氟离子浓度降至 10~20 mg/L。若水中还含有其他金属离子(如 Mg^{2+}、Fe^{3+}、Al^{3+}等),加石灰后,除形成 CaF_2 沉淀外,还生成金属氢氧化物沉淀。由于后者的吸附共沉作用,可使氟离子浓度降至 8 mg/L 以下,如果加石灰使 pH 为 11~12,再加硫酸铝,生成氢氧化铝,就可使氟离子浓度降至 5 mg/L 以下。

第四节　氧化还原法

一、化学氧化法

化学氧化法是利用强氧化剂的氧化性,在一定条件下将水中的污染物氧化降解,从而消除污染的一种方法。水中的有机污染物(如色、嗅、味、COD)和还原性无机离子(如 CN^-、S^{2-}、Fe^{2+}、Mn^{2+}等)都可通过氧化法消除其危害。与生物氧化法相比,化学氧化法需要较高的运行费用,所以仅限于饮用水处理、特种工业用水处理、有毒工业污水处理以及以回用为目的的污水深度处理。常见的化学氧化法有氯系氧化法、臭氧氧化法、过氧化氢氧化法、光化学氧化法、湿式氧化法、超临界水氧化法等。

(一) 氯系氧化法

氯系氧化法中常用的氧化剂有氯气、液氯、二氧化氯、次氯酸钠、漂白粉 $[Ca(ClO)_2]$、漂粉精 $[3Ca(ClO)_2 \cdot 2Ca(OH)_2]$ 等。

1.基本原理

除了二氧化氯,其他氯系氧化剂溶于水后,在常温下很快水解生成次氯酸(HClO),次氯酸解离生成次氯酸根(ClO^-),HClO 与 ClO^- 均具有强氧化性,可氧化水中的氰、硫、醇、醛、氨氮等,并能去除某些染料而起到脱色作用,同时也具有杀菌、防腐作用。

二氧化氯在水中不发生水解,也不聚合,而是与水反应生成多种强氧化剂如氯酸 $(HClO_3)$、亚氯酸($HClO_2$)、Cl_2 等,ClO_3^- 和 ClO_2^- 在酸性条件下具有很强的氧化性,能氧化降解污水中的带色基团和其他有机污染物。二氧化氯本身为强氧化剂,能很好地氧化分解水中的酚类、氯酚、硫醇、叔胺、四氯化碳等难降解有机物,也能有效去除氰化物、硫化物、铁、锰等无机物,并能起到脱色、脱臭、杀菌、防腐等作用。

2.氯系氧化法在水处理中的应用

氯系氧化法在水处理中的应用已有近百年的历史,目前主要用于氰化物、硫化物、酚类的氧化去除及脱色、脱臭、杀菌、防腐等。

碱性氯化法处理含氰废水时,氯氧化剂与氰化物的反应分两个阶段:第一阶段是将 CN^- 氧化成氰酸盐(CNO^-),反应在 pH10~11 条件下进行,一般经 5~10 min 即可完成;第二阶段增加氯氧化剂的投量,进一步将 CNO^- 氧化成 CO_3^{2-}、CO_2 和 N_2,pH 控制在 8~8.5 时氰酸盐氧化最完全,反应时间约半小时。

碱性氯化法处理含氰废水工艺分间歇式和连续式两种。当水量较小,浓度变化较大,且处理效果要求较高时,常采用间歇法处理。一般设两个反应池,交替进行。污水注满一个池子后,先搅拌使氰化物分布均匀,随后调 pH 并投加氯氧化剂,再搅拌 30 min 左右后静置沉淀,取上清液测定氰含量,达标后即可排放,池底的污泥排至污泥干化场进行处理;当污水量较大时常采用连续运行方式。污水先进入调节池以均化水质与水量,然后进入第一反应池,投加氯氧化剂和碱,使 pH 维持在 10~11,水力停留时间为 10~15 min,以完成第一阶段反应。第一反应池出水进入第二反应池,继续投加氯氧化剂和碱,使 pH 维持在 8~9,水力停留 30 min 以上,完成第二阶段反应。第二反应池出水进入到沉淀池,上清液经检测后排放,污泥进入干化场处理。如果采用石灰调节 pH,则必须设置沉淀池与污泥干化场,若采用 NaOH 调节 pH,可不设沉淀池与干化场,处理水直接从第二反应池排放。

(二)臭氧氧化法

1.基本原理

臭氧是一种强氧化剂,其在水中的标准氧化还原电位为 2.07 V,氧化能力比氧气(1.23 V)、氯气(1.36 V)、二氧化氯(1.50 V)等常用氧化剂都强。在理想反应条件下,臭氧可将水中大多数单质和化合物氧化到它们的最高氧化态,对水中有机物有强烈的氧化降解作用,还能起到强烈的杀菌消毒作用。臭氧除了单独作为氧化剂使用外,常与 H_2O_2、紫外光(UV)及固体催化剂(金属及其氧化物、活性炭等)组合使用,可产生羟基自由基 HO·。与其他氧化剂相比,羟基自由基具有更高的氧化还原电位(2.80 V),因而具有更强的氧化性能。

2.臭氧氧化技术在水处理中的应用

臭氧及其在水中分解产生的羟基自由基都有很强的氧化能力,可分解一般氧化剂难以处理的有机物,具有反应完全,速度快,剩余臭氧会迅速转化为氧,出水无嗅无味,不产生污泥,原料(空气)来源广等优点,因此臭氧氧化技术广泛用于印染废水、含酚废水、农药生产废水、造纸废水、表面活性剂废水、石油化工废水等处理,在饮用水处理中也用于微污染源水的深度处理。例如:对印染废水,采用生化法脱色率较低(仅为 40%~50%),而采用臭氧氧化法,O_3 投量 40~60 mg/L,接触反应 10~30 min,脱色率可达 90%~99%;经脱硫、浮选和曝气处理后的炼油厂废水,含酚 0.1~0.3 mg/L、油 5~10 mg/L、硫化物 0.05 mg/L,色度为 8~12 度,采用 O_3 进行深度处理,O_3 投量 50 mg/L,接触反应 10 min,处理后酚含量 0.01 mg/L 以下,油 0.3 mg/L 以下,硫化物 0.02 mg/L 以下,色度为 2~4 度。

臭氧氧化通常在混合反应器中进行,混合反应器(接触反应器)不仅要能促进气、水扩散混合,而且要能使气、水充分接触,迅速反应。当扩散速度较大,反应速度为整个臭氧化过程的速度控制步骤时,反应器常采用微孔扩散板式鼓泡塔,处理的污染物包括表面活性剂、焦油、COD、BOD、污泥、氨氮等;当反应速度较大,扩散速度为整个臭氧化过程的速度控制步骤时,常采用喷射接触池作为反应器,处理的污染物有铁(Ⅱ)、锰(Ⅱ)、氰、酚、亲水性染料、细菌等。还有一种反应器称为静态混合器,也叫管式混合器,在一段管子内安装了许多螺旋叶片,相邻两螺旋叶片的方向相反,水流在旋转分割运动中与臭氧接触而产生许多微小的旋涡,使水、气得到充分混合。这种反应器的传质能力强,臭氧利用率可达 87%(微孔扩散板式为 73%),且耗能较少,设备费用低。

(三)其他氧化法

1.过氧化氢氧化法

(1)基本原理

过氧化氢亦称双氧水,标准氧化还原电位为 1.77 V,具有较强的氧化能力。H_2O_2 在酸性溶液中氧化反应速率较慢,而在碱性溶液中反应速率很快,只有遇到更强的氧化剂时,H_2O_2 才起还原作用。

H_2O_2 通常和 Fe^{2+} 组合形成芬顿(Fenton)试剂,在 Fe^{2+} 的催化作用下,H_2O_2 分解产生具有很强氧化能力的羟基自由基 HO·。另外,Fe^{2+}/TiO_2、Cu^{2+}、Mn^{2+}、Ag^+、活性炭等也能催化 H_2O_2 分解生成 HO·。

(2)过氧化氢氧化法在水处理中的应用

在水处理中,H_2O_2 可以单独用来处理含硫化物、酚类和氰化物的工业废水,也可以 Fenton 试剂形式用于去除污水中的有机污染物。Fenton 试剂几乎可氧化所有的有机物,尤其适用于某些难处理或对生物有毒性的工业废水,具有反应迅速、温度和压力等反应条件缓和且无二次污染等特点。例如:某化工企业采用蒽醌法生产双氧水,其生产废水中含重芳烃、2-乙基蒽醌、磷酸三辛酯及它们的衍生物,COD 浓度为 625~7 580 mg/L,平均为 3 380 mg/L,采用 Fenton 试剂处理该有机废水。污水经专用明沟汇集至集污井,用泵提升至调节池,再经油水分离器至氧化池;在氧化池内投加硫酸亚铁溶液(污水中本身含有 0.2%~0.5% 的双氧水),并鼓入空气,氧化池内污水采用间歇处理方式,水力停留时间为 24 h,氧化池出水再经滤池过滤,检测达标后排放。氧化池内污泥及滤池反冲洗水排至污泥浓缩池,经压滤成泥饼后外运。该处理工艺对 COD 的去除率可达 97%,出水水质达到排放要求。

利用 Fenton 试剂处理难降解有毒有机污染物,目前存在的主要问题是处理成本较高,所以通常将 Fenton 试剂作为一种预处理方法与其他处理技术联用,用于降低运行成本,同时也拓宽了 Fenton 试剂的应用范围。

2.湿式氧化法

（1）基本原理

湿式氧化法（Wet Air Oxidation，WAO）是指在较高温度（150～350 ℃）和较高压力（5～20 MPa）条件下，用空气中的氧气氧化降解水中有机物和还原性无机物的一种方法，最终产物是二氧化碳和水。因为氧化反应是在液相中进行的，所以称为湿式氧化。

一般认为，湿式氧化反应属于自由基反应，在高温高压下，氧与有机物反应产生一系列自由基，这些自由基攻击有机物的碳链，使有机物降解成小分子有机酸、二氧化碳和水。

（2）湿式氧化法在水处理中的应用

湿式氧化技术适用于浓度高、毒性大的工业有机废水（农药、燃料、煤气洗涤、造纸、合成纤维废水等）以及污泥处理，尤其适合对高浓度难降解有机废水进行预处理，可提高废水的可生化性。目前，湿式氧化技术已在国外实现了工业化，主要用于活性炭再生、含氰废水、煤气废水、造纸黑液、城市污泥及垃圾渗滤液处理。近年来，在湿式氧化法基础上研发了一系列新技术，例如，使用高效、稳定催化剂的湿式氧化技术（Catalytic Wet Air Oxidation，CWAO），加入强氧化剂（如过氧化氢、臭氧等）的湿式氧化技术（Wet Peroxide Oxidation，WPO），以及利用超临界水的良好特性来加速反应进程的超临界水湿式氧化技术（Super Critical Wet Oxidation，SCWO）等。

3.光化学氧化法

（1）基本原理

光化学氧化法是指有机污染物在光的作用下逐步被氧化成低分子中间产物，并最终降解为二氧化碳、水及其他离子、卤素等的一种方法。有机物的光降解可分为直接光降解和间接光降解，前者指有机物分子吸收光能后发生氧化反应，后者指周围环境中的某些物质吸收光能呈激发态，再诱导有机污染物发生氧化反应。间接光降解对环境中难生物降解的有机污染物更为重要。

根据催化剂的参与情况，光化学氧化分为无催化剂和有催化剂参与两种光化学反应过程，前者多采用氧和过氧化氢作为氧化剂，在紫外光的照射下使污染物氧化分解；后者又称为光催化氧化，分为均相和非均相催化两种类型。均相光催化降解中常以 Fe^{2+} 或 Fe^{3+} 及 H_2O_2 为介质，通过光助 Fenton 反应产生 $HO·$，使污染物得到降解；非均相光催化降解中常向污染体系中投加光敏半导体材料，并结合光辐射，以产生 $HO·$ 等氧化性极强的自由基达到降解污染物的目的。

（2）光化学氧化法在水处理中的应用

光化学氧化法分解有机污染物是当今公认的最前沿、最有效的处理技术，有机物被降解为水、二氧化碳及无害的无机盐，从根本上解决了有机污染问题，目前已广泛应用于电镀、电路板、化工、油脂、印染和农业生产废水处理，对洗涤剂、COD、BOD、含氮、含磷的有机污染物具有很好的降解作用，特别是光催化氧化体系几乎可使水中所有的有机物降解，包括芳香族、有机染料、除草剂、杀虫剂、化学战争试剂、脂肪羧酸、氯代脂肪烃、氧化剂、醇、表面活性剂等。光化学氧化法还对各种水体具有脱色、除臭作用。

4.超临界水氧化法

（1）基本原理

将水的温度和压力升高到临界点（$T_c = 374.3\ ℃$，$P_c = 22.05\ MPa$）以上，水就会处于超临界状态，此时，水能溶解大多数有机物和空气（氧气），而对无机盐却微溶或不溶。利用超临界水作为介质来氧化分解有机物的方法称为超临界水氧化法（Super Critical Water Oxidation，SCWO），该法将有机污染物与水混合，升温、升压至超临界状态，有机物溶于水中，被空气（氧气）迅速氧化，有机物分子中的 C、H 元素转化为二氧化碳与水，而杂原子以无机盐、氧化物等形式析出，从而达到去毒无害的目的。

（2）超临界水氧化法在水处理中的应用

超临界水能与大多数有机污染物和氧或空气互溶，有机物在超临界水中被均相氧化，具有分解效率高、不产生二次污染、反应非常迅速、选择性高和高效节能等特点，反应产物可通过降压或降温方式有选择性地从溶液中分离出来。因此，超临界水氧化法被广泛应用于各种有毒物质、污水废物的处理，包括多氯联苯、二噁英、氰化物、含硫废水、造纸废水、国防工业废水、城市污泥等。

二、化学还原法

化学还原法是指向污水中投加还原剂，使其中的有害物质转变为无毒或低毒物质的一种处理方法。采用化学还原法进行处理的污染物主要是 Cr（Ⅵ）、Hg（Ⅱ）等重金属。化学还原法中常用的还原剂有以下几类：①一些电极电位较低的金属，如铁屑、锌粉等；②一些带负电的离子，如 BH_4^-；③一些带正电的离子，如 Fe^{2+}。此外，还可利用废气中的 H_2S、SO_2 或污水中的氰化物等进行还原处理。

（一）药剂还原除铬（Ⅵ）

含铬废水主要来自电镀厂、制革厂、冶炼厂等，其中剧毒的六价铬通常以铬酸根（CrO_4^{2-}）和重铬酸根（$Cr_2O_7^{2-}$）两种形态存在，二者均可用还原法还原成低毒的三价铬，再通过加碱使 pH 为 7.5~9，生成氢氧化铬沉淀，而从溶液中分离除去。应用较为广泛的还原剂是亚硫酸氢钠，具有设备简单、沉渣量少且易于回收利用等优点。硫酸亚铁也可作为还原剂，反应在 pH 为 2~3 的条件下进行，反应后向水中投加石灰乳进行中和沉淀，使反应生成的 Cr^{3+} 和 Fe^{3+} 生成 $Cr(OH)_3$ 和 $Fe(OH)_3$ 一起沉淀，此方法也叫硫酸亚铁石灰法。

采用药剂还原法去除六价铬时，若厂区有 SO_2 或 H_2S 废气，就可采用尾气还原法；如厂区同时有含铬废水和含氰废水时，就可互相进行氧化还原反应，以废治废，其反应式为：

$$Cr_2O_7^{2-} + 14H^+ + 6CN^- \longrightarrow 2Cr^{3+} + 3(CONH_2)_2 + H_2O \tag{4-6}$$

（二）金属还原除汞（Ⅱ）

金属还原法主要用于除 Hg（Ⅱ），常用还原剂为比汞活泼的金属，如铁、锌、铝、铜等，水中若为有机汞，通常先用氧化剂（如氯）将其转化为无机汞后，再用此法去除。

金属还原法除汞时，将含汞废水通过金属屑滤床，或与金属粉混合反应，置换出束。金属通常破碎成 2~4 mm 的碎屑,并用汽油或酸预先去掉表面油污或锈蚀层;反应温度一般控制在 20~80 ℃。当采用铁屑过滤时,pH 宜在 6~9,此时耗铁量最少;pH<6 时,铁因溶解而耗量增大;pH<5 时,有氢析出,吸附于铁屑表面,减小了金属的有效表面积,并且氢离子阻碍除汞反应。采用锌粒还原时,pH 宜在 9~11,用铜屑还原时,pH 在 1~10 均可。

第五节　电解法

电解法是利用电解的基本原理,当污水流经电解槽时,污染物在电解槽的阳、阴两极上分别发生氧化和还原反应,转化为低毒或无毒物质,以实现污水净化的一种方法。含铬、银、氰以及酚废水均可用电解法处理。

根据净化作用机理,电解法可分为电解氧化法、电解还原法、电解凝聚法和电解浮上法;按作用方式不同,电解法分为直接电解法和间接电解法,前者是污染物直接得到或失去电子被还原或氧化,后者是电极反应产物与污染物发生反应;按照阳极的溶解特性,电解法又分为不溶性阳极电解法和可溶性阳极电解法。

一、电解氧化法

在电解氧化法中,污染物在电解槽阳极上可直接发生氧化反应,也可被某些阳极反应产物(Cl_2、ClO^-、O_2、H_2O_2 等)间接氧化降解。为了强化阳极的氧化作用,可投加适量食盐进行所谓的"电氯化",此时阳极的直接氧化作用和间接氧化作用同时发生。电解氧化法主要用于去除污水中的氰、酚、COD、S^{2-}、有机农药等,还可利用阳极产物 Ag^+ 进行消毒处理。

电解氧化法处理含氰废水时,CN^- 可在阳极直接被氧化,其电极反应分两步进行:第一步是将 CN^- 氧化为 CNO^-,第二步将 CNO^- 氧化为 N_2 和 CO_2(CO_3^{2-})。CN^- 的阳极氧化需在碱性条件下(pH9~10)进行,因为酸性条件下形成的 HCN 很难在阳极上放电,而碱性条件下形成的 CN^- 易于在阳极放电,但 pH 太高,将发生 OH^- 放电析出 O_2 的副反应,虽与氰的氧化无关,却会使电流效率降低。阳极反应如下:

$$CN + 2OH - 2e \rightarrow CNO^- + H_2O$$

$$CNO^- + 2H_2O \rightarrow NH_4^+ + CO_3^{2-}$$

$$CNO^- + 4OH - 6e \rightarrow N_2 \uparrow + CO_2 \uparrow + 2H_2O$$

$$4OH - 2e \rightarrow 2H_2O + O_2 \uparrow （副反应）$$

如果水中有 Cl^- 存在(也可人为加入适量食盐),Cl^- 在阳极放电产生氯,强化了 CN^- 的氧化,反应如下:

$$2Cl^- - 2e \rightarrow 2[Cl]$$

$$CN + 2[Cl] + 2OH \rightarrow CNO^- + 2Cl^- + H_2O$$

$$2CNO^- + 6[Cl] + 4OH \rightarrow 2CO_2 \uparrow + N_2 \uparrow + 6Cl^- + 2H_2O$$

电解氧化法处理含氰废水时,阴极发生析氢反应:

$$2H^+ + 2e \rightarrow H_2 \uparrow$$

如果水中还含有其他重金属离子,则重金属离子也会在阴极还原析出,可以达到一次去除多种污染物的目的。

电解氧化法除氰可采用回流式电解槽外,亦可采用翻腾式电解槽,为防止有害气体逸入大气,电解槽应采用全封闭式。此方法可使游离 CN^- 浓度降至 0.1 mg/L 以下,并且不必设置沉淀池和泥渣处理设施。

二、电解还原法

在电解还原法中,利用电解槽阴极上发生还原反应,使污水中的重金属离子被还原,沉淀于阴极上(称为电沉积),再加以回收利用。此法也可将五价砷(AsO_4^{3-})和六价铬(CrO_4^{2-} 或 $Cr_2O_7^{2-}$)分别还原为砷化氢(AsH_3)和 Cr^{3+} ,并予以去除或回收。

电解还原法处理含铬(Ⅵ)废水时,通常以铁作为阳极和阴极,在直流电作用下,Cr(Ⅵ)向阳极迁移,被铁阳极溶蚀产物 Fe^{2+} 离子所还原。阳极反应如下:

$$Fe - 2e \rightarrow Fe^{2+}$$
$$6\,Fe^{2+} + Cr_2O_7^{2-} + 14H^+ \rightarrow 6\,Fe^{3+} + 2\,Cr^{3+} + 7H_2O$$
$$CrO_4^{2-} + 3\,Fe^{2+} + 8H^+ \rightarrow Cr^{3+} + 3\,Fe^{3+} + 4H_2O$$

此外,阴极还直接还原部分 Cr(Ⅵ),阴极反应如下:

$$2H^+ + 2e \rightarrow H_2 \uparrow$$
$$Cr_2O_7^{2-} + 14H^+ + 6e \rightarrow 2\,Cr^{3+} + 7H_2O$$
$$CrO_4^{2-} + 8H^+ + 3e \rightarrow Cr^{3+} + 4H_2O$$

由于 H+ 离子在阴极放电,使水体 pH 逐渐提高,生成的 Cr^{3+} 和 Fe^{3+} 形成 $Cr(OH)_3$ 和 $Fe(OH)_3$ 沉淀,$Fe(OH)_3$ 有凝聚作用,能促进 $Cr(OH)_3$ 迅速沉淀。

电解还原法处理含铬废水,操作管理比较简单,处理效果稳定可靠,六价铬含量可降至 0.1 mg/L 以下,水中其他重金属离子亦可通过还原和共沉淀得以同步去除。

三、电解浮上法

污水电解时,由于水的电解及有机物的电解氧化,在电极上会有气体(H_2 、 N_2 、 O_2 、 CO_2 、Cl_2 等)析出,借助于电极上析出的微小气泡而浮上分离疏水性杂质微粒的处理方法,称为电解浮上法。

电解产生的气泡粒径很小,氢气泡为 $10 \sim 30 \ \mu m$,氧气泡为 $20 \sim 60 \ \mu m$,而加压溶气气浮时产生的气泡粒径为 $100 \sim 150 \ \mu m$,机械搅拌时产生的气泡粒径为 $800 \sim 1000 \ \mu m$;而且电解产生的气泡密度小,在 20 ℃时的平均密度为 0.5 g/L,而一般空气泡的平均密度为 1.2 g/L,所以,电解产生的气泡不仅捕获杂质微粒的能力强,而且其浮载能力很强,出水水质好。此外,电解时不仅有气泡浮上作用,而且还兼有凝聚、共沉和电化学氧化还原作用,能同时去除多种污染物。

电解浮上法采用的主要设备是电浮槽,电浮槽有两种基本类型,一种是电解和浮升在同一室内进行的单室电浮槽,另一种是电解与浮升分开的双室电浮槽,前者适用于小水量处理,后者适用于大水量处理。

四、电解凝聚法

在电解凝聚法(亦称电混凝)中,铝或铁阳极在直流电的作用下被溶蚀产生 Al^{3+}、Fe^{2+} 等离子,经水解、聚合或亚铁的氧化过程,生成各种单核多羟基络合物、多核多羟基络合物以及氢氧化物,使污水中的胶体、悬浮杂质凝聚沉淀得以去除。同时,带电的污染物颗粒、胶体粒子在微电场的作用下产生泳动,促使中和而脱稳聚沉。

污水进行电解凝聚处理时,不仅对胶态杂质及悬浮颗粒有凝聚沉淀作用,而且由于阳极的氧化作用和阴极的还原作用,能同时去除水中多种污染物。与投加混凝剂的凝聚法相比,电解凝聚法具有可去除污染物范围广、反应迅速(阳极溶蚀产生 Al^{3+} 离子并形成絮凝体只需约 0.5 min)、适用 pH 范围宽、所形成的沉渣密实、澄清效果好等显著优点。

思考题

1.简述混凝处理法的作用机理。

2.影响混凝效果的因素有哪些?

3.采用中和法处理酸性废水时,可用哪些处理方法?

4.采用臭氧氧化法处理有机污水时,发现出水的 BOD_5 浓度往往比进水的高,试分析原因。

5.试述电解法处理含铬废水的原理。

第五章　污水生物处理基础

导读：

　　污水的生物处理技术是现代生物工程的一个组成部分。在自然界存在着大量的以有机物为营养物质的微生物,它们能通过自身新陈代谢的生理功能,氧化分解一般的有机物并将其转化为稳定的无机物,而且还能转化某些有毒的有机物及无机物。

学习目标：

　　1.认识污水生物处理

　　2.了解微生物生长规律及影响因素

　　3.掌握反应速率和微生物生长动力学

　　4.掌握污水的生物处理的方法

　　5.掌握污水可生化性的评价方法

第一节　概述

一、污水生物处理的概念

　　污水生物处理是利用自然界中广泛分布的个体微小、代谢营养类型多样、适应能力强的微生物的新陈代谢作用,对污水进行净化的处理方法。污水生物处理方法是建立在环境自净作用基础上的人工强化技术,人工强化的意义在于创造出有利于微生物生长繁殖的良好环境,增强微生物的代谢功能,促进微生物的增殖,加速有机物的无机化,增进污水的净化进程。

　　在生物处理构筑物中,存在着各种微生物种群,这些微生物的生态学、生理学特点是不同的,其生活、发展条件也十分不同,因而它们在自然环境中的地位和所代谢的营养物质各不相同。因此,采用生物处理法就有可能从污水中去掉各种各样的有机物。生物处理法不仅应用于处理诸如生活污水、食品工业、造纸工业等含天然有机污染物的污水,而且还广泛应用于处理诸如含酚、氰、农药、石油化工产品的剧毒污水。

根据参与代谢活动的微生物对溶解氧的需求不同,污水生物处理技术分为好氧生物处理、缺氧生物处理和厌氧生物处理。好氧生物处理是在水中存在溶解氧的条件下进行的生物处理过程;缺氧生物处理是在水中无分子氧存在,但存在如硝酸盐等化合态氧的条件下进行的生物处理过程;厌氧生物处理是在水中既无分子氧又无化合态氧存在的条件下进行的生物处理过程。好氧生物处理是城镇污水处理所采用的主要方法,高浓度有机污水的处理常常用到厌氧生物处理方法。近年来,随着氮、磷等营养物质去除要求的提高,缺氧生物处理和厌氧生物处理也广泛应用于城镇污水处理,缺氧和好氧结合的生物处理主要用于生物脱氮,厌氧和好氧结合的生物处理则主要用于生物除磷。

根据微生物生长方式的不同,生物处理技术又分成悬浮生长法和附着生长法两类。悬浮生长法是指通过适当的混合方法使微生物在生物处理构筑物中保持悬浮状态,并与污水中的有机物充分接触,完成对有机物的降解;与悬浮生长法不同,附着生长法中的微生物是附着在某种载体上生长,并形成生物膜,污水流经生物膜时,微生物与污水中的有机物接触,完成对污水的净化。悬浮生长法的典型代表是活性污泥法,而附着生长法则主要是指生物膜法。

二、污水生物处理中重要的微生物

(一)细菌

细菌包括了真细菌(eubacteria)和古细菌(archaebacteria),是废水生物处理工程中最主要的微生物。根据需氧情况不同分为好氧细菌、兼性细菌和厌氧细菌。根据能源与碳源利用情况的不同又可分为光合细菌——光能自养菌、光能异养菌;非光合细菌--化能自养菌和化能异养菌。根据生长温度的不同分为低温菌($-10 \sim 15$ ℃)、中温菌($15 \sim 45$ ℃)和高温菌(>45 ℃)等。

(二)真菌

真菌属于低等植物,为真核微生物,有单细胞,也有多细胞。真菌包括酵母菌、霉菌以及各种伞菌。在悬浮生长方式下,真菌与细菌进行生存竞争时处于劣势,难以成为优势种群,但在附着生长方式下真菌的作用却不可忽视。真菌的三个主要特点是:①能在低温和低 pH 的条件生长;②在生长过程中对氧的要求较低(是一般细菌的一半左右);③能降解纤维素。

(三)藻类

藻类是含有能进行光合作用的叶绿素的低等植物,是一种自养型生物。藻类有单细胞的个体和群体。藻类主要分布在淡水和海水中,由于藻类在水中可产生令人不快的颜色和气味,故不希望其生长,但是藻类能利用光能、CO_2、NH_3、PO_4^{3-} 等生成新细胞并释放出氧气为水体供氧,故藻类对于好氧塘、兼性塘和厌氧塘等塘沟净水工程有利用价值。藻类在活性污泥法和生物膜法净水工程中所起的作用是十分有限的。

(四)原生动物和后生动物

原生动物是动物界中最原始、最低等、结构最简单的单细胞动物。分为鞭毛纲、肉足纲、纤毛纲和孢子纲四纲。其中鞭毛纲、肉足纲和纤毛纲三纲在废水生物处理中起着重要作用。

后生动物属于多细胞动物,因为有些后生动物形体微小,故又称微型后生动物。在水处理中常见的微型后生动物主要有轮虫、线虫、寡毛虫和甲壳虫等。原生动物主要以细菌为食,其种属和数量随处理出水的水质而变化,可作为指示生物。后生动物以原生动物为食,也可作为指示生物。

三、生物处理法在污水处理中的地位

污水生物处理的对象主要是去除污水中呈溶解状态和胶体状态的有机污染物质,并附带去除大部分的悬浮物以及废水中溶解状态的营养元素 N 和 P。

根据有机物在污水中的存在形式,其主要去除方法可分为:第一,颗粒状有机物($>1\ \mu m$):可以采用机械沉淀法进行去除的颗粒物;第二,胶体状有机物($1\sim100\ nm$):不能采用机械沉淀法进行去除的较小的有机颗粒物;第三,溶解性有机物($<1\mu m$):以分散的分子状态存在于水中的有机物。

按污水处理程度一般划分为:一级处理——预处理或前处理;二级处理——生物处理;三级处理——深度处理。一级处理主要去除颗粒状有机物,减轻后续生物处理的负担。同时一级处理还能调节水量、水质、水温等,有利于后续的生物处理。主要方法为物化法,如:沉砂、沉淀、气浮、除油、中和、调节、加热或冷却等。一级处理能去除约 30%BOD,去除约 50%SS。二级处理则是去除大量胶体状和溶解状有机物,保证出水达标排放,各种形式的生物处理工艺即为二级处理。二级处理能去除约 85%~90%BOD,去除约 90%SS。级处理是去除二级处理出水中残存的 SS、有机物,或脱色、杀菌,或脱氮、除磷、防止水体富营养化,常用的方法包括物化法(超滤、混凝、活性炭吸附、臭氧氧化、加氯消毒等)和生物法(生物法脱氮除磷等)。

第二节　微生物的新陈代谢

一、分解代谢

新陈代谢是微生物不断从外界环境中摄取营养物质,通过生物酶催化的复杂生化反应,在体内不断进行物质转化和交换的过程。新陈代谢是活细胞中进行所有化学反应的总称,是生物最基本特征之一。新陈代谢由分解代谢(异化)和合成代谢(同化)两个过程组成,两者相辅相成的。异化作用为同化作用提供物质基础和能量,同化作用为异化作用提供基质。

污水生物处理是利用微生物的新陈代谢功能,对污水中的污染物质进行分解和转化。微生物可以利用污水中的大部分有机物和部分无机物作为营养源,这些可被微生物利用的物质,通常称之为底物或基质。分解代谢是微生物在利用底物的过程中,一部分底物在酶的催化作用下降解并同时释放出能量的过程,这个过程也称为生物氧化。合成代谢是微生物

利用另一部分底物或分解代谢过程中产生的中间产物,在合成酶的作用下合成微生物细胞的过程,合成代谢所需的能量由分解代谢提供。污水生物处理过程中有机物的生物降解实际上就是微生物将有机物作为底物进行分解代谢获取能量的过程。不同类型微生物进行分解代谢所利用的底物是不同的,异养微生物利用有机物,自养微生物则利用无机物。

由于微生物的分解代谢过程涉及一系列的氧化还原反应,因此分解代谢过程中存在着电子转移,根据氧化还原反应中最终电子受体的不同,分解代谢可分成发酵和呼吸两种类型,呼吸又可分成好氧呼吸和缺氧呼吸两种方式。

(一) 发酵

发酵是指微生物将有机物氧化释放的电子直接交给底物本身未完全氧化的某种中间产物,同时释放能量并产生不同的代谢产物。在发酵条件下有机物只是部分地氧化,因此,只释放出一小部分能量。发酵过程的氧化是与有机物的还原偶联在一起的,被还原的有机物来自初始发酵的分解代谢,故发酵过程不需要外界提供电子受体。发酵过程只能释放出一小部分能量,并合成少量的 ATP,其原因有两个:一是底物的碳原子只是部分被氧化;二是初始电子供体和最终电子受体的还原电势相差不大。发酵在污水和污泥厌氧生物处理(或称厌氧消化)过程中起着重要作用。

(二) 呼吸

微生物在降解底物的过程中,将释放出的电子交给 $NAD(P)^+$(辅酶Ⅱ)、FAD(黄素腺嘌呤二核苷酸)或 FMN(黄素单核苷酸)等电子载体,再经电子传递系统传给外源电子受体,从而生成水或其他还原型产物并释放能量的过程,称为呼吸作用。其中以分子氧作为最终电子受体的称为好氧呼吸(aerobic respiration),以氧化型化合物作为最终电子受体的称为缺氧呼吸(anoxic respiration)。呼吸作用与发酵作用的根本区别在于:电子载体不是将电子直接传递给底物降解的中间产物,而是交给电子传递系统,逐步释放出能量后再交给最终电子受体。电子传递系统的功能有两个:一是从电子供体接受电子并将电子传递给电子受体;二是通过合成 ATP 把电子传递过程中释放的一部分能量储存起来。电子传递系统中的氧化还原酶包括:NADH 脱氢酶、黄素蛋白、铁硫蛋白及细胞色素等。

1.好氧呼吸

好氧呼吸的最终电子受体是 O_2,反应的电子供体(底物)则根据微生物的不同而异,异养微生物的电子供体是有机物,自养微生物的电子供体是无机物。

异养微生物进行好氧呼吸时,有机物最终被分解成 CO_2、氨和水等无机物,同时释放出能量,见式(5-1)和式(5-2):

$$C_6H_{12}O_6 + 6O_2 \rightarrow 6CO_2 + 6H_2O + 2817\ kJ \tag{5-1}$$

$$C_{18}H_{19}O_9N + 17.5O_2 + H^+ \rightarrow 18CO_2 + 8H_2O + NH_4^+ + \Delta E \tag{5-2}$$

有机污水的好氧生物处理,如活性污泥法、生物膜法、污泥的好氧消化等都属于这种类型的呼吸。

自养微生物进行好氧呼吸时,其最终产物也是无机物,同时释放出能量,见式(5-3)和式(5-4):

$$H_2S + 2O_2 \rightarrow H_2SO_4 + \Delta E \qquad (5-3)$$

$$NH_4 + 2O_2 \rightarrow NO_3^- + 2H^+ + H_2O + \Delta E \qquad (5-4)$$

大型合流制排水管渠和污水排水管渠中常存在式(5-3)所示的生化反应,是引起管道腐蚀的主要原因,式(5-4)所示的反应表示的是氨的氧化,或称为生物硝化过程。

好氧呼吸的电子传递系统常称为呼吸链(respiration chain),共有 2 条,即 NADH 氧化呼吸链和 FADH₂氧化呼吸链。在电子传递中,能量逐渐积存在传递体中,当能量增加至足以将 ADP 磷酸化时,则产生 ATP。

2.缺氧呼吸

某些厌氧和兼性微生物在无分子氧的条件下进行缺氧呼吸.缺氧呼吸的最终电子受体是等含氧的化合物。缺氧呼吸也需要细胞色素等电子传递体,并能在能量分级释放过程中伴随有磷酸化作用,也能产生较多的能量用于生命活动。但由于部分能量随电子传递给最终电子受体,故生成的能量少于好氧呼吸。

二、合成代谢

合成代谢又称同化作用,是生物体将低能量的较简单物质转化成高能的较复杂细胞物质的过程,也是一个吸收能量的生物合成过程。合成代谢的过程是在分解代谢的基础上进行的。其所需的能量和物质是均由分解代谢提供。

在微生物的整个生命活动过程中,分解代谢与合成代谢相互依赖相互配合,共同构成了新陈代谢体系,推动了生命的运动与繁衍。在水污染控制工程的生物转化处理中,正是利用微生物自身的新陈代谢作用对水中的污染物进行降解,并使污染物转化成对环境不再产生危害的物质。

第三节　微生物生长规律及影响因素

一、微生物的生长规律

污水生物处理的过程实质上就是微生物的连续培养过程,通过对微生物生长规律的分析,可以更好地对环境条件进行控制,有利于提高污水处理的效果。

研究微生物的生长通常采用群体生长的概念。所谓群体生长,是指在适宜条件下,微生物细胞在单位时间内数目或细胞总质量的增加,它的实质是细胞的繁殖。研究微生物群体生长的传统方法是分批培养法,所谓分批培养,即将少量纯种微生物细胞接种到一定体积的培养液中,随着时间的延长观察其生长情况的一种方法。它的特点是培养过程中营养物质(即底物)随时间的延长而消耗,结果就出现了下面要介绍的生长曲线。

微生物的生长规律一般是以生长曲线来反映。这条曲线表示了微生物在不同培养环境下生长情况及其生长过程。在微生物学中,曾对纯菌种的生长规律做了大量的研究。按微生物生长速率,其生长过程可分为四个时期,即延滞期、对数期、稳定期和衰亡期。

(一)延滞期(适应期)

这是微生物细胞刚进入新环境的时期。由于细胞需要适应新的环境,细胞便开始吸收营养物质,合成新的酶系。这个时期一般不繁殖,活细胞数目不会增加,甚至由于不适应新的环境,接种活细胞可能有所减少,但细胞体积显著增大。延迟期末期和对数增长期前期的细胞对热、化学物质等不良条件的抵抗力减弱。延迟期持续时间的长短随菌种特性、接种量、菌龄与移植至新鲜培养基前后所处的环境条件是否相同等因素有关,短则几分钟,长则几小时。

(二)对数期

微生物细胞经过延滞期的适应之后,开始以基本恒定的生长速率进行繁殖。细胞的形态特征与生理特征比较一致(即细胞的大小、形态及生理生化反应比较一致)。从生长曲线上可看出细胞增殖数量与培养时间基本上呈直线关系。这个时期大量消耗了限制性的底物,同时细胞内代谢物质也丰富地积累了,这个时期的细胞是作为研究工作的理想材料。

(三)稳定期(减速增长期)

在一定容积的培养液中,细菌不可能按对数增长期的恒定生长速率无限期地生长下去,这是因为营养物质不断被消耗,代谢物质不断地积累,环境条件的改变不利于微生物的生长,这就出现了所谓稳定期。这一时期,微生物细胞生长速率下降,死亡速率上升,新增加的细胞数与死亡细胞数趋于平衡,从生长曲线看,在一定的培养时间内,细菌生长对数值几乎不变。由于营养物质减少,微生物活动能力降低,菌胶团细菌之间易于相互黏附,分泌物增多,活性污泥絮体开始形成。稳定期活性污泥不但具有一定的氧化有机物的能力,而且还具有良好的沉降性能。

(四)衰亡期(内源呼吸期)

这个时期营养物质已耗尽,微生物细胞靠内源呼吸代谢以维持生存。生长速率为零,而死亡速率随时间延长而加快,细胞形态多呈衰退型,许多细胞出现自溶。此时由于能量水平低,絮凝体吸附有机物的能力显著,但污泥活性降低,污泥较松散。

在污水生物处理构筑物中,微生物是一个混合群体,系统中每一种微生物都有自己的生长曲线,其增殖规律较为复杂,一种特定的微生物在生长曲线上的位置和形状取决于食物、可利用的营养物以及各种环境因素,如温度、pH 等,因此,微生物种群间还存在递变规律。

当有机物多时,以有机物为食料的细菌占优势,数量最多;当细菌很多时,出现以细菌为食料的原生动物;而后出现以细菌及原生动物为食料的后生动物。因此,污水生物处理构筑物中的微生物群体组成了具有一定的食物链关系的微生物生态系统。研究表明,这种群体生长的情况从总体上看与纯种生长有着相似性,因此,前述的生长曲线仍可以用于描述群体的生长。

在污水生物处理过程中,控制微生物的生长期对系统运行尤为重要。例如,将微生物维持在活力很强的对数增长期未必会获得最好的处理效果。这是因为若要维持较高的生物活性,就需要有充足的营养物质,高浓度的有机物进水含量容易造成出水有机物超标,使出水达不到排放要求;另外,对数增长期的微生物活力强,使活性污泥不易凝聚和沉降,给泥水分离造成一定困难。另一方面,如果将微生物维持在衰亡期末期,此时处理过的污水中含有的有机物浓度固然很低,但由于微生物氧化分解有机物能力很差,所需反应时间较长,因此,在实际工作中是不可行的。所以,为了获得既具有较强的氧化和吸附有机物的能力,又具有良好的沉降性能的活性污泥,在实际中常将活性污泥控制在稳定期末期和衰亡期初期。

二、微生物生长的影响因素

微生物的代谢对环境因素有一定的要求。因此,需要给微生物创造适宜生长繁殖的环境条件,使微生物大量生长繁殖,才能获得良好的污水处理效果。影响微生物生长的主要因素有水温、pH、营养物质、毒物以及溶解氧等。

(一)水温

水温是影响微生物生理活动的重要因素。温度适宜,能够促进、强化微生物的生理活动。在微生物的酶系统不受变性影响的温度范围内,温度上升会使微生物生理活动旺盛,能够提高生化反应速度。

根据温度对微生物的约束,将其分为最适生长温度,即在一定温度范围内,随着温度上升,微生物生长加快;最低生长温度,即低于这一温度,微生物停止生长,但并不死亡;最高生长温度,即高于这一温度,生物停止生长,并且终导致死亡。

好氧生化处理的实际工艺温度一般多在 15~30 ℃,水温为 30~35 ℃时,处理效果最好。当水温低于 10 ℃或高于 40~45 ℃时,通过调节负荷,也能得到较好地处理效果。因此,除了某些水温太高的工业污水需要特殊降温外,好氧生化处理一般不需对水温进行调整。

根据温度不同,厌氧生化处理一般可分为中温消化(30~35 ℃)和高温消化(50~55 ℃) 2 大类。高温消化比中温消化所需的生化反应时间短,但所需的热量也大,因此从经济角度考虑,一般多采用中温消化。近年来低温厌氧消化(15~20 ℃)工艺已得到应用,可以大大地降低运行费用。采用何种温度,在实际工作中要考虑污水的原有温度及改变温度的经济可行性。

(二)pH

生物体内生物反应酶需要适宜的 pH 范围,污水的 pH 对活性污泥中的细菌代谢有较大的影响,实践经验表明,污水的 pH 在 6.5~8.5 之间较为适宜。活性污泥中细菌经驯化后对酸碱度适应范围可进一步提高,但当 pH>11 时,活性污泥会被破坏,处理效果会下降。

此外,微生物对 pH 的波动十分敏感,即使在其生长范围内,pH 突然改变也会导致细菌活动的明显减弱。在厌氧处理系统中,超过适宜的 pH 范围往往引起严重后果,低于 pH 下限时,会导致甲烷菌活力丧失而乙酸菌大量繁殖,引起反应器系统的酸化,以至难以恢复到原有状态。

一般来说,污水中大多含有碳酸、碳酸盐类、铵盐以及磷酸盐等物质,具有一定缓冲能力,但这种缓冲能力毕竟是有限的,一旦有强酸或强碱工业污水排入城市污水管道后,应对其是否超过缓冲能力并引起 pH 变化进行仔细观测,以免影响污水处理厂的正常运行。

(三)营养物质

在污水处理中,活性污泥中的微生物生长、繁殖以及代谢活动都离不开营养物质,所需的营养物质主要有碳源、氮源和无机盐类等。

1.碳源

碳是构成微生物机体的重要元素,污水中以 BOD_5 为代表的含碳有机物是细菌的重要能源,也是被污泥微生物所氧化利用的碳源。当生物处理系统的碳源缺乏时,会影响微生物的生长代谢。例如:在采用 A/O 系统反硝化脱氮时,有些 C/N 低的污水会缺乏反硝化细菌在脱氮时所需要的碳源,这时应加入甲醇或含碳量较高的有机污水,以提高氮的去除率。

2.氮源

氮是构成污泥微生物体的重要元素,菌体的蛋白质、核酸分子等均含有氮元素。无机氮源包括氨、硝酸盐,无机氮最容易被利用,个别细菌还可利用气态氮作为氮源。

3.无机盐类

无机盐类是微生物生长必不可缺的营养物质,一般微生物所需无机盐包括磷酸盐、硫酸盐、氯化物和含钾、钠、镁、铁的化合物等,它们参与细胞结构的组成;此外还需要微量的铜、锰、锌、钴、碘等营养元素,它们是酶辅基的组成部分,或是酶的活化剂。尽管微生物对无机盐类的需要量很少,但其用量的多少却在一定程度上影响着菌体的生长和代谢产物的形成。

微生物的生长繁殖需要各种营养物质,不同的微生物对各营养元素有一定的比例要求。好氧微生物要求 $BOD_5(C):N:P=100:5:1$,厌氧微生物群体略低于好氧微生物,一般要求 $BOD_5(C):N:P=200:5:1$。城市生活污水能满足活性污泥微生物的营养要求,但有些工业污水除含有机物外一般缺乏某些营养元素,特别是 N 和 P,所以在用生化法处理这类污水时,需要投加适量的氮、磷等化合物。

(四)毒物

在污水处理中,对微生物具有抑制或扼杀作用的物质称为有毒物质,简称毒物。毒物对微生物的毒害作用,主要表现在使细菌细胞的正常结构遭到破坏以及使菌体内的酶变质,并失去活性。毒物可分为:①重金属离子,如镉、铬、铅、砷、锌、铜、铁等;②有机物类,如酚、甲醛、甲醇、苯、氯苯等;③无机物类,如氰化钾、硫化物、氯化钠、硫酸根、硝酸根等。

毒物对微生物的毒害作用,是与其浓度有关的,即只有在有毒物质的浓度达到或超过某一定值时,它对微生物的毒害或抑制作用才显现出来,这一浓度称为有毒物质的极限允许浓度。

由于毒物的毒性随 pH、温度以及其他环境因素的不同而有很大差异,且不同种类的微生物对同一种毒物的忍受能力也不同,因此,污水生物处理中毒物的极限允许浓度至今仍未能统一。对于某一种污水而言,最好根据所选择的工艺,通过实验来确定毒物的允许浓度。若污水中的毒物浓度超过允许浓度,必须采取适当的方法进行预处理,以防微生物中毒现象的发生,影响污水处理效果。

(五)溶解氧

根据细菌对溶解氧的需求程度,污水处理中的细菌可分为好氧细菌和厌氧细菌。

好氧细菌以分子氧作为电子受体,进行有氧呼吸、生长与繁殖。依据好氧细菌与氧化底物的不同,又可分为好氧性异养细菌和好氧性自养细菌。前者以有机物为底物,来氧化分解污水中的污染物,后者在呼吸过程中以还原态的无机物,如氨氮、硫化氢为底物,同时释放能量,供自身生长繁殖需要。好氧生物处理时,如果溶解氧不足,微生物代谢活动受影响,处理效果明显下降,甚至造成局部厌氧分解,产生污泥膨胀现象,通常在活性污泥系统中,维持好氧区溶解氧浓度不小于 2 mg/L。

厌氧细菌是在无氧条件下存活的细菌,其中在无氧存在的条件下才能存活的细菌,称为专性厌氧细菌;而在有氧或无氧的条件下都能生长的细菌,称为兼性厌氧细菌。专性厌氧菌除通过发酵、光合作用获得能量外,有的能把硫酸盐等无机氧化物作为最终电子受体而加以利用。在兼性厌氧菌中,有氧存在时是借助呼吸;氧不存在时是借助发酵来获得能量,如反硝化细菌。厌氧细菌对氧很敏感,在有氧存在的条件下,生长会受到抑制,甚至导致死亡。

在活性污泥系统中,控制缺氧区溶解氧浓度为 0.2~0.5 mg/L,厌氧区小于 0.2 mg/L。

第四节　反应速率和微生物生长动力学

一、反应速率

生化反应是一种以生物酶为催化剂、在反应器内进行的化学反应。

在生化反应中,反应速率是指单位时间里底物的减少量、最终产物的增加量或细胞的增加量。在污水生物处理中,以单位时间里底物的减少或细胞的增加来表示生化反应速率。图 5-1 的生化反应可以用下式表示:

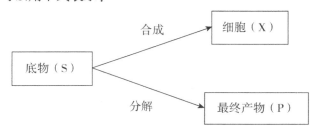

图 5-1　生化反应过程底物变化示意图

以及

$$S \rightarrow YX + ZP \tag{5-5}$$

$$\frac{\mathrm{d}X}{\mathrm{d}t} = Y\left(\frac{\mathrm{d}S}{\mathrm{d}t}\right) \tag{5-6}$$

$$\frac{\mathrm{d}S}{\mathrm{d}t} = \frac{1}{Y}\left(\frac{\mathrm{d}S}{\mathrm{d}t}\right) \tag{5-7}$$

式中 S、X——底物、微生物细胞浓度。

反应系数 $Y = \dfrac{\mathrm{d}X}{\mathrm{d}S}$ ，又称产率系数，g（生物量）$/g$（降解的底物）。

式(5-7)反映了底物减少速率和细胞增长速率之间的关系，它是污水生物处理中研究生化反应过程的一个重要规律。了解这个规律，可以更合理地设计和管理污水生物处理过程。

二、微生物群体的增长速率

微生物群体增长的决定性条件为营养，当外部电子受体、适宜的物理、化学环境都具备时，微生物增长速率与现有的微生物浓度 X 成正比，即

$$\frac{\mathrm{d}X}{\mathrm{d}t} = \mu X \tag{5-8}$$

式中 $\dfrac{\mathrm{d}X}{\mathrm{d}t}$——微生物群体增长速率；

μ——比例常数，即比增长速率；

X——现有微生物群体浓度。

莫诺特（Monod）于 1942 年得出了微生物群体比增长速率与底物浓度之间的函数关系式：

$$\mu = \mu_{\max} \frac{S}{K_{\mathrm{S}} + S} \tag{5-9}$$

式中 μ——比增长速率；

$\mu_{\max}$——在限制增长的底物达到饱和浓度时的最大值；

S——限制增长的底物浓度；

K_{S}——饱和常数，即时的底物浓度。

式(5-9)中的动力学参数 $\mu_{\max}$ 和 K_{S} 可通过试验，可用图解法求得

将式(5-9)取倒数得

$$\frac{1}{\mu} = \frac{K_{\mathrm{S}}}{\mu_{\max}} \frac{1}{S} + \frac{1}{\mu_{\max}} \tag{5-10}$$

试验时，选择不同的底物浓度 S，测定对应的 μ，求出两者的倒数，并以 $1/\mu$ 对 $1/S$ 作图，可得出如图 5-2 所示的直线，直线在纵坐标轴上的截距为 $1/\mu_{\max}$，直线的斜率为 $K_{\mathrm{S}}/\mu_{\max}$，由此可求得 K_{S} 和 $\mu_{\max}$。

三、底物利用速率

底物利用速率与现存微生物群体浓度 X 成正比，
即

$$\frac{\mathrm{d}S}{\mathrm{d}t} = rX \tag{5-11}$$

式中 $\mathrm{d}S/\mathrm{d}t$——底物利用速率；

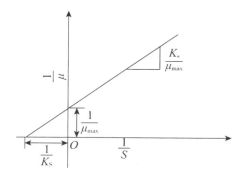

图 5-2　作图法求 K_s 与 μ_{max}

X——现存微生物群体浓度；

r——比例常数，即比底物利用速率。

研究表明，微生物的增长是底物降解的结果，彼此之间存在着一定的比例关系，如令 ΔX 为利用底物 ΔS 而产生的微生物增量，则二者的比值为

$$\frac{\Delta X}{\Delta S} = Y \tag{5-12}$$

将 $\frac{\Delta X}{\Delta S} = Y$ 取 $\Delta S \to 0$ 时的极限，则

$$\frac{\mathrm{d}X}{\mathrm{d}S} = Y \tag{5-13}$$

该式上下同除以 X dt，则得

$$\frac{\dfrac{1}{X}\dfrac{\mathrm{d}X}{\mathrm{d}t}}{\dfrac{1}{X}\dfrac{\mathrm{d}S}{\mathrm{d}t}} = Y$$

则

$$\frac{1}{X}\frac{\mathrm{d}S}{\mathrm{d}t} = \frac{1}{YX}\frac{\mathrm{d}X}{\mathrm{d}t} \tag{5-14}$$

对比式(5-8)、式(5-11)和式(5-13)有

$$r = \frac{\mu}{Y} \tag{5-15}$$

将式(5-9)代入式(5-15)可得

$$r = \frac{\mu_{max}}{Y}\frac{S}{K_s + S} \tag{5-16}$$

令 $r_{max} = \dfrac{\mu_{max}}{Y}$ ，r_{max} 为最大比底物利用速率，则式(5-16)变为

$$r = r_{max}\frac{S}{K_s + S} \tag{5-17}$$

式中 r_{max} ——最大比底物利用速率，BP 单位微生物量利用底物的最大速率；

K_S——饱和常数,即 $r = r_{max}/2$ 时的底物浓度,也称半速率常数;

S——底物浓度。

式(5-17)是1970年劳伦斯(Lawrence)和麦卡蒂(McCarty)根据莫诺特方程提出的底物利用速率与反应器中微生物浓度及底物浓度之间的动力学关系式,因此,又称为劳—麦方程。方程表明了比底物利用速率与底物浓度之间的关系式在整个浓度区间上都是连续的,如图5-3所示。

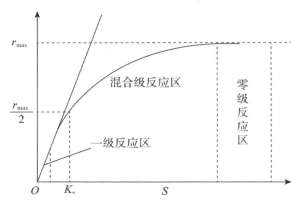

图 5-3 比底物利用速率与底物浓度的关系

式(5-17)中的动力学参数 r_{max}、和可采用与式(5-9)一样的图解方法求得。

当 S 远大于 K_S 的情况下,可忽略式(5-17)中的 K_S,方程变为

$$r = r_{max} \tag{5-18}$$

$$\frac{dS}{dt} = r_{max}X \tag{5-19}$$

式(5-18)表明,在高有机物浓度条件下,有机底物以最大速率降解,而与底物的浓度无关,呈零级反应关系。这是因为在高浓度有机物条件下,微生物处于对数增长期,其酶系统的活性部位都为有机底物所饱和。式(5-19)表明,在高有机物浓度条件下,底物的降解速率仅与微生物的浓度有关,呈一级反应关系。

当远大于 S 的情况下,可忽略式(5-17)中的 S,方程变为

$$r = \frac{r_{max}}{K_S}S = KS \tag{5-20}$$

$$\frac{dS}{dt} = KXS \tag{5-21}$$

式中 $K = \dfrac{r_{max}}{K_S}$。

式(5-20)表明,此时的底物降解速率与底物浓度呈一级反应关系,在这种条件下,微生物增长处于稳定期或衰亡期,微生物的酶系统多未被饱和。式(5-19)和式(5-21)是式(5-17)的两种极端情况,这两个式子一般合称为"关于底物利用的非连续函数"。

四、微生物增长与有机底物降解

对于异养微生物来说,底物既可起营养源作用,又可起能源作用。关于这些微生物,有必要区分底物中的两个部分:一是底物中用于合成的部分(即为微生物增长提供结构物质);二是底物中用于提供能量的部分,这一部分随即被氧化,以便为所有的细胞功能提供能量。这种区分可以通过对在时间增量 Δt 内被利用的底物进行物质平衡实现:

$$\Delta S = (\Delta S)_s + (\Delta S)_e$$

上式可以改写成如下形式:

$$\left(\frac{dS}{dt}\right)_u = \left(\frac{dS}{dt}\right)_s + \left(\frac{dS}{dt}\right)_e \tag{5-22}$$

式中 $\left(\dfrac{dS}{dt}\right)_u$ ——总底物利用速率;

$\left(\dfrac{dS}{dt}\right)_s$ ——用于合成的底物利用速率;

$\left(\dfrac{dS}{dt}\right)_e$ ——用于提供能量的底物利用速率。

用于提供能量的底物又可分为用于合成作用提供能量的底物和用于维持生命提供能量两部分。赫伯特(Herbert)提出,维持生命所需要的能量是通过内源代谢来满足的,也就是说,内源代谢存在于代谢的整个过程。由此,通过微生物体的平衡可以写成

$$\left(\frac{dX}{dt}\right)_g = \left(\frac{dX}{dt}\right)_s + \left(\frac{dX}{dt}\right)_e \tag{5-23}$$

式中 $\left(\dfrac{dX}{dt}\right)_g$ ——微生物的净增长速率:

$\left(\dfrac{dX}{dt}\right)_s$ ——微生物的合成速率;

$\left(\dfrac{dX}{dt}\right)_e$ ——内源呼吸时微生物自体氧化速率或内源代谢速率。

内源代谢速率与现阶段的微生物量成正比,即

$$\left(\frac{dX}{dt}\right)_e = K_d X \tag{5-24}$$

式中 K_d ——比例常数,表示每单位微生物体每单位时间内由于内源呼吸而消耗的微生物量,称衰减系数或内源代谢系数。

由式(5-14),微生物的合成速率可用下式表示:

$$\left(\frac{dX}{dt}\right)_s = Y \left(\frac{dS}{dt}\right)_u \tag{5-25}$$

式中 Y ——被利用的单位底物量转换成微生物体量的系数。这一产率没有将内源代谢造成的微生物减少量计算在内。

将式(5-24)、式(5-25)代入式(5-23)可得

$$\left(\frac{\mathrm{d}X}{\mathrm{d}t}\right)_{\mathrm{g}} = Y\left(\frac{\mathrm{d}S}{\mathrm{d}t}\right)_{\mathrm{u}} - K_{\mathrm{d}}X \tag{5-26}$$

式(5-26)描述了微生物净增长速率和底物利用速率之间的关系,称为微生物增长的基本方程。

式(5-26)可改写成

$$\mu = Y\frac{1}{X}\left(\frac{\mathrm{d}S}{\mathrm{d}t}\right)_{\mathrm{u}} - K_{\mathrm{d}} \tag{5-27}$$

或

$$r = \frac{1}{X}\left(\frac{\mathrm{d}S}{\mathrm{d}t}\right)_{\mathrm{a}} = \frac{1}{Y}\mu + \frac{K_{\mathrm{d}}}{Y} \tag{5-28}$$

谢拉德(Sherrard)和施罗德(Schroeder)于1973年提出,最好用下列关系式描述净增长速率:

$$\left(\frac{\mathrm{d}X}{\mathrm{d}t}\right)_{\mathrm{g}} = Y_{\mathrm{obs}}\left(\frac{\mathrm{d}S}{\mathrm{d}t}\right) \tag{5-29}$$

式中 Y_{obs} ——表观产率系数。

式(5-26)与式(5-29)的不同之处在于式(5-26)要求从理论产量中减去维持生命所需要的消耗量,而式(5-29)描述的是考虑了总的能量需要量之后的实际(观测)产量。

由式(5-29)可得

$$Y_{\mathrm{obs}} = \frac{\mu}{r} \tag{5-30}$$

将式(5-28)代入式(5-30)可得

$$Y_{\mathrm{obs}} = \frac{Y}{1 + \dfrac{K_d}{\mu}} \tag{5-31}$$

从式(5-31)可看出表观产率系数与合成产率系数之间的关系,同时也可看出表观产率系数对比增长速率的依赖性。

上述过程建立了一系列方程式,其中式(5-9)、式(5-17)、式(5-26)等可称为污水生物处理的基本动力学方程式,在建立污水生物处理反应器数学模型中具有十分重要的意义。

第五节　污水的生物处理

污水的生物处理可从不同角度进行分类,一般根据微生物生长对环境条件的需求不同,可将污水的生物处理分好氧生物处理和厌氧生物处理两大类。

实际处理过程中,由于受氧传递速率大小的限制,好氧生物处理的主要对象一般为中、低浓度的有机污水;而有机固体废弃物、污泥及高浓度有机污水等,一般则采用厌氧生物处理。

一、好氧生物处理

好氧生物处理是在污水中有分子氧存在的条件下,利用好氧微生物(包括兼性微生物,但主要是好氧细菌)降解有机物,使其稳定、无害化的处理方法。微生物利用污水中存在的有机污染物(以溶解状和胶体状为主)为底物进行好氧代谢,这些高能位的有机物经过一系列的生化反应,逐级释放能量,最终以低能位的无机物稳定下来,达到无害化的要求,以便返回自然环境或进一步处置。污水处理工程中,好氧生物处理法有活性污泥法和生物膜法两大类。

好氧生物处理的反应速率较快,所需的反应时间较短,故处理构筑物容积较小,且处理过程中散发的臭气较少。所以,目前对中、低浓度的有机污水,或者 BOD,<500 mg/L 的有机污水,基本上采用好氧生物处理法。废水处理工程中,好氧生物处理法有活性污泥法和生物膜法两大类。

二、厌氧生物处理

厌氧生物处理是在没有分子氧及化合态氧存在的条件下,兼性细菌与厌氧细菌降解和稳定有机物的生物处理方法。在厌氧生物处理过程中,复杂的有机化合物被降解、转化为简单的化合物,同时释放能量。在这个过程中,有机物的转化分为三部分:一部分转化为甲烷,这是一种可燃气体,可回收利用;还有一部分被分解为二氧化碳、水、氨、硫化氢等无机物,并为细胞合成提供能量;少量有机物则被转化、合成为新的细胞物质。由于仅少量有机物用于合成,故相对于好氧生物处理,厌氧生物处理的污泥增长率小得多。

由于厌氧生物处理过程不需另外提供电子受体,故运行费低。此外,它还具有剩余污泥量少、可回收能量(甲烷)等优点;其主要缺点是反应速率较慢、反应时间较长、处理构筑物容积大等。通过对新型构筑物的研究开发,其容积可缩小,但为维持较高的反应速率,必须维持较高的反应温度,故要消耗能源。有机污泥和高浓度有机污水(一般 $BOD_5>2\ 000\ mg/L$)可采用厌氧生物处理法进行处理。

第六节　污水可生化性的评价方法

污水处理中,能够被微生物作为营养物质摄取利用的污染物称为底物。微生物通过新陈代谢作用,对污染物进行分解、吸收与转化,这个过程称为污染物的降解(Degradation)又称底物降解。当污水中被微生物吸收利用的污染物为无机物时,称为无机物的生物转化(Biological Transformation),例如,微生物将硝酸盐转化为亚硝酸盐及 N_2 的作用过程。若污水中被降解的污染物为有机物时,称为有机物降解,有机物降解是生物处理的主要类型。在污水处理中有机污染物被微生物降解的难易程度称为污水的可生化性(Biodegrability),也称为污水的生物可降解性。

污水可生化性存在差异,其主要原因在于污水所含的有机物中,除一些易被微生物分解利用外,还含有一些不易被微生物降解,甚至对微生物的生长产生抑制作用的物质,这些有机物质的生物降解性质以及在行水中的相对含量决定了该种污水采用生物法处理的难易程度及可行性。

判断污水的可生化性,对于处理方法的选择、生化处理工艺参数的确定等具有重要的意义。目前常用的污水可生化性的评价方法有水质指标法、生化呼吸线法、模型实验法等。

一、水质指标法

该方法是以污水中有机物的某些水质指标来评价其可生化性,人们习惯采用 BOD_5/COD_{Cr} 的比值作为评价指标。

BOD_5 是在有氧条件下,利用微生物氧化分解污水中的有机物所消耗的氧量,通常用 BOD_5 表示污水中可生物降解的那部分有机物。COD_{Cr} 是利用重铬酸钾作为氧化剂,去氧化污水中的有机物所消耗的氧量,一般近似认为 COD_{Cr} 代表了污水中全部有机物的数量。所以,BOD_5/COD_{Cr} 比值反映了污水中有机物的可降解程度,一般情况下,比值愈大,说明这种污水的可生化性愈好。

BOD_5/COD_{Cr} ,比值法是最经典的,也是目前广泛采用的一种评价污水可生化性的方法。但该方法存在以下明显的不足。

第一,某些污水中含有的有机悬浮物容易被重铬酸钾氧化,以 COD_{Cr} 的形式表现出来需氧量,但在 BOD_5 测定中受物理形态的限制,BOD_5 值却较低,导致 BOD_5/COD_{Cr} 值偏小。

第二,在 COD_{Cr} 测定中还包含某些无机还原性物质所消耗的氧量,不能准确地反映污水中有机物的含量。

第三,有些物质(如吡啶类)不能被重铬酸钾氧化,却能和微生物作用,以 BOD_5 形式表现出需氧量,使得 BOD_5/COD_{Cr} 值偏大。

因此,BOD_5/COD_{Cr} ,比值法在应用过程中有较大的局限性。在各种有机污染指标中,TOD、TOC 等比 COD 能更好地反映出污水中的有机物浓度,这些指标能够通过仪器快速地测定,且测定过程更加可靠。故近年来 BOD_5/COD_{Cr} 比值、BOD_5/TOC 比值也被作为污水可生化性的评定指标,并给出了一系列的评定标准。

虽然水质指标法简便易行,可快速判断污水的可生化性,但由于污水中可能存在抑制微生物生长的污染物,所以,无论 BOD_5/COD_{Cr} 、BOD_5/COD 还是 BOD_5/TOC 比值都不可能直接等于实际可生物降解的有机物占全部有机物的百分数。因此,用水质指标法评价污水的可生化性比较粗糙,要想做出准确的评价,还应辅以生化呼吸线法和模型实验法。

二、生化呼吸线法

生化呼吸线法是根据有机物的生化呼吸线与内源呼吸线的比较来判断有机物的生物降

解性能。测试时,接种物可采用活性污泥,接种量为 $1 \sim 3$ gSS/L。

生化呼吸线是以时间为横坐标,以耗氧量为纵坐标作图得到的曲线。生化呼吸线的形状特征取决于基质的性质,当微生物处于内源呼吸阶段时,耗氧速率基本保持恒定,耗氧量与时间呈直线关系,这一直线称为内源呼吸线。当微生物与有机物接触后,其呼吸耗氧的特性反映了有机物被氧化分解的规律,一般来说,耗氧量大,耗氧速率高,说明该有机物易被微生物降解,反之亦然。

测定不同时间污水中有机构的生化呼吸耗氧量,可得其生化呼吸线,如图 5-4 所示,通过比较内源呼吸线和生化呼吸线的关系,即可判定污水的可生化性。

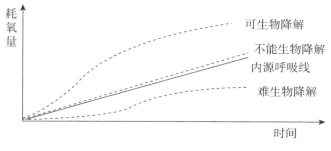

图 5-4　微生物生化呼吸线

第一,当生化呼吸线位于内源呼吸线之上,污水中的有机物一般是可生物降解的。

第二,当生化呼吸线位于内源呼吸线之下,则说明污水中含有对微生物产生毒害或抑制作用的物质,且该曲线离内源呼吸线越远,说明污水中的有机物对微生物的毒性越强,越难以生物降解。

第三,当生化呼吸线与内源呼吸线接近甚至重合时,说明污水中的有机物不能被微生物降解,但对微生物也无抑制作用,

生化呼吸线法操作简单、实验周期短,可满足大批量数据的测定。但用此方法来评价污水的可生化性,必须对微生物的来源、浓度、驯化和有机污染物的浓度及反应时间等条件作严格的规定,加之所需测定设备在国内普及率不高,故该方法在国内应用并不广泛,国外已将其用于污水的运行和管理中。

三、模型实验法

模型实验法是在模拟生化反应器(如曝气池模型)中进行的,通过模拟实际污水处理设施的反应条件,如 MLSS、温度、DO、F/M 比值等,来预测各种污水处理设施的处理效果。由于试验中采用的污水、微生物、生化反应条件及反应空间都较其他测试方法更接近于实际情况,因此,模型实验法能更加准确地判断污水的可生化性。但模型实验法也存在一定的不足,如针对性强,各种污水之间的测定结果没有可比性,且模型实验的判断结果在实际生产的放大过程中也可能产生一定的误差。

思考题

1.微生物的呼吸作用有哪几种类型？各有什么特点？

2.试述好氧呼吸和厌氧呼吸的本质。

3.影响微生物生长的因素有哪些？如何影响？

4.什么是微生物生长曲线？生长曲线分为哪几个阶段？各阶段特点是什么？

5.为什么常规的活性污泥法不利用对数期的微生物,而利用静止期的微生物？

6.微生物生长曲线的研究在污水生物处理中的指导意义是什么？

第六章　活性污泥法

导读:

　　污水生物处理可分为悬浮生长和附着生长两类。悬浮生长法是指通过适宜的动力学条件(包括曝气、水下推进或搅拌)使微生物在生物处理构筑物中处于悬浮状态,并与污水中的溶解氧和有机物充分传质,从而完成对有机物的降解。悬浮生长法的典型代表是活性污泥法,它是天然水体自净作用的人工强化。自1914年开始至今,活性污泥法经过百年的发展,在理论和实践上都取得了长足的进步,并成为当今世界各国城镇污水和工业废水的主体处理技术。

学习目标:

　　1.学习活性污泥法的定义

　　2.了解活性污泥法的发展

　　3.认识去除有机污染物的活性污泥法过程设计

　　4.掌握脱氮、除磷活性污泥法工艺及其设计

第一节　活性污泥法的基本概念

　　活性污泥法是采用人工强制曝气,使活性污泥均匀分散地悬浮在曝气池中,并与污水、氧充分接触,从而降解、去除污水中的有机污染物的方法。活性污泥法的起源最早可追溯到1880年安古斯·史密斯(Angus Smith)博士所做的工作,他是最早在污水中进行曝气试验的人,其后许多人研究过污水的曝气。1912年英国的克拉克(Clark)和盖奇(Gage)在Lawrence研究所试验中发现,对污水长时间曝气会产生污泥。同时水质会得到明显的改善。之后阿尔敦(Arden)和洛凯特(Locket)对这一现象进行了研究。试验中他们偶然发现,当瓶子清洗不干净或瓶壁附着污泥时。污水处理效果反而更好。根据这一发现,他们每天试验结束时,把曝气后静置沉淀下来的污泥留作第二天试验,这样大大缩短了污水处理的时间。1914年5月,在英国化学工程年会曼彻斯特分会上,阿尔敦(Arden)和洛凯特(Locket)发表了他们的论文,这个试验的工程化便是于1916年在曼彻斯特市建造的第一个活性污泥法污

水处理厂。

一、活性污泥组成

活性污泥是活性污泥法进行污水净化的主体。由于它不是一般的污泥,而是栖息着具有生物活性的微生物群体的絮绒状污泥,故人们称之为活性污泥。

活性污泥从外观上看,似矾花状的絮体,其在静置时迅速絮凝沉降,泥水分离。在显微镜下观察这些褐色的絮状污泥,可以见到大量的细菌、真菌,还有原生动物和后生动物等多种微生物群体,它们组成了一个特有的生态系统。正是这些微生物群体(主要是细菌)以污水中的有机物为食料,进行代谢和繁殖,才降解了污水中有机物,同时通过污泥絮体的生物絮凝和吸附,去除污水中的呈悬浮或胶体状态的其他物质。

活性污泥组成可分为四部分:有活性的微生物(M_a);微生物自身氧化残留物(M_e);吸附在活性污泥上不能被微生物所降解的有机物(M_i);由污水携带的无机悬浮固体(M_{ii})。在正常情况下,具有活性的微生物主要由细菌、真菌组成,并以菌胶团的形式存在,呈游离状态较少。菌胶团是细胞分泌的多糖类物质将细菌等包覆成的黏性团块,使细菌具有抵御外界不利因素的性能。游离状态的细菌不易沉淀,而原生动物可以捕食这些游离细菌,这样沉淀池的出水就会更清澈,因而原生动物有利于提高出水水质。

二、活性污泥性状

活性污泥是粒径在 $200 \sim 1000\ \mu m$ 的类似矾花状不定形的絮凝体,具有良好的凝聚沉降性能。曝气池中混合液相对密度为 $1.002 \sim 1.003$,回流污泥相对密度为 $1.004 \sim 1.006$,含水率一般都在 99% 以上,具有 $20 \sim 100\ cm^2/mL$ 的表面积,在其内部或周围附着或匍匐着微型动物。当活性污泥从曝气池进入二沉池后,能快速发生生物絮体而泥水分离。

曝气池中的活性污泥一般呈茶褐色,略显酸性,稍具土壤的气味并夹带一些霉臭味,供氧不足或出现厌氧状态时活性污泥呈黑色,供氧过多营养不足时污泥呈灰白色。

三、活性污泥的评价指标

(一)表示活性污泥微生物量的指标

活性污泥微生物是污水生物处理系统的核心,具有一定数量的活性污泥微生物对提高污水处理水质是十分重要的。用来表征混合液活性污泥微生物量的指标有悬浮固体浓度(MLSS)和混合液挥发性悬浮固体浓度(MLVSS)。

混合液悬浮固体浓度(mixed liquor suspended solids,MLSS)指曝气池中单位体积混合液中活性污泥悬浮固体的质量,也称之为污泥浓度。它包括如前所述的及四者在内的总量。混合液挥发性悬浮固体浓度(mixed liquor volatile suspended solids,MLVSS)是指混合液悬浮固体中有机物的质量,它包括及 M_a,M_e,M_i 三者,不包括污泥中无机物质。

采用具有活性的微生物的浓度作为活性污泥浓度从理论上更加准确,但测定活性微生物的浓度非常困难,无法满足工程应用要求。而 MLSS 测定简便,工程上往往以它作为评价活性污泥量的指标,同时 MLVSS 代表混合液悬浮固体中有机物的含量,比 MLSS 更接近活性微生物的浓度,测定也较为方便,且对某一特定的污水处理系统,MLVSS/MLSS 的比值相对稳定,因此可用 MLVSS/MLSS 表征活性污泥微生物数量,一般生活污水处理厂曝气池混合液 MLVSS/MLSS 在 0.75 左右。

(二)污泥沉降比和污泥容积指数

为了改善沉淀池中泥水分离效果,提供二沉池回流污泥浓度。在设计二沉池时必须考虑混合液污泥的沉降或浓缩特性,通常表征活性污泥沉降性能的指标有污泥沉降比和污泥容积指数。

污泥沉降比是指曝气池混合液静止 30 min 后沉淀污泥的体积分数。由于正常的活性污泥在静沉 30 min 后可接近它的最大密度。故可反映污泥的沉降性能。污泥沉降比与所处理污水性质、污泥浓度、污泥絮体颗粒大小及污泥絮体性状等因素有关。正常情况下,曝气池混合液污泥浓度在 3000 mg/L 左右时,其污泥沉降比(SV)在 30%左右。

污泥容积指数是指曝气池混合液沉淀 30 min 后,每单位质量干泥形成的沉淀污泥的体积,常用单位为 mL/g。具体计算公式为

$$SVI = \frac{SV(mL/L)}{MLSS(g/L)} \tag{6-1}$$

SVI 值是判断污泥沉降浓缩性能的一个重要参数。通常认为 SVI 值为 100~150 时,污泥沉降性能良好;SVI 值>200 时,污泥沉降性能差;SVI 值过低时,污泥絮体细小紧密,含无机物较多,污泥活性差。

四、活性污泥法的基本流程

活性污泥法处理流程包括曝气池、沉淀池、回流污泥及剩余污泥排除系统等基本组成部分。

污水和回流的活性污泥一起进入曝气池形成混合液,在曝气作用下,污水中的有机物、氧气与微生物充分进行传质,活性污泥进行一系列的分解代谢和同化代谢反应,将污水中的有机污染物逐步降解,随后混合液流入沉淀池进行固液分离。活性污泥具有良好的絮凝沉淀性能,在二沉池中能从混合液中有效分离而得到澄清的出水。沉淀的污泥大部分回流至曝气池,称为回流污泥。回流污泥的目的是使曝气池内保持一定的微生物浓度。排放至浓缩池的小部分污泥叫剩余污泥。通过排放生化反应增殖的微生物可以维持活性污泥系统的稳定运行。由于剩余污泥中含有大量的微生物,排放环境前应进行有效处理和处置。

五、活性污泥净化反应过程

活性污泥在曝气过程中,对有机物的降解(去除)过程可分为两个阶段:吸附阶段和代谢再吸附阶段,主要是污水中的有机物转移到活性污泥上去,这是由于活性污泥具有巨大的表面积,而表面上又含有多糖类的黏性物质所致。当污水与活性污泥接触时,污水中呈悬浮和胶体状态的有机物被活性污泥吸附而具有很高的 BOD 去除率。污泥的吸附阶段很短,一般

在 15~45 min 左右就可完成。被吸附在微生物细胞表面的有机物,需要经过数小时的曝气后,才能逐步被代谢降解。

在代谢阶段,有机物先是被好氧微生物氧化分解为中间产物,接着有些中间产物合成为细胞物质,另一些中间产物被氧化为无机的最终产物。在此过程中,微生物消耗水中的溶解氧,溶解氧的消耗就是通常所说的生化需氧量,它间接地度量了污水中被微生物利用了的有机物量。

第二节　活性污泥法的发展

活性污泥法自从早期的概念形成以来,随着处理要求的不断提高,设备、材料、过程控制技术的进步,以及人们对微生物降解过程的深入了解,污水处理的活性污泥法工艺也在不断发展和变革。

一、活性污泥法曝气池的基本形式

曝气池实质上是一个反应器,它的池型与所需的水力特征及反应要求密切相关,主要分为推流式、完全混合式、封闭环流式及序批式四大类。其他曝气反应池类型基本都是这四种类型的组合或变形。

(一) 推流式曝气池

推流式曝气池自从 1920 年出现以来,至今一直得到普遍应用。污水和回流污泥一般从池体的一端进入,水流呈推流型,理论上在曝气池推流横断面上各点浓度均匀一致,纵向不存在掺混,底物浓度在进口端最高,沿池长逐渐降低,至池出口端最低。但实际上推流式曝气池都存在掺混现象,真正的理想推流式并不存在。

1.平面布置

推流曝气池的长宽比一般为 5~10。为了便于布置,长池可以两折或多折,污水从一端进入,另一端流出。进水方式不限,为保证曝气池的有效水位,出水都用溢流堰。

2.横断面布置

推流曝气池的池宽和有效水深之比一般为 1~2。与常用曝气鼓风机的出口风压匹配,有效水深通常在 4~5m,但也有深至 12m 的情况。根据横断面上的水流情况,又可分为平移推流式和旋转推流式。

平移推流式的曝气池底铺满扩散器,池中的水流只有沿池长方向的流动。这种池型的横断面宽深比可以高一些。

旋转推流式的曝气扩散装置安装于横断面的一侧。由于气泡形成的密度差,池水产生旋流。池中的水除沿池长方向流动外,还有侧向旋流,形成了旋转推流式。

(二) 完全混合式曝气池

完全混合式曝气池的形状可以是圆形,也可以为方形或矩形,曝气设备可采用表面曝气机或鼓风曝气方式。污水一进入曝气反应池,在曝气搅拌作用下立即和全池混合,曝气池内各点的底物浓度、微生物浓度、需氧速率完全一致,不像推流式那样前后段有明显的区别,当入流出现冲击负荷时,因为瞬时完全混合,曝气池混合液的组成变化较小,故完全混合法耐冲击负荷能力较大。

(三)封闭环流式反应池(closed loop reactor,CLR)

封闭环流式反应池整合了推流和完全混合两种流态的特点,污水进入反应池后,在曝气设备的作用下被快速、均匀地与反应器中污泥进行混合,混合后的混合液在封闭的沟渠中循环流动。循环流动流速一般为 0.25~0.5 m/s,完成一个循环所需时间为 5~15 min。由于污水在反应器内水力停留时间为 10~24h,其在水力停留时间内会完成 40~300 次循环。封闭环流式反应池在短时间内呈现推流式,而在长时间内则呈现完全混合特征。两种流态的结合,可减小短流,使进水被数十倍甚至数百倍的循环混合液所稀释,从而提高了反应器的缓冲能力。

(四)序批式反应池(sequencing batch reactor,SBR)

序批式反应池(SBR)属于"注水—反应—排水"类型的反应器,在流态上属于完全混合,但有机污染物却是随着反应时间的推移而被降解的。序批式反应池的基本运行模式由进水、反应、沉淀、出水和闲置五个基本过程组成,从污水流入到闲置结束构成一个周期。所有处理过程都是在同一个设有曝气或搅拌装置的反应器内依次进行,混合液始终留在池中,从而不需另外设置沉淀池。周期循环时间及每个周期内各阶段时间均可根据不同的处理对象和处理要求进行调节。

二、活性污泥法的发展和演变

活性污泥法自推广应用以来,已经发展出多种变革,这些变革的方式有的还在广泛应用,刚开发的新工艺正在工程中接受实践的检验,推广应用时须慎重区别对待,因地制宜地加以选择。

(一)传统推流式

传统推流式活性污泥法工艺流程如下,污水和回流污泥在曝气池的前端进入,在池内呈推流形式流动至池的末端,由鼓风机通过扩散设备或机械曝气机曝气并搅拌,因为廊道的长宽比要求在 5~10,所以一般采用 3~5 条廊道。活性污泥在曝气池内前端进行吸附,在中后端进行有机污染物的代谢或降解,最后进入二沉池进行泥水分离,处理出水直接排放或根据需要再进行深度处理,部分污泥回流至曝气池,部分污泥作为剩余污泥排放。传统推流式运行中存在的主要问题:一是池内流态呈推流式,首端有机污染物负荷高,耗氧速率高;二是污水和回流污泥进入曝气池后,不能立即与整个曝气池混合液充分混合,易受冲击负荷影响,适应水质、水量变化的能力差;三是混合液的需氧量在长度方向是逐步下降的,而充氧设备通常沿池长是均匀布置的,这样会出现前半段供氧不足、后半段供氧超过需要的现象。

(二)渐减曝气法

为了改变传统推流式活性污泥法供氧和需氧的不平衡现象,供氧可以采用渐减曝气方式,充氧设备的布置沿池长方向与需氧量匹配,使布气沿程逐步递减,使其接近需氧速率,而总的空气用量有所减少,从而可以节省能耗,提高处理效率。

(三)阶段曝气法

污水首端一点式进水导致了推流式曝气池前端污泥负荷高,为改变这种状况,污水可以采用分段多点进水方式,入流污水在曝气池中分 3~4 点进入,均衡了曝气池内有机污染物负荷及需氧率,提高了曝气池对水质、水量冲击负荷的能力。阶段曝气推流式曝气池一般采用 3 条或更多廊道,在第一个进水点后,混合液的 MLSS 浓度可高达 5 000~9 000 mg/L,后面廊道污泥浓度随着污水多点进入而降低。在池体容积相同情况下,与传统推流式相比,阶段曝气活性污泥法系统可以拥有更高的污泥总量,从而污泥龄可以更高。

阶段曝气法也可以只向后面的廊道进水,使系统按照吸附再生法运行。在雨季高流量时,可将进水超越到后面廊道,从而减少进入二沉池的固体负荷,避免曝气池混合液悬浮固体的流失。

(四)高负荷曝气法

高负荷曝气法(又称改良曝气法)。在系统与曝气池构造方面与传统推流式活性污泥法相同,但曝气停留时间仅 1.5~3.0 h,曝气池活性污泥处于生长旺期。本工艺的主要特点是有机物容积负荷或污泥负荷高,曝气时间短,但处理效果低,一般 BOD_5 去除率不超过 70%~75%,为了维护系统的稳定运行,必须保证充分的搅拌和曝气。

(五)延时曝气法

延时曝气法与传统推流式工艺流程类似,不同之处在于本工艺的活性污泥处于生长曲线的内源呼吸期,有机物负荷非常低。曝气反应时间长,一般多在 24 h 以上,污泥泥龄(SRT)长达 20~30 d。由于活性污泥在池内长期处于内源呼吸期,剩余污泥量少且稳定。该工艺为污水、污泥综合好氧处理系统,具有处理过程稳定性高,对进水水质、水量变化适应性强,不需要初沉池等优点;但也存在池体容积大,基建费用和运行费用都较高等缺点,一般适用于小型污水处理系统。

(六)吸附再生法

吸附再生法又名接触稳定法,出现于 20 世纪 40 年代后期。20 世纪 40 年代末,美国得克萨斯州奥斯汀(Austin)城的污水处理厂由于水量增加,需要扩建。虽然另有空地,但地价昂贵,不得不寻求厂内改造方法。

在实验室污水处理实验时,混合液中 BOD_5 呈一定规律下降。如果测定 BOD_5 时的取样间隔时间较长,例如每隔 1 h 取样一次,那么所得的 BOD_5 下降曲线是光滑的,表明有机物去除接近于一级反应。但是,缩短取样间隔时,发现在运行开始后的第 1 h 内,BOD_5 值有一个迅速下降而后又逐渐回升的现象,而且这个短暂过程中 BOD_5 的最低值与曝气数小时后的 BOD_5 降解基本相同。利用这一事实,把曝气时间缩短为 15~45 min(MLSS 为 2 000 mg/L),取得了 BOD_5 相当低的出水。但是,回流污泥丧失了活性,其去除污水中 BOD_5 的能力下降了。于是在回流污泥与入流污水混合前对回流污泥进行充分预曝气,这样就可恢复它的活性。于是,在对原曝气池的进水位置适当改变和增添充氧扩散设备后,只用了原地一半容积,就解决了超负荷问题。

此外,应用中还发现:这一方法直接用于原污水的处理比用于初沉池的出流水效果好,初沉池可以不用,但剩余污泥量有所增加。

本工艺的特点是污水与活性污泥在吸附池内吸附时间较短(30~60 min),吸附池容积较小,而再生池接纳的是已经排除剩余污泥的回流污泥,且污泥浓度较高。因此,再生池的容积也较小;吸附再生法具有一定的抗冲击负荷能力,如果吸附池污泥遭到破坏,可以由再生地进行补充。由于吸附接触时间短,限制了有机物的充分降解和氨氮的硝化,处理效果低于传统法,对于含溶解性有机污染物较多的污水处理。本工艺并不适用。

(七) 完全混合法

污水与回流污泥进入曝气池后,立即与池内的混合液充分混合,池内的混合液是已被吸附处理有待泥水分离的处理水。

该工艺具有如下特征。

第一,进入曝气池的污水很快即被池内已存在的混合液所稀释、均化,入流出现冲击负荷时,池液的组成变化较小,因为骤然增加的负荷可为全池混合液所分担,而不是像推流式曝气池仅仅由部分回流污泥来承担,所以该工艺对冲击负荷具有较强的适应能力,适用于处理工业废水,特别是浓度较高的工业废水。

第二,污水在曝气池内分布均匀,F/M 值均等。各部位有机污染物降解工况相同,微生物群体的组成和数量几近一致,因此,有可能通过对 F/M 值的调整,将整个曝气池的工况控制在最佳条件,以更好发挥活性污泥的净化功能。

第三,曝气池内混合液的需氧速率均衡。

完全混合活性污泥法系统因为有机物负荷较低,微生物生长通常位于生长曲线的静止期或衰老期,活性污泥易于产生膨胀现象。

完全混合活性污泥法池体形状可以采用圆形或方形,与沉淀池可以合建或分建。

(八) 深井曝气法

曝气池的经济深度是按基建费和运行费用来决定的。根据长期的经验,并经过多方面的技术经济比较,经济深度一般为 5~6 m。但随着城市的发展,普遍感到用地紧张,为了节约用地,深井曝气应运而生。深井曝气池直径为 1.0~6.0 m,水深可达 150~300 m,大大节省了用地面积。同时由于水深大幅度增加,可以促进氧传递速率,处理功能几乎不受气候条件的影响。

深井曝气装置,井中分隔成两个部分:一面为下降管;另一面为上升管。污水及污泥从下降管导入,由上升管排出。在深井靠地面的井颈部分,局部扩大,以排除部分气体。经处理后的混合液,先经真空脱气(也可以加一个小的曝气池代替真空脱气,并充分利用混合液中的溶解氧),再经二沉池固液分离。混合液也可用气浮法进行固液分离。在深井中可利用空气作为动力,促使液流循环。采用空气循环的方法。启动时先在上升管中比较浅的部位输入空气,使液流开始循环。待液流完全循环后,再在下降管中逐步供给空气。液流在下降管中与输入的空气一起,经过深井底部流入上升管中,并从井颈顶管排出,并释放部分空气。由于下降管和上升管的气液混合物存在着密度差,故促使液流保持不断循环。

深井曝气池内,气液紊流大,液膜更新快,促使 K_{La} 值增大,同时气液接触时间增长,溶解氧的饱和浓度也随深度的增加而增加。伴随着这种变化,活性污泥有时加压,有时减压,但这种变化并没有给微生物的活性和代谢能力带来影响。

三、污水生物脱氮除磷工艺的发展

20 世纪 80 年代以前,污水处理过程主要以去除有机污染物为主要目的,随着排放水体的富营养化加剧和排放要求的不断提高,在最近的 20 年中,很多具有高效生物脱氮除磷的污水处理工艺被研究开发出来。

(一) 生物脱氮工艺

1.三段生物脱氮工艺

该工艺是将有机物氧化、硝化及反硝化段独立开来,每一部分都有其自己的沉淀池和各自独立的污泥回流系统。使除碳、硝化和反硝化在各自的反应器中进行,并分别控制在适宜的条件下运行,处理效率高。

2.后置生物脱氮工艺(好氧-缺氧工艺)

工艺好氧段在前,缺氧段或反硝化段在后。由于反硝化段设置在有机物氧化和硝化段之后,主要靠内源呼吸碳源进行反硝化,效率很低,所以必须在反硝化段投加碳源来保证高效稳定的反硝化反应。随着对硝化反应机理认识的加深,将有机物氧化和硝化合并成一个系统以简化工艺,从而形成二段生物脱氮工艺。各段同样有其自己的沉淀及污泥回流系统。除碳和硝化作用在一个反应器中进行时,设计的污泥负荷要低,水力停留时间和泥龄要长,否则,硝化作用要降低。在反硝化段仍需要外加碳源来维持反硝化的顺利进行。

3.前置生物脱氮工艺(前置缺氧-好氧工艺,简称 A_N/O 或 A_2/O)

为改良后置生物脱氮工艺,A_N/O 工艺将反硝化段设置在好氧段的前面,反硝化反应以污水中的有机物为碳源,曝气池中的硝酸盐通过内循环回流到缺氧池中,进行反硝化,是目前较为广泛采用的一种脱氮工艺。

前置反硝化不仅有效地抑制了系统的污泥膨胀,而且利用污水中的有机物,无须外加碳源,使曝气阶段的好氧量减少,并充分回收了反硝化的碱度。系统脱氮效果好(一般在 70% 左右),二沉池出水水质好,工艺运行成本较低。但由于出水中仍有一定浓度的硝酸盐,在二沉池中,有可能进行反硝化反应,造成污泥上浮,影响出水水质。

4.Bardenpho 工艺

Bardenpho 工艺也叫多段缺氧-好氧工艺,工艺取消了三段脱氮工艺的中间沉淀池,由两个缺氧-好氧工艺串联而成。缺氧和好氧的交替进行,使反硝化和硝化分别在缺氧池和好氧池进行,其中,第一缺氧段由于碳源直接来自污水,碳源丰富,反硝化速率快;第二缺氧池没有外加碳源,其反硝化主要以内源呼吸方式进行,可去除的硝酸盐量较少。

(二) 生物除磷工艺

1.厌氧好氧工艺(A_p/O 或 A_1/O)

A/O 生物除磷工艺是最简单的生物除磷工艺,池型构造与常规活性污泥法相似。该工艺充分利用聚磷菌厌氧释磷和好氧吸磷的特性,设置厌氧、好氧工艺过程。工艺特点是高负荷运行、泥龄短、水力停留时间短,相应的污泥产率和除磷能力较强。由于泥龄短,系统不会出现硝化反应,没有硝酸盐回流厌氧区,影响聚磷菌磷的释放。

为了使微生物在好氧池中易于吸收磷,溶解氧应维持在 2 mg/L 以上,pH 应控制在 7～8 之间。磷的去除率还取决于进水中的易降解 COD 含量,一般用 BOD_5 与磷浓度之比表示。当其比值较大时,宜创造好的厌氧环境,促进磷的释放,为好氧过量吸磷打下基础。

2.Phostrip 除磷工艺

Phostrip 除磷工艺过程将生物除磷和化学除磷结合在一起,在回流污泥过程中增设厌氧释磷池和上清液的化学沉淀处理系统,称为旁路除磷。一部分富含磷的回流污泥送至厌氧释磷池,释磷后的污泥再回到曝气池进行有机物降解和磷的吸收,用石灰或其他化学药剂对释磷上清液进行沉淀处理。Phostrip 除磷效率不像其他生物除磷系统那样受进水的易降解 COD 浓度的影响,处理效果稳定。

(三) 同步生物脱氮除磷工艺

1.厌氧—缺氧—好氧工艺(anaerobic-anoxic-oxic, A^2/O)

为了达到同时脱氮除磷的目的,将具有生物脱氮的工艺流程和生物除磷的工艺流程结合起来,设计一个厌氧缺氧好氧处理的工艺流程,构成了既脱氮又除磷的工艺。但除磷和脱氮微生物种群不同,除磷菌为异养菌,泥龄短,主要靠大量排泥实现生物除磷;而硝化细菌世代长,泥龄一般要求在 15 d 以上才有较好的脱氮效果,其排泥量较小。为确保生物脱氮效果,工艺一般采用较大的泥龄,因而实际生物除磷的效果较为有限。

污水进入厌氧反应区,同时进入的还有从二沉池回流的活性污泥,聚磷菌在厌氧环境条件下释磷,同时转化易降解 COD、VFA 为 PHB,部分含氮有机物进行氨化。

混合液进入缺氧反应区,硝态氮通过混合液内循环由好氧反应器传输过来,通常内回流量为 1～3 倍原污水流量,部分有机物在反硝化菌的作用下利用硝酸盐作为电子受体而得到降解去除。

混合液从缺氧反应区进入好氧反应区,混合液中的 COD 浓度已经较低,在好氧反应区除进一步降解有机物外,主要进行氨氮的硝化和磷的吸收,混合液中硝态氮回流至缺氧反应区,污泥中过量吸收的磷通过剩余污泥排除。

该工艺流程简洁,污泥在厌氧、缺氧、好氧环境中交替运行,丝状菌不能大量繁殖,污泥沉降性能好。但值得注意的问题是,进入沉淀池的混合液通常需要保持一定的溶解氧浓度,以防止沉淀池中反硝比和污泥厌氧释磷,而这又会导致回流污泥和回流混合液中存在一定的溶解氧,回流污泥中存在的硝酸盐对厌氧释磷过程也存在一定影响,同时,系统污泥泥龄因为兼顾硝化菌的生长而不可能太短。导致除磷效果难于进一步提高。

2.改良型 Bardenpho 工艺

Bardenpho 工艺只有脱氮效果。在 Bardenpho 工艺前增加厌氧池,使之同时具有脱氮除磷功能。改良型 Bardenpho 工艺流程由厌氧—缺氧—好氧—缺氧—好氧五段组成,第二个缺氧段利用好氧段产生的硝酸盐作为电子受体,利用剩余碳源或内碳源作为电子供体进一步提高反硝化效果,最后好氧段主要用于剩余氮气的吹脱。因为系统脱氮效果好,通过回流污泥进入厌氧池的硝酸盐量较少,对污泥的释磷反应影响小,从而使整个系统达到较好的脱氮除磷效果。但本工艺流程较为复杂,投资和运行成本较高。

3.UCT 工艺和 VIP 工艺

UCT 工艺和 VIP 工艺都是 A²/O 的改良工艺。

UCT(university of Capetown)工艺是由开普敦大学开发的一种类似 A²/O 的脱氨除磷工艺。其与 A²/O 工艺的区别在于沉淀池污泥回流至缺氧池而不是厌氧池,这样可以防止硝酸盐氮进入厌氧池,影响除磷效果。但这种工艺要求回流比较小,会增加缺氧池的水力停留时间,从而影响了二沉池的污泥沉降性能。为尽量减少硝酸盐氮回流至厌氧池,同时又要保证污泥具有良好的沉降性能(回流比不能太小),开普敦大学又开发了改进型 UCP 工艺,将缺氧池分为了两部分,混合液回流至第二缺氧池,污泥回流至第一缺氧池,从而使工艺具有良好的脱氮除磷效果,但增加了工艺运行费用。

VIP 工艺是美国弗吉尼亚州 Lamberts Point 污水处理厂改扩建工程 Virginia initiative plant(VIP)的简称。该工艺反应池采用分格方式将一系列体积较小的完全混合反应格串联起来,提高了厌氧池、缺氧池和好氧池有机物的浓度梯度,促进了厌氧池聚磷菌磷的释放和好氧池磷的吸收,同时有助于缺氧池反硝化作用的彻底进行,使缺氧池末端出水硝酸盐极少,明显减少了硝酸盐目流进入厌氧池,避免了硝酸盐对厌氧池聚瞬菌的影响。

与 UCT 相比,VIPT 艺采用高负荷运行,参与反应的微生物总量多,且泥龄短,因而反应速率高、除磷效果好,反应池总容积较小,但回流设备较多,能耗偏高。

四、膜生物反应器(MBR)

膜生物反应器(membrane biological reactor,MBR)是用超滤膜代替二沉池进行污泥固液分离的污水处理装置,为膜分离技术与活性污泥法的有机结合。膜生物反应器根据膜与生物反应器的位置关系可将其分为内置式膜生物反应器和外置式膜生物反应器。超滤膜孔径一般在 0.1~0.4 μm,出水水质相当于二沉池出水再加超滤的效果。膜生物反应器不仅提高了污染物的去除效率,在很多情况下出水可以作为再生水直接回用,在将来的污水处理领域膜生物反应器将会得到较多应用。

膜生物反应器在一个处理构筑物内可以完成生物降解和固液分离功能,生物反应区的混合液悬浮固体浓度可以比普通活性污泥法高几倍。膜生物反应器的优点是:①容积负荷高、水力停留时间短;②污泥龄较长,剩余污泥量减少;③避免了因为污泥丝状菌膨胀或其他污泥沉降问题而影响曝气反应区的 MLSS 浓度;④在低溶解氧浓度运行时,可以同时进行硝化和反硝化;⑤出水有机物浓度、悬浮固体浓度、浊度均很低,甚至致病微生物都可被截留,出水水质好;⑥污水处理设施占地面积小。但也存在造价较高、膜组件易受污染、膜使用寿命有限、运费用高等缺点。

第三节　去除有机污染物的活性污泥法过程设计

活性污泥法的设计计算需要根据进水水质和出水的要求进行,主要内容包括活性污泥法工艺流程选择,确定适宜的曝气池类型和曝气设备,计算曝气池的容积、污泥回流比、曝气量、剩余活性污泥量等。本节主要讨论去除BCD及硝化过程的活性污泥法设计计算。

一、传统活性污泥法设计的有关规范要求

第一,生物反应池的始端可设缺氧或厌氧选择区(池),水力停留时间宜采用0.5~1.0 h。

第二,阶段曝气生物反应池宜采取在生物反应池始端1/2~3/4的长度内设置多个进水口。

第三,吸附再生生物反应池的吸附区和再生区可在一个反映池内,也可分别由两个反应池组成,一般应符合下列要求:①吸附区的容积,生物反映池总容积的1/4,吸附区的停留时间不应小于0.5 h。②当吸附区和再生区在一个反应池内时,沿生物反应池长度方向应设置多个进水口;进水口的位置应适应吸附和再生不同容积比例的需要;进水口的尺寸应按通过全部流量计算。

第四,完全混合生物反应池可分为合建式和分建式。合建式生物反应池宜采用圆形,曝气区的有效容积应包括导流区部分;沉淀区的表面水力负荷宜为0.5~1.0 m³/(m²·h)。

二、曝气池容积设计计算

曝气池的选型,从理论上分析,推流式优于完全混合式,但由于充氧设备能力的限制,以及纵向混合的存在,实际上推流和完全混合的处理效果相近,若能克服纵向掺混,则推流比完全混合好。究竟选择哪一类型,需要根据进水的负荷变化情况、曝气设备的选择、场地布置以及设计者的经验等因素综合确定。在可能条件下,曝气池的设计要既能按推流方式运行,也能按其他多种模式操作,以增加运行的灵活性。

由于污水水质的复杂性,曝气池的设计计算往往需要通过试验来确定设计参数。但理论方法能深刻地揭示活性污泥法的本质,有助于加深我们对它的认识和理解,这对做好设计是极为重要的。

(一)有机物负荷法

有机物负荷通常有两种表示方法:活性污泥负荷(简称污泥负荷)和曝气池容积负荷(简称容积负荷)。

活性污泥负荷的方法,在原理上是基于对活性污泥法中微生物生长曲线的理解,认为微生物所处的生长阶段决定于基质的量(F)与微生物总量(M)的比例(即活性污泥负荷)。活性污泥负荷主要决定了活性污泥法系统中活性污泥的凝聚、沉降性能和系统的处理效率。

对于一定进水浓度的污水(S_0),只有适量地选择混合液污泥浓度和恰当的活性污泥负荷(F/M),才能达到一定的处理效率。

根据这样的概念,活性污泥负荷N_s。可以根据公式

$$N_s = \frac{F(\text{基质单位总投加量})}{M(\text{微生物的总量})} = \frac{QS_0}{XV}$$

因此,生物反应池的容积可以表示为:

$$V = \frac{QS_0}{XN_s} \qquad (6-2)$$

但是,我国现行的《室外排水设计规范》(GB 50014—2006)中,其公式为

$$V = \frac{Q(S_0 - S_e)}{XN_s} \qquad (6-3)$$

式中,N_s——活性污泥负荷,kg BOD$_5$/(kg MLSS·d)或 kg BOD$_5$/(kg ML,VSS·d);

F/M——食物与微生物比,g BOD$_5$/(g MLSS·d)或 g BOD$_5$/(g MLVSS·d);

Q——与曝气时间相当的平均进水流量

S_0——曝气地进水的平均 BOD$_5$值,mg/L 或 kg/m^3;

S_e——曝气池出水的平均 BOD$_5$值,mg/L 或 kg/m^3;

X——曝气池混合液污泥浓度,MLSS 或 MLVSS,mg/L 或 kg/m;

V——曝气池容积,m^3。

按此公式,计算得到的生物反应池的容积(V)可以略为减小。

运用污泥负荷时注意使用 MLSS 或 MLVSS 表示曝气池混合液污泥浓度时与 N_s 中的污泥浓度含义相对应。容积负荷是指单位容积曝气池在单位时间所能接纳的 BOD$_5$量,即

$$N_v = \frac{QS_0}{V} \qquad (6-4)$$

式中,N_v——容积负荷,kg BOD$_5$/(m^3·d)。

根据容积负荷可计算曝气池的体积 $V(\text{m}^3)$,即

$$V = \frac{QS_0}{V_V} \qquad (6-5)$$

对水质较为复杂的工业废水要通过试验来确定 X 和 N_s、N_v 值。污泥负荷法应用方便,但需要一定的经验。

(二)污泥泥龄法

对于活性污泥法处理系统,污泥泥龄是一个非常重要的参数,选择、控制好一个合理、可靠的污泥泥龄对活性污泥法系统的工程设计和运行管理非常重要。

污水处理系统出水水质、曝气池混合液 MLSS 浓度、污泥回流比等都与污泥泥龄存在一定的数学关系,利用这些数学关系可以进行生物处理过程设计。根据稳态条件下曝气池物料平衡计算可得

$$X = \frac{YQ(S_0 - S_e)\theta_c}{V(1 + K_d\theta_c)} \qquad (6-6)$$

根据此式可以计算曝气池的容积：

$$V = \frac{YQ(S_0 - S_e)\theta_C}{X(1 + K_d\theta_C)} \tag{6-7}$$

式中，V——曝气池容积，m^3；

Y——活性污泥的产率系数，g VSS/ g BOD_5，宜根据试验资料确定，无试验资料时，一般取为 0.4~0.8；

Q——与曝气时间相当的平均进水流量

S_0——曝气池进水的平均 BOD_5 值，mg/L；

S_e——曝气池出水的平均 BOD，值，mg/L；

θ_c——污泥泥龄（SRT），d；

X——曝气池混合液污泥浓度（MLVSS），mg/L；

K_d——内源代谢系数，d^{-1}，20 ℃的数值为 0.04~0.075。

三、剩余污泥量计算

（一）按污泥泥龄计算

根据活性污泥系统污泥泥龄的定义，污泥泥龄提供了一个计算每天剩余污泥量的简易公式：

$$\Delta X = \frac{VX}{\theta_c} \tag{6-8}$$

式中，ΔX——每天排出的总固体量，g VSS/d；

X——曝气池中 MLVSS 浓度，g VSS/m^3。

V——曝气池反应器容积，m^3；

θ_C——污泥泥龄（生物固体平均停留时间），d。

（二）根据污泥产率系数或表观产率系数计算

产率系数是指降解一个单位质量的底物所增长的微生物的质量，用公式表示为

$$Y = \frac{\dfrac{\mathrm{d}X}{\mathrm{d}t}}{\dfrac{\mathrm{d}S}{\mathrm{d}t}} = \frac{\mathrm{d}X}{\mathrm{d}S} \tag{6-9}$$

鉴于活性污泥增殖包含同化作用和异化作用两部分，故活性污泥微生物每日在曝气池内的净增殖量为

$$\Delta X_v = Y(S_0 - S_e)Q - K_d VX_v \tag{6-10}$$

式中，ΔX_v——每日增长的挥发性活性污泥量，kg/d；

Y——产率系数，即微生物每代谢 1 kg BOD_5，所合成的 MLVSS，kg；

$Q(S_0 - S_e)$——每日的有机污染物去除量，kg/d；

VX_v——曝气池内挥发性悬浮固体总量，kg。

用上面提到的产率系数 Y 计算的是微生物的总增长量，没有扣除生化反应过程中用于

内源呼吸而消亡的微生物量,故 Y 有时也称合成产率系数或总产率系数。

产率系数的另一种表达为表观产率系数 Y_{obs},用 Y_{obs} 而计算的微生物量为净增长量,即已经扣除内源呼吸而消亡的微生物量,表观产率系数可在实际运转中观测到,故 Y_{obs} 又称观测产率系数或净产率系数。

$$Y_{obs} = \frac{\dfrac{\mathrm{d}X'}{\mathrm{d}t}}{\dfrac{\mathrm{d}S}{\mathrm{d}t}} = \frac{\mathrm{d}X'}{\mathrm{d}S} \tag{6-11}$$

式中 $\mathrm{d}X'$——微生物的净增长量。

用 Y_{obs} 计算剩余活性污泥量就显得简便快捷:

$$\Delta X_v = Y_{obs} Q (S_0 - S_e) \tag{6-12}$$

式中各项意义同前。

使用上述剩余污泥量计算方法得到的是挥发性剩余污泥量,工程实践中需要的往往是总的悬浮固体量,这时需要分析进水悬浮固体中无机性成分进入剩余污泥中的量,或根据 MLVSS/MLSS 的比值来计算总悬浮固体量。

第四节 脱氮、除磷活性污泥法工艺及其设计

传统活性污泥法在去除有机污染物的同时,因为同化作用可以去除污水中部分营养性氮、磷物质,一般情况下总氮去除率约 10%~20%,总磷去除率约 5%~20%,进水有机物浓度较高时,通过同化作用去除的氮、磷量会更高一些。随着环境水体水质的富营养化不断加剧和排放标准的不断提高,目前的污水处理系统设计通常要考虑脱氮、除磷问题。

一、生物脱氮工艺

(一)规范要求

(1)污水的 BOD_5/TKN 和 BOD_5/TP 是影响脱氮、除磷效果的重要因素之一。当污水中 BOD_5 与 TKN 之比大于 4 时,可达理想脱氨效果;BOD_5 与 TKN 之比小于 4 时,脱氮效果不好。当与 TKN 之比为 4 或略小于 4 时,可不设初次沉淀池或缩短污水在初次沉淀池中的停留时间,以增大进生物反应池污水中 BOD_5 与 TKN 的比值。若 BOD_5/TP 比值小于 17,聚磷菌在厌氧池放磷时释放的能量不能很好地被用来吸收和贮藏溶解性有机物,影响该类细菌在好氧池的吸磷,从而使出水磷浓度升高;当 BOD_5/TP 大于 17 时,能获得良好的除磷效果。

此外,若 BOD_5 与 TKN 之比小于 4,难以完全脱氮而导致系统中存在一定的硝态氮的残余量,这样即使污水中 BOD_5/TP 大于 17,其生物除磷的效果也将受到影响。

(2)一般来说,聚磷菌、反硝化菌和硝化细菌生长的最佳 pH 在中性或弱碱性,为使好氧池的 pH 维持在中性附近,池中剩余总碱度宜大于 70 mg/L,当进水碱度较小,硝化消耗碱度

后,好氧池剩余碱度小于 70 mg/L,可增加缺氧池容积,以增加回收碱度量。在要求硝化的氨氮量较多时,可布置成多段缺氧/好氧形式,以减少对进水碱度的需要量。

(二)生物脱氮工艺过程设计

在 A/O 生物脱氮工艺中,硝酸盐由回流污泥及好氧池的混合液回流进入缺氧池,在阶段进水的 A/O 过程中硝酸盐将随前面硝化阶段的混合液流入缺氧区,电子供体由进入缺氧区的污水提供。

1.缺氧区容积设计

(1)根据污泥负荷和污泥泥龄计算

按式计算时,反应池中缺氧区(池)的水力停留时间宜为 0.5~3 h。

(2)根据硝化、反硝化动力学计算

设系统进水的总凯氏氮浓度为 N_k (mg/L),系统出水总氮浓度为 N_{te} (mg/L),系统活性污泥中氮元素占挥发性活性污泥总量的 12%,除每天剩余污泥排放所去除的氮外,其他即为缺氧池反硝化去除的量,则缺氧区池体容积计算式为:

$$V_n = \frac{0.001Q(N_k - N_{(e)}) - 0.12\Delta X_v}{K_{de}X} \quad (6-13)$$

$$K_{decT} = K_{dec20} \cdot 1.08^{(T-20)} \quad (6-14)$$

式中 V_n ——缺氧区池体容积,m^3;

Q ——生物脱氮系统设计污水流量,m^3/d;

N_k ——生物脱氮系统进水总凯氏氮浓度,g/m^3

N_{te} ——生物脱氮系统出水总氮浓度,g/m^3;

K_{de} ——反硝化速率, $g\ NO_3^- - N/(g\ MLVSS \cdot d)$;

ΔX_v ——排出生物脱氮系统的剩余污泥量,$g\ MLVSS/d$;

K_{de} ——脱氮速率$[\ kg\ NO_3^- - N(kg\ MLSS \cdot d)\ ]$,宜根据试验资料确定。无试验资料时,20 ℃的 K_{de} 值可采用 0.03~0.06$[\ kg\ NO_3^- - N(kg\ MLSS \cdot d)\ ]$,并按式(6-14)进行温度修正。$K_{de(T)}$,$K_{de(20)}$ 分别为 T ℃和 20 ℃时的脱氮速率。

缺氧区可以设计为完全混合的单池型,也可设计成停留时间相同或不同的几个完全混合池串联,缺氧区通常采用机械搅拌方式,混合功率宜采用 2~8 W/m^3(池容),应根据试验资料或参照各种搅拌设备技术说明进行搅拌器在缺氧池中的间距和位置布置。

2.好氧区容积计算

根据硝化系统污泥泥龄计算:

$$V_0 = \frac{Q(S_0 - S_c)\theta_{co}Y_1}{1000X} \quad (6-15)$$

$$\theta_{co} = F\frac{1}{\eta} \quad (6-16)$$

$$\mu = 0.47\frac{N_4}{K_n + N_n}e^{0.098(T-15)} \quad (6-17)$$

式中，V_o——好氧区（池）容积，m；

θ_{co}——好氧区（池）设计污泥泥龄，d；

Y_t——污泥产泥系数，kg MLSS/kg BOO$_5$；宜根据试验资料确定；无试验资料时，系统有初沉池时取 0.3，无初沉池时取 0.6~1.0；

F——安全系数，为 1.5~3.0；

μ——硝化细菌比生长速率

N_a——生物反应池中氨氮浓度，mg/L；

K_n——硝化作用中氮的半速率常数，mg/L；

T——设计温度，℃

0.47——15 ℃时，硝化细菌最大比生长速率，d^{-1}。

也可参照上式进行计算：

$$V = \frac{YQ(S_0 - S_e)\theta_c}{X(1 + K_d\theta_c)}$$

式中，θ_c——好氧区（池）设计污泥泥龄，d，计算同上式 θ_c 计算方法，其他同前。

3.混合液回流量

（1）按好氧系统硝酸盐平衡计算

可以通过系统氮的平衡来确定曝气池中产生多少硝酸盐的量及需要多大的混合液回流比才能满足出水硝酸盐浓度要求。好氧区产生的硝酸盐量与进水流量及氮的浓度、同化过程所消耗的数量、出水氨氮浓度、出水溶解性有机氮浓度有关。作为偏保守设计方法，假定进水所有 TKN 都是可生物降解的，且出水溶解性有机氮浓度忽略不计，则好氧区产生的硝酸盐应等于内回流、污泥回流和出水中的硝酸盐含量之和。建立相应的物料平衡：好氧区产生的硝酸盐量＝内回流中的硝酸盐＋污泥回流中硝酸盐＋出水中含的硝酸盐，即

$$QN_{NO} = QR_iN_{vO_e} + QRN_{NO_e} + QN_{NO_e} \tag{6-18}$$

$$R_i = \frac{N_{NO}}{N_{NO_e}} - R - 1.0 \tag{6-19}$$

式中，R_i——内回流比（混合液回流比）；

R——污泥回流比；

N_{NO}——好氧区产生的硝酸盐浓度，mg/L；

N_{NO_e}——出水硝酸盐浓度，mg/L。

（2）按系统氮平衡计算

$$Q_{Ri} = \frac{1000V_nK_{de}X}{N_t - N_{ke}} - Q_R \tag{6-20}$$

式中，Q_{Ri}——混合液回流量，m^3/d，混合液回流比不宜大于 400%；

Q_R——回流污泥量，m^3/d；

N_{ke}——生物反应池出水总凯氏氮浓度，mg/L；

N_t——生物反应池进水总氮浓度，mg/L。

4.需氧量计算

生物反应池中好氧区的污水需氧量,根据去除的五日生化需氧量、氨氮的硝化和除氮等要求,宜按下列公式计算:

$$Q_2 = \frac{Q(S_0 - S_e)}{0.68} - 1.42\Delta X_v + 4.57[Q(N_k - N_{ke}) - 0.12\Delta X_V] \qquad (6-21)$$

式中, O_2 ——有机物降解和氨氮硝化需氧量,g/d;

Q ——设计污水流量, m^3/d ;

S_0 ——曝气池进水的平均 BOD_5 值,mg/L;

S_e ——曝气池出水的平均 BOD_5 值,mg/L;

ΔX_v ——系统每天排除的剩余污泥量,g/d:

4.57——氨氮的氧当量系数;

N_k ——进水总凯氏氮浓度,mg/L;

N_{ke} ——出水总凯氏氮浓度,mg/L。

在前置反硝化工艺中,硝酸盐作为电子受体时,还原每单位硝酸盐相当于提供 2.86 个单位氧气,所以系统的总需氧量应扣除硝酸盐还原提供的氧当量,故前置反硝化系统的总需氧量如式(6-22):

$$Q_2 = \frac{Q(S_0 - S_e)}{0.68} - 1.42\Delta X_v + 4.57[Q(N_k - N_{ke}) - 0.12\Delta X_V]$$
$$- 2.86[Q(N_1 - N_{kc} - N_{oe}) - 0.12\Delta X_V] \qquad (6-22)$$

式中, N_t ——生物反应池进水总氮浓度,mg/L;

N_{oe} ——生物反应池出水硝态氮浓度,mg/L;

$0.12\Delta X_v$ ——排出生物反应池系统的微生物中含氮量,kg/d。

5.碱度平衡

氨氮硝化过程要消耗碱度,前置反硝化过程可以补充约50%的碱度。如果进水中碱度不足,则将无法维持反应混合液 pH 呈中性,甚至影响硝化反应的进行。许多工程实例出现了因为碱度不足而造成硝化反应不完全、导致出水氨氮浓度偏高的情况,特别是对于工业废水处理,或工业废水所占比例较大的城镇污水处理,更应重视这一现象,必要时应在硝化池补充碱度,一般认为对于以生活污水为主的城镇污水处理厂,保持反应池 pH 中性所需碱度为 80 mg/L(以 $CaCO_3$ 计)以上。

二、生物除磷工艺

(一) 规范要求

(1)当仅需除磷时,宜采用厌氧/好氧法(A_p/O 法)。 A_p/O 法反应池中厌氧区(池)/好氧区(池)宜为 1:2～1:3,剩余污泥宜采用机械浓缩;若剩余污泥采用厌氧消化处理,则输送厌氧消化污泥或污泥脱水滤液的管道应有除垢措施;对含磷高的液体宜先除磷再返回污水处理系统。

（2）A_p/O 法生物除磷的主要设计参数宜根据试验资料确定,当无试验资料时。可采用经验数据。

（二）生物除磷工艺过程设计

1.厌氧区容积设计

影响厌氧释磷的因素很多,最重要的影响因素是进水中易降解 COD 浓度。厌氧条件下,易降解 COD 发酵为挥发性脂肪酸（VFA）的时间为 0.25～1.0 h。太长的厌氧区设计停留时间可能会出现磷的二次释放,磷的二次释放是指聚磷菌没有吸收 VFA,也没有为后续好氧氧化作用积累聚羟基丁酸（PHB）,这样的聚磷菌到了好氧区就无法过量吸收磷酸盐。一般认为厌氧区停留时间超过 3 h 时就会引起磷的二次释放。厌氧区容积一般按照水力停留时间设计,按进水中易降解 COD 的浓度计算生物除磷的量,一般认为,生物去除每 1 g 磷约需要消耗 10 g 易降解 COD。

厌氧区容积可按下式计算:

$$V_p = Qt_p \tag{6-23}$$

式中,V_p——厌氧区容积,

Q——设计污水流量,m^3/h;

t_p——厌氧区水力停留时间,一般取 1～2 h。

2.好氧区容积设计

好氧区容积的设计同样可根据污泥泥龄计算,如果系统仅需要生物除磷,则 SRT 时间较短,在 20 ℃时污泥泥龄为 2～3 d,在 10 ℃时为 4～5 d。低污泥负荷和高 SRT 对除磷非常不利,因为最终的磷去除量与排除的富含磷的剩余污泥量成正比;其次,当 SRT 较长时,聚磷菌处于较长的内源呼吸期,会消耗其胞内较多的贮存物质,如果胞内的糖原被耗尽,则在厌氧区对 VFA 的吸收和 PHB 的贮存效率就会下降,从而使得整个系统的除磷效率降低。

三、生物脱氮除磷工艺（A^2/O）

（1）生物反应池的容积,宜按上述脱氮和除磷工艺有关厌氧区、缺氧区和好氧区的计算,其需氧量计算也同前式（6-22）。

（2）厌氧/缺氧/好氧法（A^2/O）生物脱氮除磷的主要设计参数,宜根据试验资料确定;无试验资料时,可采用经验数据。

思考题

1.解释污泥泥龄的概念,说明它在污水处理系统设计和运行管理中的作用。

2.生物脱氮除磷的工艺特点有哪些?

3.如何计算生物脱氮、除磷系统的曝气池容积、曝气池需氧量和剩余污泥量?

第七章　生物膜法

导读：

　　生物膜法（Biological Membrane Process）是利用附着生长于某些固体物表面的微生物（即生物膜）进行有机污水处理的方法。生物膜（Bio-ilm）是一种膜状生物污泥，是由细菌、真菌、藻类、原生动物和后生动物等组成的生物群落附着在滤料或某些载体上生长繁育而成。

学习目标：

　　1.了解生物膜法的基本原理

　　2.了解生物滤池的分类

　　3.掌握生物转盘的工作原理及工艺设计

　　4.掌握生物接触氧化的工作原理及工艺设计

　　5.掌握生物流化床的构成

　　6.掌握曝气生物滤池的工作原理

　　7.掌握序批式生物膜反应器的工作原理及工艺设计

第一节　生物膜法的基本原理

　　生物膜法是与活性污泥法并列的一种污水好氧生物处理技术,主要用于去除污水中呈溶解态和胶体态的有机污染物。生物膜主要有三种类型:①润壁型生物膜法,即污水中的有机物、空气沿着附着生长有生物膜的接触介质表面流动,形成浸润生物膜的水膜,空气中的氧分子透过水膜向生物膜传递的方式,如生物滤池、生物转盘;②浸没型生物膜法,即附着生长有生物膜的接触介质完全浸没在污水中,需向水中进行人工充氧,如生物接触氧化法;③流化床型生物膜法,即附着生物膜的接触介质悬浮流动于曝气池内的方式,如生物流化床。

一、生物膜的结构特点

　　含有营养物质和接种微生物的污水在滤料或某种载体表面流动接触,经过一段时间后,滤料或载体的表面就覆盖一层膜状污泥,即生物膜。生物膜主要是由微生物及其胞外多聚物组成,具有孔状结构,并具有很强的吸附性能。生物膜从开始形成到成熟,要经历黏附、生长和成熟三个阶段,由于传质的限制,生物膜内微生物的分布具有明显的空间性,其结构如图 7-1 所示,生物膜的表层形成好氧层,其中好氧菌属占优势,沿生物膜深度方向逐渐形成兼性层和厌氧层,以兼性菌居多。但对于整个生物膜而言,异养细菌为其优势种群菌。

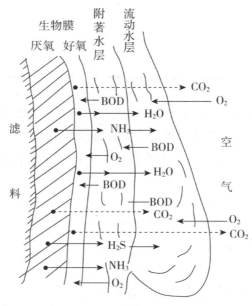

图 7-1　生物膜的构造示意图

生物膜的结构具有如下特点。

(一)生物膜是高度亲水的物质

生物膜外侧总是存在着一层附着水层,污水不断在其表面流动,污水中有机物便于向生物膜扩散,同时生物膜中微生物的代谢产物也可及时被水流带走。

(二)生物膜具有好氧和厌氧双层结构

生物膜成熟后,由于微生物不断增殖,生物膜的厚度不断增加,在增厚到一定程度后,氧不能透入的生物膜里侧深部即转变为厌氧状态,形成厌氧性膜,构成生物膜好氧和厌、氧双层结构。好氧层的厚度一般为 2 mm 左右,有机物的降解主要是在好氧层内进行。

当厌氧层逐渐加厚到一定程度后,生物膜内部供氧不足,内层微生物不断死亡并解体,代谢产物增多,并通过好氧层向外逸出,从而破坏好氧层的稳定状态。而且气态产物的不断逸出,减弱了生物膜在滤料上的固着力,处于这种状态的生物膜为老化生物膜,老化生物膜在自重和水流冲刷的共同作用下自行脱落,脱落后的滤料表面又开始生长新的生物膜,这一过程称作生物膜的更新。

(三)生物膜及水层之间存在多种传质过程

生物膜的传质主要集中在气—液、液—固及固相(生物膜)三个部分,固相内部扩散一般称为内传质,主要有扩散和对流两种形式,在细胞实体内的传质方式主要为扩散,而在孔穴内的传质方式既有扩散,也有对流。氧与底物通过液相主体与界面达到固相表面的扩散,称为外传质。

由生物膜的结构可知,空气中的氧先溶解于流动水层中,再通过附着水层传递给生物膜,供微生物新陈代谢,污水中有机物由流动水层扩散进入生物膜,并通过微生物降解得到净化,同时产生的代谢产物由流动水层带走,一些气态产物通过水层逸出,进入空气中。

二、生物膜的微生物特点

(一)微生物种类具有多样性

生物膜中的生物群落分布相对稳定,不但生长有细菌、真菌、鞭毛虫、纤毛虫,还能够生长世代时间较长、比增殖速度很小的微生物(如硝化菌等),还可能有大量丝状菌出现,轮虫和寡毛虫出现的频率也较高,在有光照的条件下还能够出现藻类。

(二)生物的食物链长

由于生物膜提供了良好的生长栖息环境,使得生物膜上能够栖息捕食性纤毛虫、轮虫类、线虫类,甚至是更高等级的寡毛类和昆虫,生物的食物链增长。

三、生物膜法的工艺特点

(一)抗冲击负荷能力强

生物膜处理法的各种工艺,对流入污水水质、水量的变化都具有较强的适应性。

(二)污泥产量少,运行管理方便

生物膜中的生物相更为丰富稳定,食物链长,使得生物膜系统产生的剩余污泥少。一般说来,生物膜处理法产生的污泥量较活性污泥处理系统少 1/4 左右,运行管理方便。

(三)污泥沉降性能良好

由生物膜上脱落下来的生物污泥,密度较大,且污泥颗粒个体较大,沉降性能良好,宜于固液分离。

(四)容积负荷有限

由于生物膜载体比表面积较小,故设备容积负荷有限,空间利用率较低,通常适用于中、小水量的污水处理,且污水中 SS 含量不宜太高。

第二节　生物滤池

生物滤池(Biological Trickling Filter)是以土壤自净原理为依据,在污水灌溉的实践基础上,经较原始的间歇砂滤池和接触滤池而发展起来的人工生物处理技术,至今已有百余年的历史。

生物滤池的发展经历了低负荷生物滤池、高负荷生物滤池,塔式生物滤池,生物流化床等几个阶段。

一、普通生物滤池

普通生物滤池,又名滴滤池,是第一代的生物滤池。其工艺流程为:污水→预处理(格栅、沉砂池、初沉池等)→生物滤池→二沉池→排放。

(一)普通生物滤池构造

普通生物滤池由池体、滤料、布水装置和排水系统等四部分所组成。

1. 池体

普通生物滤池池体(Filter Cell)平面形状一般为方形、矩形或圆形。池壁高度应高出滤料表面 0.5~0.9 m,起围挡滤料和保护布水的作用,池底起支撑滤料和排除处理后污水的作用。池壁分有孔洞和无孔洞两种形式,其中有孔洞的池壁利于滤料的内部通风,但在低温季节,易受温度影响,而使净化功能降低。

2. 滤料

滤料(Filter Material)是生物膜附着的载体,也称为载体填料,是生物滤池的核心组成部分,它直接影响着生物滤池的处理效果和工艺运行。为了达到理想的处理效果,一般要求滤料要质坚、高强、耐腐蚀,比表面积大,孔隙率大,且来源广泛、适合就地取材、易于加工、价格低廉。

最初,生物滤池采用的填料为粒状填料,如碎石、卵石、炉渣、焦炭等,同一层中粒径要求均匀,以提供较高的孔隙率。以碎石、碎钢渣和焦炭等为滤料时,其粒径介于 30~80 mm,空隙率为 45%~50%,比表面积为 65~100 m²/m³。这类填料表面粗糙,易于附着生物膜,截留悬浮污染物的能力强,但阻力大,易堵塞。

近年来,生物滤池多采用玻璃钢或塑料填料,形状有不规则多孔填料,波纹板状或蜂窝状填料等。不规则多孔填料最初采用拉西环,目前常用的有哈凯登和多面空心球等,可用陶瓷、金属或塑料制成,这类填料结构简单、价格低廉,但流体分布不均匀;波纹板状填料比表面积在 80~195 m²/m³ 之间,孔隙率为 93%~95%;国内目前采用的玻璃钢蜂窝状块状滤料,孔心间距在 20 mm 左右,孔隙率 95% 左右,比表面积在 200 m²/m³ 左右;多面空心球填料比表面积在 110~460 m²/m³ 之间,孔隙率为 90% 左右。其主要特点是质轻强度好、孔隙率高、防腐性能好,易于老化的生物膜脱离,但生物在填料表面的生长和脱落平衡不易控制,填料内难以得到均一的流速。

生物滤池的滤床高度一般为 1~2 m,滤料直径为 3~10 cm,滤料的底层需用稍大的石块垫衬,形成承托层,以防止脱离的生物膜累积而堵塞。通常,滤床的工作厚度为 1.3~1.8 m,承托层厚为 0.2 m。

3. 布水装置

布水装置(Distributor)的作用是使污水均匀地分布在整个滤池表面上,分固定式喷嘴布水系统和旋转式布水器两种。

固定式喷嘴布水系统如图 7-2 所示,由投配池、虹吸装置、布水管道和喷嘴等组成。借助投配池的虹吸作用,使布水自动间歇进行。喷洒周期一般为 5~15 min。安装在配水管上的喷嘴应高出滤料表面 0.15~0.20 m,喷嘴口径一般为 15~25 mm。污水流入投配池内,在达到一定高度后,虹吸装置开始作用,污水进入布水管道,并从喷嘴喷出,受喷嘴上部设有的倒立圆锥体所阻,向四处分散,形成水花,均匀喷洒在滤料上。当投配池内的水位降到一定位置后,虹吸破坏,停止喷水。这种布水系统需要较大的水头,约在 2 m。

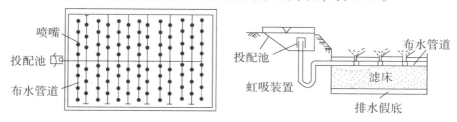

图 7-2 固定喷嘴式布水系统

由于固定喷嘴式布水系统布水不均匀,不能连续地冲刷生物膜,易导致滤池堵塞,现已逐渐被如图 7-3 所示的旋转式布水器所代替。

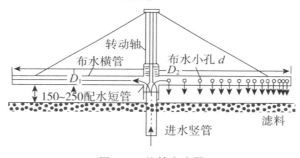

图 7-3 旋转布水器

旋转式布水器主要由进水竖管和可转动的布水横管构成。旋转式布水器的中央是一根空心的立柱,底端与设在池底下面的进水竖管衔接,其所需水头在 0.6~1.5 m 左右。进水竖管固定,通过转轴和外部的配水短管相连,配水短管和布水横管直接连在一起共同转动。布水横管的数目可根据具体情况而定,一般为 2~4 根,横管距滤料表面 150~250 mm,横管一侧方向上开有孔径约为 10~15 mm 的小孔,孔间距由池中心向池边逐渐减小,相邻两横管的小孔位置应错开,以保证布水的均匀。污水由进水竖管进入,经配水短管分配至布水横管,在压力作用下由布水小孔喷出,产生的反作用力推动布水横管向相反方向旋转。

旋转布水器布水均匀,喷淋周期短,水力冲刷能力强,但由于布水水头和布水横管上的小孔孔径较小,易发生堵塞。

4.排水系统

生物滤池的排水系统(Drainage System)设于滤池的底部,其作用有两方面:一是收集并排出滤床流出的污水及脱落的生物膜;二是保证滤池的良好通风和支撑滤料。

排水系统包括渗水装置、集水沟和排水渠,渗水装置有混凝土板、砌砖、滤砖和陶土罐等多种形式,常用的混凝土板式渗水装置如图 7-4 所示。渗水板用特制的砖块或栅板铺成,滤料堆在假底上面,假底孔隙率不小于滤池面积 5%~8%,高于池底 0.4~0.6 m。池底中心轴线上设有集水沟,两侧底面以 1%~2% 的坡度向集水沟倾斜,集水沟要有充分的高度,并在任何时候不会漫流,确保空气能在水面上畅通无阻,使滤池中的孔隙充满空气。集水沟以 0.5%~2.0% 的坡度坡向总排水渠,总排水渠的坡度不应小于 0.5%,为保证良好的通风,总排水渠的过水断面应小于其总断面积的 50%,沟内流速大于 0.7 m/s,以免发生沉积和堵塞。

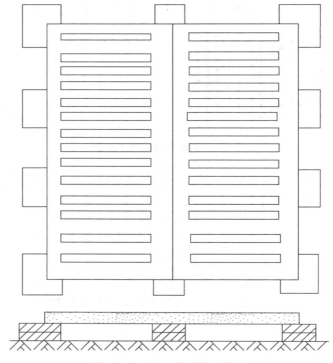

图 7-4　混凝土板式渗水装置

(二)普通生物滤池的设计与计算

普通生物滤池的设计与计算一般分两部分进行:一是滤料的选定,滤料容积的计算以及滤池各部位如池壁、排水系统的设计;二是布水装置系统的计算与设计。

1.滤料容积计算

普通生物滤池的滤料容积一般按负荷率进行计算,有两种负荷率,一是 BOD_5 容积负荷率;二是水力负荷率。

(1) BOD_5 容积负荷率

在保证处理水达到要求质量的前提下,单位滤料在单位时间内所能接受的 BOD_5 量,其表示单位为 g $BOD_5/(m^3$ 滤料 · d)。

(2)水力负荷率

在保证处理水达到要求质量的前提下,每立方米滤料或每平方米滤池表面在单位时间内所能够接受的污水水量(m^3),其表示单位为 $m^3/(m^3$ 滤料 · d) 或 $m^3/(m^2$ 滤池表面 · d),对生活污水可取 1~3 $m^3/(m^3$ · d)。

2.布水装置系统计算

布水装置喷嘴布置有多种形式,见图 7-5,喷水周期一般为 5~8 min,喷洒时间为

1~5 min,配水管自由水头起端为 1.5 m,末端为 0.5 m。

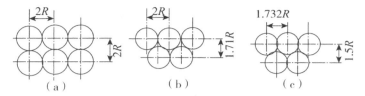

图 7-5 喷嘴布置形式

（1）喷嘴出水量

$$q = \mu f \sqrt{2gH_1} \tag{7-1}$$

式中,q——每个喷嘴的喷出流量,m^3/s;

μ——流量系数,$\mu = 0.60 \sim 0.75$;

f——喷嘴孔口的有效面积,m^2;

H_1——喷嘴孔口自由水头,m;

g——重力加速度,m/s^2。

（2）投配池最大出水量

$$Q_{max} = nq_{max} \tag{7-2}$$

式中,Q_{max}——投配池最大出水量,m^3/s;

q_{max}——每个喷嘴的最大流量,m^3/s;

n——每个滤池喷嘴个数,个。

（三）普通生物滤池的优缺点

普通生物滤池处理效果良好,BOD_5 的去除率可达 85%~95%,基建投资省、运行费用低,运行稳定、易于管理、节省能源。

但普通生物滤池占地面积大、滤料易于堵塞,孳生滤池蝇、散发臭味,恶化环境卫生。一般适用于处理污水量不高于 1 000 m^3/d 的小城镇污水或有机工业污水。

二、高负荷生物滤池

（一）高负荷生物滤池构造

在低负荷生物滤池的基础上,通过采取处理出水回流等技术限制进水 BOD 含量并获得较高的滤速(>3 m/d),将 BOD 容积负荷提高 6~8 倍,同时确保 BOD 去除率不发生显著下降的一种生物滤池称作高负荷生物滤池。

高负荷生物滤池的高滤率是通过限制进水 BOD_5 值和在运行上采取处理水回流等技术措施而达到的。进入高负荷生物滤池的 BOD_5 值须低于 200 mg/L,否则用处理水回流加以稀释。处理水回流可以均化与稳定进水水质,加大水力负荷,及时冲刷过厚和老化的生物膜,加速生物膜更新,抑制厌氧层发育,使生物膜经常保持较高的活性;同时抑制滤池蝇的过度滋长,减轻散发的臭味。

高负荷生物滤池的构造与普通生物滤池基本相同,采用旋转布水器布水。滤料粒径相对较大,一般为 40~100 mm,孔隙率较高,宜采用碎石或塑料制品做填料。滤料层厚度为 2—4 m,当采用自然通风时,一般不应大于 2 m。滤床分为两层,工作层层厚 1.8 m 左右,粒径 40~70 mm,承托层层厚 0.2 m 左右,粒径 70~100 mm。当滤料层厚度超过 2 m 时,一般应采取人工通风措施。

(二)高负荷生物滤池设计与计算

高负荷生物滤池的设计主要包括池体和旋转布水器的设计计算。其中池体的设计多采用负荷率法。高负荷生物滤池按平均日污水量设计,容积负荷宜大于 1.8 kgBOD$_5$/(m^3 · d),水力负荷宜为 10~36 m^3/(m^2 · d)。

1.各项参数的确定

(1)经回流水稀释后进水的 BOD$_5$ 浓度为:

$$S_a = \alpha S_e \tag{7-3}$$

式中, S_a——回流稀释倍数;

S_e——滤池进水的 BOD 值,mg/L;

α——系数,依据温度、滤料层厚度选取。

(2)回流稀释倍数

$$n = \frac{S_0 - S_n}{S_n - S_e} \tag{7-4}$$

式中,n——回流稀释倍数;

S_0——滤池进水的 BOD 值,mg/L;

2.滤池容积计算

(1)按 BOD 容积负荷计算

滤料容积 V

$$V = \frac{Q(n+1)S_a}{N_v} \tag{7-5}$$

式中,Q——原污水日平均流量,m^3/d;

V——滤料容积,m^3;

N_v——BOD—容积负荷率,g BOD$_5$/(m^{3}滤料 · d)。

滤池表面积 A

$$A = V/H \tag{7-6}$$

式中,H——滤料层高度,m;

A——滤料表面积,m^2。

(2)按 BOD 面积负荷计算滤料容积 V

$$A = \frac{Q(n+1)S_a}{N_A} \tag{7-7}$$

式中,N_A——BOD 面积负荷,g BOD$_5$/(m$_2$ · d)。

滤池容积 V:

$$V = A \cdot H \tag{7-8}$$

（3）按水力负荷计算

$$A = \frac{Q(n + 1)}{q} \tag{7-9}$$

式中,q——滤池水力负荷,$m^3/(m^2 \cdot d)$。

3.旋转布水器的计算与设计

旋转布水器按最大污水量计算,每架布水器布水横管为2~4根。

（1）每根布水横管上布水小孔个数

$$m = \frac{1}{1 - \left(1 - \dfrac{4d}{D_2}\right)^2} \tag{7-10}$$

式中,m——每根布水横管上布水小孔个数;

d——布水小孔直径,mm,一般为10~15 mm;

D_2——布水器直径,mm,$D_2 = D - 200$（D为池内径）。

（2）布水小孔与布水器中心距离

$$r_i = R\sqrt{\frac{i}{m}} \tag{7-11}$$

式中,r_i——布水小孔与布水器中心距离,m;

R——布水器半径,m;

i——布水横管上布水小孔从布水器中心开始的排列序号。

（3）布水器转速

$$n = \frac{34.78 \times 10^6}{md^2D_2}Q_{1max} \tag{7-12}$$

式中,n——布水器转速,r/min;

Q_{1max}——每架布水器上最大设计污水量,m^3/s。

（4）布水器水头损失

$$H = \left(\frac{Q_{1max}}{n_0}\right)^2\left(\frac{256 \times 10^6}{m^2d^4} - \frac{81 \times 10^6}{D_1^4} + \frac{294D_2}{K^2 \times 10^3}\right) \tag{7-13}$$

式中,H——布水器水头损失,m;

n_0——每架布水器横管数;

D_1——布水横管直径,$D_1 = 50$~250 mm;

K——流量模数,L/s。

（三）高负荷生物滤池的优缺点

高负荷生物滤池克服了普通生物滤池的缺陷,利用高水力负荷作用,减小了占地面积,避免了滤池堵塞,同时出水回流,稳定了水质,减少了滤池蝇滋生,因此在实际中应用较多。

但是高负荷生物滤池BOD$_5$去除率较低,一般为75%~90%,其污泥氧化不彻底,且工艺中需要较大的水头跌落,一般超过3 m,需二次提升,因此能耗较普通生物滤池高。

三、塔式生物滤池

塔式生物滤池(Tower Biological Filter),简称滤塔,是在 20 世纪 50 年代初由前民主德国环境工程专家应用气体洗涤塔原理所开创的,是第三代生物滤池。其特征是采用增加滤层高度的方式来提高滤池的处理能力,属高负荷生物滤池。

(一)塔式生物滤池构造

塔式生物滤池一般高达 8~24 m,直径 1~3.5 m,径高比介于 $1:6$~$1:8$,填料层厚度宜为 8~12 m,平面形状多为圆形或矩形。塔式生物滤池由塔身、滤料、布水系统、通风及排水装置所组成,其构造如图 7-6 所示。

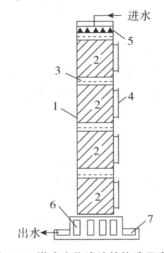

图 7-6　塔式生物滤池的构造示意图

1——塔身;2——滤料;3——格栅;4——检修口;5——布水器;6——通风孔;7——集水槽

1.塔身

塔身主要起围挡滤料的作用。塔身一般沿塔高分层建造,在分层处建格栅,格栅承托在塔身上,而其本身又承托着滤料。滤料荷重分层负担,每层高度以不大于 2.5 m 为宜,以免将滤料压碎,每层都应设检修口,以便更换滤料。应设测温孔和观察孔,用以测量池内温度和观察塔内滤料上生物膜的生长情况及滤料表面布水均匀程度,并取样分析测定。塔顶上缘应高出最上层滤料表面 0.5 m 左右,以免风吹影响污水的均匀分布。

塔的高度在一定程度上能够影响塔滤对污水的处理效果。试验与运行的资料表明,在负荷一定的条件下,滤塔的高度增高,处理效果亦增高。提高滤塔的高度,能够提高进水有机污染物的浓度,即在处理水水质的要求确定后,滤塔的高度可以根据进水浓度确定。

2.滤料

塔式生物滤池多采用轻质滤料,轻质滤料的开发与使用为塔式生物滤池的应用创造了条件。国外广泛采用塑料材质大孔径波纹孔板滤料,在我国使用比较多的是用环氧树脂固化的玻璃钢蜂窝滤料,这种滤料结构均匀,比表面积较大,有利于污水均匀分布和空气的流通,不易堵塞。滤池填料应分层,每层高度不宜大于 2 m,并应便于安装和养护。

3. 布水装置

塔式生物滤池的布水装置与一般的生物滤池相同,对大、中型塔式生物滤池多采用电机驱动的旋转布水器,也可以用水流的反作用力驱动。

4. 通风

塔式生物滤池一般都采用自然通风,塔底有高度为 0.4~0.6 m 的空间,并且周围留有通风孔,其有效面积不得小于滤池面积的 7.5%~10%。

塔式滤池内部通风情况非常良好,污水从上向下滴落,水流紊动强烈,污水、空气、滤料上的生物膜三者接触充分,充氧效果良好,污染物质传质速度快,这些都非常有助于有机污染物质的降解,是塔式生物滤池的独特优势。

塔式生物滤池具有以下主要工艺特征:①高负荷率。塔式生物滤池的水力负荷率可达 m³/(m²·d),为一般高负荷生物滤池的 2~10 倍,BOD_5 容积负荷率达 1 000~3 000 g BOD_5/(m³·d),是高负荷生物滤池的 2~3 倍。高有机物负荷率使生物膜生长迅速,高水力负荷率又使生物膜受到强烈的水力冲刷,从而使生物膜不断脱落、更新。故塔式生物滤池内的生物膜能够经常保持较好的活性。②滤塔内存在明显的分层特性。塔式生物滤池滤层内部存在着明显的分层现象,在各层生长繁育着不同种类的微生物群体,这有利于微生物的繁殖,更有助于有机污染物的逐级降解,且能够承受较高的有机污染物冲击负荷。

塔式生物滤池常用于高浓度工业污水二级生物处理的第一级工艺,能较大幅度地去除有机污染物,以保证二级生物处理的良好净化效果。

(二)塔式生物滤池的计算与设计

塔式生物滤池按平均日污水量设计,容积负荷一般为 1 000~3 000 g BOD_5/(m³·d),水力负荷为 80~200 m³/(m²·d)。不同污水水质,不同处理要求的容积负荷不一样,一般应通过试验确定。

塔式生物滤池的个数应不少于 2 个,并按同时工作设计。塔身直径与塔高之比为 1∶6~8。

塔式生物滤池一般采用自然通风。但对含有易挥发有毒物质的污水,宜采用人工通风,尾气应经过淋洗处理后才能排入大气。

塔式生物滤池的布水装置,对大中型滤池一般采用旋转布水器,对小型滤池可采用多孔管或喷嘴布水。

1. 塔式生物滤池滤料总体积

$$V = \frac{Q(S_0 - S_e)}{M} \tag{7-14}$$

式中,Q——平均日污水流量,n/d;

S_0,S_e——进、出水 BOD_{20},g/m³;

M——滤料容积负荷,g BOD_{20}/(m³·d)。

2. 滤池总高度

$$H_0 = H + h_1 + (m-1)h_2 + h_3 + h_4 \tag{7-15}$$

式中，H_0——滤池总高度，m；

H——滤料层总高度，m；

h_1——超高，m，取 0.5 m；

m——滤料层层数，层；

h_2——滤料层间隙高度，m，取 0.2~0.4 m；

h_3——最下层滤料底面与集水池最高水位距离，m，一般大于 0.5 m；

h_4——集水池最大水深，m。

3.塔式生物滤池的优缺点

塔式生物滤池处理污水量大，容积负荷高，占地面积小，运转费用较低，而且由于塔内微生物存在着分层的特点，所以能承受较大的有机物和有毒物质的冲击负荷。塔式生物滤池塔身较高，自然通风良好，氧气供给充足，产泥量少。

当进水 BOD_5 浓度较高时，由于生物膜生长迅速，容易引起滤料堵塞。所以，塔式生物滤池进水 BOD_5 浓度应控制在 500 mg/L 以下，否则必须采取处理水回流稀释措施。同时，其基建投资较大，BOD_5 去除率也较低。

第三节 生物转盘

生物转盘（Rotating Biological Contactor，RBC）是一种生物膜法污水处理技术，20 世纪 60 年代由原联邦德国开创，是在生物滤池的基础上发展起来的，亦称为浸没式生物滤池。

该工艺具有系统设计灵活、安装便捷、操作简单、系统可靠、操作和运行费用低等优点；不需要曝气，也无须污泥回流，节约能源，同时在较短的接触时间就可得到较高的净化效果，现已广泛应用于各种生活污水和工业污水的处理。其净化有机物的机理与生物滤池基本相同，但构造形式却与生物滤池不同。

一、生物转盘的构造

生物转盘是由水槽和部分浸没于污水中的旋转盘体组成的生物处理构筑物，主要包括旋转圆盘（盘体）、接触反应槽、转轴及驱动装置等，必要时还可在氧化槽上方设置保护罩，起遮风挡雨及保温作用。

（一）盘体

盘体是由装在水平轴上的一系列间距很近的圆盘所组成，其中一部分浸没在氧化槽的污水中，另一部分暴露在空气中。作为生物载体填料，转盘的形状有平板、凹凸板、波纹板、蜂窝、网状板或组合板等，组成的转盘外缘形状有圆形、多角形和圆筒形。

盘片串联成组，固定在转轴上并随转轴旋转，对盘片材质的要求是质轻高强，耐腐蚀，易于加工，价格低廉。盘片的直径一般为 2~3 m，盘片厚度 1~15 mm。目前常用的转盘材质有聚丙烯、聚乙烯、聚氯乙烯、聚苯乙烯和不饱和树脂玻璃钢等。转盘的盘片间必须有一定的间距，以保证转盘中心部位的通气效果，标准盘间距为 30 mm，若为多级转盘，则进水端盘片间距 25~35 mm，出水端一般为 10~20 mm，具体可根据工艺需要进行调节。

(二) 氧化槽

氧化槽一般做成与盘体外形基本吻合的半圆形，槽底设有排泥和放空管与闸门，槽的两侧设有进出水设备，常用进出水设备为三角堰。对于多级转盘，氧化槽分为若干格，格与格之间设有导流槽。大型氧化槽一般用钢筋混凝土制成，中小型氧化槽多用钢板焊制。

(三) 转动轴

转动轴是支撑盘体并带动其旋转的重要部件，转动轴两端固定安装在氧化槽两端的支座上，一般采用实心钢轴或无缝钢管，其长度应控制在 0.5~7.0 m 之间。转动轴不能太长，否则往往由于同心度加工不良，容易扭曲变形，发生磨断或扭断。

转轴中心应高出槽内水面至少 150 mm，转盘面积的 20%~40% 左右浸没在槽内的污水中。在电动机驱动下，经减速传动装置带动转轴进行缓慢的旋转，转速一般为 0.8~3.0 r/min。

(四) 驱动装置

包括动力设备和减速装置两部分。动力设备分电力机械传动、空气传动和水力传动等，国内多采用电力机械传动或空气传动。电力机械传动以电动机为动力，用链条传动或直接传动。对于大型转盘，一般一台转盘设一套驱动装置；对于中、小型转盘，可由一套驱动装置带动一组 (3~4 级) 转盘工作。空气传动兼有充氧作用，动力消耗较省。

二、生物转盘净化过程

生物转盘是用转动的盘片代替固定的滤料。工作时，转盘浸入或部分浸入充满污水的接触反应槽内，在驱动装置的驱动下，转轴带动转盘一起以一定的线速度不停地转动，转盘交替地与污水和空气接触，经过一段时间的转动后，盘片上将附着一层生物膜。在转入污水中时，生物膜吸附污水中的有机污染物，并吸收生物膜外水膜中的溶解氧，对有机物进行分解，微生物在这一过程中得以自身繁殖；转盘转出反应槽时，与空气接触，空气不断地溶解到水膜中去，增加其溶解氧。在这一过程中，在转盘上附着的生物膜与污水以及空气之间，除进行有机物 (BOD、COD) 与 O_2 的传递外，还有其他物质，如 CO_2、NH_3 等的传递，形成一个连续的吸附、氧化分解、吸氧的过程，使污水不断得到净化。

生物转盘对污水的净化过程主要受以下因素的影响。

(一) 盘片材料

盘片的有效面积及表面粗糙度是影响生物转盘处理效率的重要因素，盘片材料的价格与重量则直接影响着整个系统的投资及运行成本。盘片材料有效面积越大，其上生长的微生物就越多；盘片材料表面越粗糙，其越容易长上生物膜，而且生物膜厚度也越大；盘片材料越轻，能耗越少，运行费用越低。

(二) 转盘转速

转盘转速与系统处理效果之间存在一种抛物线关系，在一个特定的转速值 (最优转速)

时,系统处理效果达到最优,在低于或高于该转速下运行生物转盘,系统处理效果都会下降。因为初始转速由零逐渐增加到最优转速值时,反应器内液体混合也逐渐趋于均匀,基质与转盘上附着的生物膜得到越来越充分的接触,系统处理效果逐渐增加到最高;但当转速超过该最优转速并继续增高时,液体剪力也越来越大,生物膜脱落加速,且转盘边界层越来越薄,最终基质已无时间传递到生物膜,造成系统处理效果的降低。

因此,在运行生物转盘之前,必须通过实验选择最佳的转速范围,使整个系统在最优的条件下运行。

(三)水力停留时间

水力停留时间增加,基质与生物膜的接触机会与时间也增加,降解更加充分,系统的处理效果得到提高;但水力停留时间越长,反应器的体积就需要越大,占地面积随之增加,投资费用急剧上升;而且水力停留时间过长,即进水流量太低的情况下,污水得不到充分的混合,其中的可溶性物质无法及时扩散到生物膜中,因而得不到降解。

(四)有机负荷

有机负荷与水力停留时间和进水有机物浓度密切相关,对于一定的进水底物浓度来讲,有机负荷越低,则水力停留时间越长,因而反应器流出的有机物浓度就越低;反之则越高,即有机物的去除率下降。

三、生物转盘处理系统的工艺流程

生物转盘宜于采用多级处理方式,一般可分为单级单轴、单轴多级和多轴多级等。其中单轴单级处理是污水从氧化槽一侧流入,平行于盘面流动,从槽的另一侧排出,处理效果较差,一般很少采用。对于中、小规模污水处理厂,宜采用单轴多级转盘。

城市污水的生物转盘处理基本工艺流程如图7-7所示。污水经格栅、沉砂池、初沉池,进入生物转盘,污水中呈溶解态和细微悬浮态的有机物通过生物膜的作用被氧化降解,一部分转化为简单的有机物及 CO_2、H_2O,另一部分用于合成新的生物膜。污水经生物转盘处理后同盘体上脱落的生物膜残片一起进入二沉池,经泥水分离后获得净化后的出水。

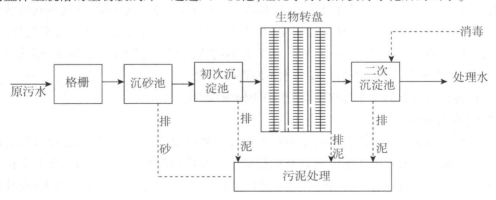

图7-7 生物转盘的基本工艺流程

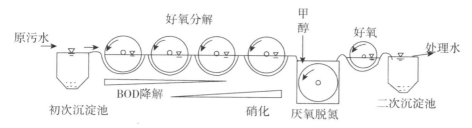

图 7-8　脱氮处理生物转盘工艺流程

图 7-8 是用于脱氮处理的生物转盘工艺流程。污水经多级生物转盘处理去除 BOD,在经前两级生物转盘处理后,后两级转盘能够产生比较充分的硝化反应,然后污水进入厌氧状态的淹没式转盘,加入碳源甲醇,进行反硝化脱氮。最后好氧转盘去除投加过量的甲醇,同时增加水中的溶解氧。

四、生物转盘的设计计算

生物转盘设计计算的主要内容是确定所需转盘的总面积,并进一步确定转盘总片数、接触氧化槽总容积、转轴长度以及污水在接触反应槽内的停留时间等参数。

规范要求生物转盘的组数应不少于两组,并按同时工作设计。当污水量很少,而且允许间歇运行时,可只考虑 1 组。一般按平均日污水量计算,有季节性变化的污水,应按最大季节的平均日污水量计算。进入转盘的 BOD$_5$ 浓度,按经调节沉淀后的平均值计算。

转盘面积按 BOD$_5$ 面积负荷计算,用水力负荷或停留时间校核。不同性质污水的 BOD$_5$ 面积负荷和水力负荷,一般应通过试验确定。

转盘浸没在水中的面积与总面积之比称为转盘浸没率,一般为 20%~40%。转盘产泥量可按 0.3~0.5 kg 污泥/ kg BOD$_5$,而且转盘级数一般应不小于三级。

(一)转盘总面积

转盘总面积可按 BOD 面积负荷率计算。BOD 面积负荷率是指单位盘片表面积在每日内能够接受并使转盘处理达到预期效果的 BOD 值,即:

$$N_A = \frac{QS_0}{A} \tag{7-16}$$

式中, N_A ——面积负荷, g BOD$_5$/(m$^2 \cdot$ d) ;

S_o ——原污水的 BOD$_5$ 值,g/m^{3}或 mg/L;

A ——盘片总表面积,m^2。

$$A = \frac{Q(S_0 - S_e)}{N_A} \tag{7-17}$$

式中,A——转盘总面积,m^2;

Q——平均日污水量,m^3/d;

S_e——出水 BOD$_5$,mg/L。

转盘总面积也可按水力负荷率 q_A 计算。水力负荷率即单位盘片表面积在每日内能够接受并使转盘处理达到预期效果的污水量。

$$A = \frac{Q}{q_A} \qquad (7-18)$$

式中, q_A ——水力负荷, $m^3/(m^2 \cdot d)$;

(二)转盘总片数

当所采用的转盘为圆形时,转盘的总片数按下列公式计算:

$$M = \frac{4A}{2\pi D^2} = 0.637 \frac{A}{D^2} \qquad (7-19)$$

式中, M ——转盘总片数,片;

D ——转盘直径, m 。

当所采用的转盘为多边形或波纹板时,应先按一般常规法计算出每片转盘的面积 a (或厂家提供)。转盘的总片数为:

$$M = \frac{A}{2a} \qquad (7-20)$$

式中, a ——每片多边形转盘或波纹板转盘的面积, m^2 。

式(7-19)和式(7-20)两式分母中的2是考虑盘片双面均为有效面积,对其他形式的转盘则根据具体情况决定。

(三)每组转盘的盘片数

$$M_1 = \frac{0.673A}{\pi D^2} \qquad (7-21)$$

式中, M_1 ——每组转盘的盘片数,片;

n ——转盘组数,组。

(四)每台转盘的转轴长度

$$L = m(d + b)K \qquad (7-22)$$

式中, L ——每台(级)转盘的转轴长度, m ;

m ——每台(级)转盘盘片数; d 盘片间距, m ;

b ——盘片厚度,一般取值为 $0.001 \sim 0.013$ m;

K ——考虑污水流动的循环沟道的系数,取值1.2。

(五)接触反应槽容积

此值与槽的形式有关,当采用半圆形接触反应槽时,其总有效容积 V 为:

$$V = (0.294 \sim 0.335)(D + 2C)^2 L \qquad (7-23)$$

而净有效容积 V' 为:

$$V' = (0.294 \sim 0.335)(D + 2C)^2 (L - mb) \qquad (7-24)$$

式中, C ——盘片边缘与接触反应槽内壁之间的净距, m ;

当 $r/D = 0.1$ 时,系数取 0.294 ;当 $r/D = 0.06$ 时,系数取 0.335 。 r 为转轴中心距水面的高度,一般为 $150 \sim 300$ mm。

（六）平均接触时间

污水在接触氧化槽内与转盘接触，并进行净化反应的时间，即：

$$t_a = \frac{V}{Q} \cdot 24 \tag{7-25}$$

接触时间对污水的净化效果有着直接影响，增加接触时间，能够提高净化效果。接触时间也可以作为生物转盘计算的基础参数。

（七）转盘的旋转速度

勃别尔早期提出，转盘的旋转速度以 20 m/min 为宜。但是，转盘旋转的主要目的之一是使接触氧化槽内的污水得到充分混合，如水力负荷大，转速过小，即得不到充分的混合，为此，勃别尔又提出了一个为达到混合目的的转盘的最小转数的计算公式：

$$n_{min'} = \frac{6.37}{D} \times \left(0.9 - \frac{1}{Q_1}\right) \tag{7-26}$$

式中，Q_1——每个氧化槽的污水量，m^3/d。

（八）电机功率

$$N_p = \frac{3.85 R^4 n' \min}{10 d} \cdot m\alpha\beta \tag{7-27}$$

式中，R——转盘半径，cm；

a——同一电动机带动的转轴数；

β——生物膜厚度系数。

五、生物转盘的优缺点

生物转盘作为污水生物处理的一种成熟技术，具有如下特点。

（一）效率高

生物转盘上的微生物浓度高，特别是最初几级的生物转盘。据测定统计，转盘上的生物膜量如折算成曝气池的 MLVSS，可达 40 000~60 000 mg/L，F/M 为 0.05~0.1。

（二）生物相分级

在每级转盘生长着适应于入流该级污水性质的生物相，这对微生物的生长繁育，有机污染物降解非常有利。

（三）污泥龄长

在转盘上能够增殖世代时间长的微生物，如硝化菌等，因此，生物转盘具有硝化、反硝化的功能。

（四）耐冲击负荷

对于高浓度有机污水（BOD>10 000 mg/L）和超低浓度污水（BOD<10 mg/L），采用生物转盘进行处理能够得到较好的处理效果。

（五）污泥产量少

在生物膜上的微生物食物链较长，故产生的污泥量较少，约为活性污泥处理系统的 1/2，在水温为 5~20 ℃ 的范围内，BOD 去除率为 90% 的条件下，去除 1 kg BOD 的产泥量约为0.25 kg。

(六)动力消耗低

接触反应槽不需要曝气,污泥也无须回流,据有关运行统计,生物转盘法每去除1 kgCOD的耗电量约为 0.7 kW·h,运行费用低。

(七)便于维护管理

该法不需要经常调节生物污泥量,不存在产生污泥膨胀的问题,复杂的机械设备也比较少。且运行正常的生物转盘,不产生滤池绳、不出现泡沫、不产生噪音,不会发生二次污染。

生物转盘由于运行管理简便,在多种行业污水处理领域得到广泛应用,并取得良好效果。但普通生物转盘由于盘片比表面积小、挂膜性能差、挂膜生物量低,存在转盘启动慢、有机负荷低、占地面积大、对高质量浓度污水的处理效果差等缺点,氮磷去除率有待进一步提高。

为了进一步提高设备处理的效率,近年来生物转盘有了一些新发展,出现了空气驱动的生物转盘、与曝气池合建的生物转盘、与沉淀池合建的生物转盘、藻类转盘和生物接触转盘和网状生物转盘等。同时,生物转盘与其他技术相结合的组合工艺的发展将为污水处理提供更有效的方法。

第四节　生物接触氧化

生物接触氧化法(Biological Contact Oxidation Process)是一种介于活性污泥法与生物滤池之间的生物膜法工艺。其特点是在池内设置填料,池底曝气对污水进行充氧,并使池体内污水处于流动状态,以保证污水与填料充分接触。附着在填料上的生物膜在好氧条件下对污水中的有机物进行降解,同时生物膜中的微生物不断生长,达到一定厚度时,会因缺氧而进行厌氧代谢,产生的气体及曝气形成的冲刷作用会造成生物膜的脱落,并促进新生物膜的生长,此时,脱落的生物膜将随出水流出池外。

生物接触氧化法容积负荷率高,对水质水量的波动有较强的适应能力;净化效果好,出水水质好而稳定;污泥不需回流也无膨胀问题,污泥产量少,已广泛应用于各行各业的污水处理系统。

一、生物接触氧化池的构造

生物接触氧化池是生物接触氧化处理系统的核心处理构筑物,又称为淹没式生物滤池,其构造如图7-9所示,主要由池体、填料、布水布气装置及排泥管道等部分组成。

(一)池体

接触氧化池的池体用于设置填料、布水布气装置和支撑填料的栅板和格栅。池体在平面上多呈圆形、矩形或方形,用钢板焊接制成或用钢筋混凝土浇灌砌成。平面尺寸以满足布

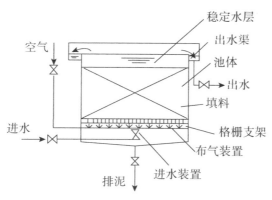

图7-9　接触氧化池构造图

水、布气、填料安装及维护方便为原则,总高度根据填料层、布水布气层、澄清层、泥斗及超高确定,其中池内填料高度为2.5~3.5 m;底部布气层高为0.6~0.7 m;顶部稳定水层0.4~0.5 m,超高不宜小于0.5 m。

生物接触氧化池进水端宜设导流槽,其宽度不宜小于0.8 m。出水端设集水槽,以保证均匀出水,集水槽过堰负荷一般为2.0~3.0 L/(s·m)。

(二)填料

填料是生物膜的载体,也称之为载体。填料是接触氧化处理工艺的关键部位,它直接影响处理效果及基建费用,选用的填料应对微生物无毒害、易挂膜、质轻、抗老化、比表面积大、空隙率大、水力阻力小、强度大、化学和生物稳定性好、经久耐用、价格低廉。目前,生物接触氧化池中应用的填料可分为硬性填料、弹性填料和软性填料3类。

硬性填料有蜂窝形、球形、波纹板形等多种,一般是由玻璃钢或塑料制成,其优点是比表面积大、空隙率大、质轻高强、生物膜易于脱落,但是价格较高,设计或运行不当,填料易堵。弹性填料是由中心绳和弹性丝组成,弹性丝由聚丙烯和助剂制成,呈立体均匀辐射状排列,具有高强度、耐腐蚀、寿命长等特点,该种填料比表面积大、空隙率大、充氧性能好、价格低廉等优点,是目前国内接触氧化池中应用较多的一种新型填料;软性填料常为纤维束状,由尼龙、涤纶、维纶、腈纶等化纤编结成束,并用中心绳接连而成,纤维束在水中呈自由飘动状态,其优点是比表面积大,物理化学性能稳定,运输组装方便,缺点是纤维束易于结块,形成厌氧,使用寿命短。半软性填料的材质通常为变性聚乙烯、聚氯乙烯等有机塑料,优点较多,如比表面积大、空隙率高、耐腐烛、不易堵塞、易于安装等,其缺点是易老化。

弹性填料和软性填料单体一般悬挂在填料支架上。目前国内采用的填料支架有钢支架、钢塑复合支架和钢筋混凝土支架,要求支架的承载力不小于填料挂膜后的湿重。填料悬挂的方式有直拉均匀式和横拉梅花式,使用时填料和填料支架一起置入接触氧化池。

填料的布置可采用全池布置(底部进水、进气)、两侧布置(中心进气、底部进水)或单侧布置(侧部进气、上部进水),填料应分层安装。

(三)布水布气装置

生物接触氧化池供气通过曝气设备实现,供气的作用:一是使池中溶解氧控制在4~5 mg/L左右,以维持微生物正常生命活动;二是使混合液形成紊流,提高污水与生物膜的接触传质效率;三是促进生物膜的更新,防止填料堵塞。布气管可布置在池子中心、侧面和全池。

布水方式分为顺流和逆流两种。顺流布水是指进水和供气同向流动,该方式运行时填料不易堵塞,生物膜更新好,易于控制;逆流布水是指池中的水、气逆向流动,可增加水、气与生物膜的有效接触面积。

二、生物接触氧化池形式及工艺

(一)生物接触氧化池形式

根据充氧方式的不同,接触氧化池可分为有以下三种形式:①鼓风曝气式生物接触氧化池。滤池鼓风曝气装置安装在填料层的下面。填料表面上的生物膜直接受上升气水混合体的强烈搅动,加速生物膜的更新速度,使生物膜经常保持较高的活性,同时防止填料堵塞。此种形式的滤池多作为污水二级处理设施,进水 BOD_5 浓度一般控制在 $100 \sim 300$ mg/L 之间。当进水 BOD_5 浓度较高时,可以采用处理水回流稀释或采用二级或多级滤池系统。②表面曝气式生物接触氧化池。滤池由充氧间和填料间两部分组成。污水在池内循环流动,气、水和生物膜可以充分接触,水中溶解氧含量较高,处理效果较好。但因通过填料孔隙的气水混合体的流速较小,对填料表面上的生物膜冲刷作用较弱,生物膜一般靠自身脱落,更新速度较慢,活性较差。对于 BOD_5 浓度较高的污水往往容易产生填料堵塞。因此,一般仅适用于处理 $BOD_5 < 100$ mg/L 的低浓度有机污水。主要作为污水三级处理和水源有机微污染的预处理。③循环洒水式接触氧化池。将氧化池和沉淀池合建。用循环水泵进行循环洒水充氧,其特点与表面曝气式接触氧化池一样,仅适用于低 BOD_5 浓度污水的处理。

(二)生物接触氧化池的工艺流程

生物接触氧化的工艺流程,一般可分为:一段(级)处理流程、二段(级)处理流程和多段(级)处理流程。

1.一段(级)处理流程

如图 7-10 所示,原污水经初次沉淀池处理后进入接触氧化池,经接触氧化池的处理后进入二次沉淀池,在二次沉淀池进行泥水分离,从填料上脱落的生物膜,在这里形成污泥排出系统,澄清水则作为处理水排放。

图 7-10 生物接触氧化一段处理流程

接触氧化池的流态为完全混合型,微生物处于对数增殖期和减衰增殖期的前期,生物膜增长较快,有机物降解速率也较高。

生物接触氧化的一段处理流程简单、易于维护运行,投资较低。

2.二段(级)处理流程

如图7-11所示,二段处理流程的每座接触氧化池的流态都属于完全混合型,而结合在一起又属于推流式。

在一段接触氧化池内 F/M 值应高于2.2,微生物增殖不受污水中营养物质含量的制约,处于对数增殖期,BOD 负荷率亦高,生物膜增长较快;在二段接触氧化池内 F/M 值一般为0.5左右,微生物增殖处于减衰增殖期或内源呼吸期,BOD 负荷率降低,处理水水质提高。

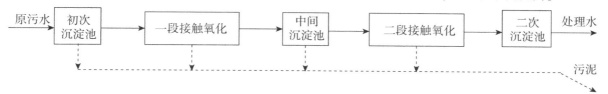

图7-11　生物接触氧化二段处理流程

中间沉淀池也可以考虑不设。

二段处理流程适应原水的水质变化,出水水质趋于稳定,能提高生化处理效率,缩短生化反应时间,但由于二段流程中需增加设备设施,故其费用比一段流程高。

3.多段(级)处理流程

如图7-12所示,多级生物接触氧化处理流程是由连续串联3座或3座以上的接触氧化池组成的系统。

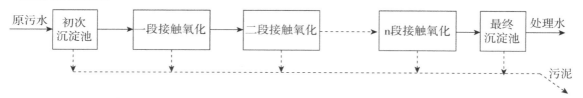

图7-12　生物接触氧化处理技术多段处理流程

从总体来看,其流态应按照推流考虑,但每一座接触氧化池的流态又属完全混合。

由于设置了多段接触氧化池,在各池间明显地形成有机污染物的浓度差,这样在每池内生长繁殖的微生物,在生理功能方面适应该池污水的水质条件,有利于提高处理效果,能够取得非常稳定的出水水质。

经过适当运行,这种处理流程不仅具有去除有机污染物功能,还具有硝化、脱氮功能。但这种工艺的基建费用和管理难度会增加。

三、生物接触氧化法的特点

生物接触氧化处理技术,在工艺、功能以及运行等方面具有下列主要特征:

第一,填料比表面积大,提供了巨大的生物栖息空间,使大量的生物得以附着生长,可形成稳定性较好的高密度生态体系,挂膜周期相对缩短,在处理水量相同的情况下,水力停留时间短,所需设备体积小,占地面积小。

第二,污泥浓度高,系统耐冲击负荷能力强。一般情况下,生物接触氧化法的容积负荷

为 $3\sim10$ kg/$(m^3\cdot d)$,是普通活性污泥法的 $3\sim5$ 倍,COD 去除率为传统生物法的 $2\sim3$ 倍。

第三,污泥产量少。在操作过程中一般不会产生污泥膨胀,不需要污泥回流装置。

第四,氧利用率高,动力消耗低。生物接触氧化法对氧的利用率比活性污泥法高 $3\sim8$ 倍,动力消耗比活性污泥法减少 $20\%\sim30\%$。

第五,操作简单,维护方便,可间歇运行,运行费用低,综合能耗低。

第六,生物接触氧化处理技术具有多种净化功能,除能有效地去除有机污染物外,如运行得当还能够用以脱氮,因此,可作为三级处理技术。

第七,但如设计或运行不当,生物接触氧化池中的填料可能堵塞,此外,布水、曝气不易均匀,可能在局部部位出现死角。

第五节　生物流化床

生物流化床(Biological Fluidized Bed)处理技术是借助流体(液体、气体)使表面生长着微生物的固体颗粒(生物颗粒)呈流态化,同时进行有机污染物的去除和降解的一种生物膜法处理技术。

生物流化床就是以砂、活性炭、焦炭一类较小的惰性颗粒为载体充填在床体内,因载体表面覆盖着生物膜而使其质地变轻,污水以一定流速从下向上流动,使载体处于流化状态。该工艺是利用流态化的概念进行操作,是一种强化生物处理,提高了微生物降解有机物能力,克服了固定床生物膜法中固定床操作存在的易堵塞问题。

一、生物流化床的构造

生物流化床是由床体、载体、布水装置、充氧装置和脱膜装置等部分组成。

(一)床体
流化床床体平面多呈圆形,多由钢板焊制,需要时也可以由钢筋混凝土浇灌砌制。

(二)载体
载体是生物流化床的核心部件,在生物流化床工艺中,载体填料应具有高比表面积和较小的颗粒直径。目前常用的惰性载体材料包括砂粒、焦炭、活性炭、陶粒、无烟煤、玻璃珠、微粒硅球等。

(三)布水装置
均匀布水对生物流化床能够发挥正常的净化功能是至关重要的,特别是对液动流化床更为重要。布水不匀,可能导致部分载体沉积而不形成流化,使流化床工作受到破坏。布水装置又是填料的承托层,在停水时,载体不流失,并易于再次启动。

(四)脱膜装置
及时脱除老化的生物膜,使生物膜经常保持一定的活性,是生物流化床维持正常净化功能的重要环节。流化床的脱膜过程分为两类,即靠床内载体颗粒之间的摩擦脱膜和设置专门的脱膜设备。脱膜装置主要用于液动流化床,常用的有机械搅拌脱膜器、振动筛和刷形脱膜机,脱膜设备可单独设立,也可以设在流化床的上部。气动流化床一般不需要另行设置脱膜装置。

二、生物流化床的工艺类型

按使载体流化的动力来源分,可分为液流动力流化床、气流动力流化床和机械搅拌流化床等三种类型。按生物流化床处于好氧或厌氧状态,也可分为好氧流化床和厌氧流化床。

(一)液流动力流化床

液流动力流化床也称之为二相流化床,即在流化床内只有污水(液)与载体(固相)相接触。其特点是充氧过程与流化过程分开并完全依靠水流使载体流化。在流化床外设充氧设备和脱膜设备,在流化床内只有液、固两相。原污水先经充氧设备,可利用空气或纯氧为氧源使污水中溶解氧达饱和状态。

生物流化床内的载体,全为生物膜所包覆,生物高度密集,耗氧速度很高,往往对污水的一次充氧不足以保证对氧的需要,此外,单纯依靠原污水的流量不足以使载体流化,因此要使部分处理水循环回流,增加富氧水,进而增加水中总的氧气含量。回流水循环率 R 一般按生物流化床的需氧量确定。

(二)气流动力流化床

气流动力流化床亦称为三相生物流化床,即污水(液)、载体(固)及空气(气)三相同步进入床体。

气流动力流化床是由三部分组成的,在床体中心设输送混合管,其外侧为载体下降区,其上部则为载体分离区。空气由输送混合管的底部进入,在管内形成气、液、固混合体,空气起到空气扬水器的作用,混合液上升,气、液、固三相间产生强烈的混合与搅拌作用,载体之间也产生强烈的摩擦作用,外层生物膜脱落,输送混合管起到了脱膜作用。

气流动力流化床的技术关键之一,是防止气泡在床内合并成大气泡而影响充氧效率,为此可采用减压释放或射流曝气方式进行充氧或充气。

气流动力流化床可以高速去除有机污染物,BOD 容积负荷率高达 5 kg/(m³·d),处理水 BOD 值可保证在 20 mg/L 以下(对城市污水),便于维护运行,对水质、水量变动有一定的适应性,且占地面积少。

但是气流动力流化床脱落在处理水中的生物膜颗粒细小,用单纯沉淀法难以全部去除,如在其后用混凝沉淀法或气浮法进行固液分离,则能够取得优质的处理水。

气流动力流化床在适当的运行条件下具有硝化及脱氮的功能。

(三)机械搅拌流化床

机械搅拌流化床又称为悬浮粒子生物膜处理工艺。机械搅拌流化床池内分为反应室与固液分离室两部分,池中央接近于底部安装有叶片搅动器,由安装在池面上的电动机驱动转动以带动载体,使其呈流化悬浮状态。充填的载体为粒径为 0.1~0.4 mm 之间的砂、焦炭或活性炭,粒径小于一般的载体。采用一般的空气扩散装置充氧。

机械搅拌流化床降解速率高,反应室单位容积载体的比表面积较大,可达8 000~9 000 m²/m³;用机械搅动的方式使载体流化、悬浮,反应可保持均一性,生物膜与污水接触的效率较高;MLVSS 值比较固定,无须通过运行加以调整。

三、生物流化床的优缺点

生物流化床具有如下两个显著特点:

第一,提高处理设备单位容积内的生物量。载体处于流化状态,且比表面积大(可达2 000~3 000 m²/m³),以 MLSS 计算的生物量高于任何一种的生物处理工艺。

第二,强化传质作用,加速有机物从污水中向微生物细胞的传递过程。污水频繁多次地与流态化的载体相接触,加之载体颗粒之间的摩擦碰撞,使得附着其上的生物膜活性较高,强化了传质过程;且由于载体不停地在流动,还能够有效地防止堵塞现象。

国内外的试验研究结果表明,生物流化床用于污水处理具有 BOD 容积负荷率高、处理效果好、效率高、占地少以及投资省等优点,而且运行适当还可取得脱氮的效果,已在污水处理中展现出一定的优越性,但也呈现一些需要在实际应用中解决的问题。如:①在保证反应器良好流态化的同时,如何防止污泥和填料不从反应器中流失;②反应器底部布水器布水均匀是实现良好流态化的关键;③生物流化床是通过循环回流获得较大的升流速度来保证载体的流态化的,这就相应地增加了能耗,提升了成本,阻碍了其在大规模污水处理工艺的应用。

为使生物流化床发展成为高效、低耗、连续处理大量污水的新型反应器,国内外又研究开发了一些新型生物流化床反应器,如磁场生物流化床、复合式生物流化床、三重环流生物流化床等。

第六节 曝气生物滤池

曝气生物滤池(Biological Aerated Filter,BAF)是 20 世纪 80 年代在普通生物滤池的基础上,借鉴给水滤池开发的一种新型生物膜法污水处理工艺,90 年代初得到较大发展。

曝气生物滤池集曝气、高滤速、截留悬浮物和降解有机物、定期反冲洗等特点于一体,具有去除 SS、COD_{Cr}、BOD_5、硝化与反硝化、除去 AOX(有害物质)的作用,其最大特点是集过滤、生物降解、生物吸附于一体,并节省了后续二次沉淀池。

曝气生物滤池的基本原理是在滤池内装填大量粒径较小的粒状填料,通过培养和驯化使填料上挂有生物膜,利用高浓度生物膜的生物降解和生物絮凝作用处理污水中的有机物,并利用填料的过滤能力截留悬浮物和脱落的生物膜,保证脱落的生物膜不随出水流出。当滤层内的截污量达到某种程度时,需对滤层进行反冲洗,以释放截留的悬浮物,并更新生物膜。同时,因为曝气装置将整个滤池分为好氧区和缺氧区,可分别进行硝化和反硝化,从而达到脱氮的作用。

曝气生物滤池的结构与普通快滤池基本相同,但增加了曝气系统。其结构形式和使用功能各有不同,按水流方向可分为下向流曝气生物滤池和上向流曝气生物滤池,按填料的不同可分为悬浮填料生物滤池和沉没填料生物滤池,按使用功能分为去碳曝气生物滤池、硝化反硝化曝气生物滤池、水源水预处理曝气生物滤池和组合曝气生物滤池等。目前工程中常用的工艺有 BIOCARBONE、BIOFOR、BIOSTYR 和 BIOPUR,其中 BIOFOR 应用最为广泛。

BIOFOR 的结构是污水通过滤池底部的进水管进入滤池,向上首先流经填料层的缺氧区,此时反冲洗空气管处于关闭状态。缺氧区内,填料上的微生物利用进水中的溶解氧降解有机物,反硝化菌利用进水中的有机物作为碳源将滤池进水中的 NO_2^-、NO_3^- 转化为 N_2,实现反硝化脱氮;同时悬浮物也通过一系列复杂的物化过程被填料及其上面的生物膜吸附截留在滤床内。经过缺氧区处理的污水流经填料层内的曝气管后即进入好氧区,并与空气泡均匀混合继续向上流经填料层。在水气上升过程中,填料上的微生物利用水中的溶解氧进一步降解有机物,并将污水中的 $NH_3 - N$ 转化为 NO_2^-、NO_3^-,发生硝化反应。经净化后的水流出填料层,通过滤池挡板上的出水滤头排出滤池。

随着过滤过程的进行,过滤水头损失逐步加大到一定程度,需对滤池进行反冲洗再生,以去除滤床内过量的生物膜及悬浮物,恢复滤池的处理能力。反冲洗方式为气冲、水冲、气水联合反冲等,宜采用气水联合反冲洗,通过长柄滤头实现,其中反冲洗空气强度宜为 $10 \sim 15 \ L/(m^2 \cdot s)$,反冲洗水强度不应超过 $8 \ L/(m^2 \cdot s)$,冲洗时间一般为 30 min。

滤池出水的去向有三个:①直接排出处理系统外;②按回流比与原污水混合进入滤池实现反硝化;③用作反冲洗水。

填料作为曝气生物滤池的核心组成部分,滤池性能的优劣很大程度上取决于填料的特性,填料的研究和开发在曝气生物滤池工艺中至关重要。曝气生物滤池的填料应具有强度大、不易磨损、孔隙率高、比表面积大、化学物理稳定性好、易挂膜、生物附着性强、比重小、耐冲洗和不易堵塞的性质,宜选用球形轻质多孔陶粒或塑料球形颗粒。曝气生物滤池发展过程中依次出现过 3 种不同形式的填料:BIOCARBONE 采用的是石英砂粒;BIOFOR 采用的是轻质陶粒;BIOSTYR 采用的则是密度比水小的聚苯乙烯球形颗粒。石英砂粒由于密度大,比表面积、孔隙率小;当污水流经滤层时阻力很大,生物量少,因此滤池负荷不高、水头损失大。轻质陶粒和聚苯乙烯做填料时,由于密度小,比表面积、孔隙率大,生物量大,因此滤池负荷较大,水头损失较小。国外的实际运行表明,BIOFOR 和 BIOSTYR 明显优于 BIO - CAR-BONE。

曝气生物滤池工艺具有以下特征:①气液在滤料间隙充分接触,由于气、液、固三相接触,氧的转移率高,动力消耗低。②设备自身具有截流原污水中悬浮物与脱落的生物污泥的功能,因此不需要设沉淀池,节省占地面积。③以 $3 \sim 5$ mm 的小颗粒作为滤料,比表面积大,微生物附着力强。④池内能够保持大量的生物量,由于截流作用,污水处理效果良好。⑤无须污泥回流,也不用考虑污泥膨胀。如果反冲洗全自动化,维护管理也非常方便。

作为一种发展较快的新型生物膜法处理技术,曝气生物滤池工艺具有占地面积小、出水水质好、抗冲击负荷能力强、基建投资少、能耗及运行成本低等特点,在欧洲、北美等国已得到广泛应用,在我国处于推广阶段,显示出良好的应用前景,其应用领域为生活污水、工业污水和中水处理。

第七节　序批式生物膜反应器

序批式生物膜反应器(Sequencing Batch Biofilm Reactor,SBBR),是一种将生物膜法与活性污泥法进行有机结合的新型复合式生物膜反应器。它是在 SBR 基础上,在反应器内装有不同的填料,使污泥颗粒化或在反应器内安装填料使活性污泥在填料上形成生物膜,运行上遵循 SBR 的运行模式。

SBBR 工艺具有与 SBR 类似的工艺流程,如图 7-13 所示。一个完整的操作过程包括五个阶段:进水、反应、沉淀、出水、闲置,其运行工况是以时间顺序间歇操作。在一个运行周期中,各个阶段的运行时间、反应器内混合液的体积变化及运行状态都可以根据污水水质、出水水质要求、运行功能等要求灵活控制。与传统的 SBR 相比,SBBR 可以不设置沉淀过程。

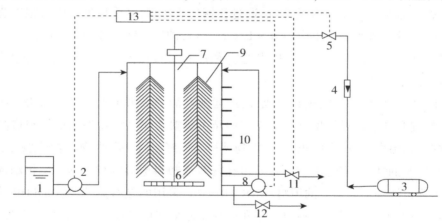

图7-13　SBBR 工艺流程图

1—污水槽;2—进水泵;3—空气压缩机;4—空气流量计;5—空气电磁阀;6—微孔曝气器;7—反应器;8—回流泵;9—生物载体;10—出水口;11—出水电磁阀;12—排空阀;13—自动控制装置

按照所选填料的不同,SBBR一般可分成三类:①固定填料式 SBBR。反应器内装有陶粒、塑料及其他固定式生物载体。②流动填料式 SBBR。反应器内装有粒状可流化的生物载体,如活性炭等。③微孔膜 SBBR。反应器内装有一个可透过性膜,这种膜可以成为微生物的载体,同时又能完成充氧功能。

SBBR 通过将生物膜法与活性污泥法进行有机结合,形成了一些特有的优势,主要特点如下：

第一，微生物相多样化。由于生物膜固定在填料上，具有稳定的生态条件，能栖息增殖速度慢、世代时间长的细菌和较高级的微生物，如硝化菌，还可能出现大量的丝状菌、线虫类、轮虫类等，故采用SBBR法可获得较好的脱氮效果。

第二，微生物量高，耐冲击负荷。SBBR内挂的生物膜具有较少的含水率，单位体积内的生物量可达活性污泥法的5~10倍；而且反应器内生物膜的浓度和性质分布均匀，故具有良好的抗冲击负荷的能力。

第三，剩余污泥产量少。SBBR的生物膜上栖息较多高营养水平的微生物，食物链较长，生物污泥量较少，降低了污泥的处理与处置费用。

第四，动力消耗小，易于维护管理。由于SBBR填料的剪切作用，提高了氧的传输效率，故动力消耗较SBR小；且其不需要污泥回流，因而不需要经常调整污泥量和污泥排出量，易于维护管理。

SBBR兼具生物膜法和活性污泥法两种技术的特点，工艺简单，污泥产量少，基建运行费用低，实现了在一个反应器内污水的脱氮除磷，是目前国内外正在研究、应用的一种污水生物处理新工艺。国内的研究集中在工业污水的处理上，国外的研究主要集中在有毒、难降解有机物的处理上。

但SBBR研究和应用中尚存在一些问题有待进一步解决，如填料的选择、厌氧—好氧交替状态对微生物活性和种群分布的影响、同步脱氮除磷性能的提高等，SBBR是一种尚处于不断发展、完善阶段的生物处理技术。

思考题

1.什么是生物膜？它有哪些特点？

2.简述生物膜的形成过程及更新方式和传质原理。

3.比较生物膜法和活性污泥法的优缺点？

4.简述各种生物膜法设备设施的基本构造和功能？

5.什么叫回流？回流在高负荷生物滤池系统运行中有何意义？

6.简述生物流化床与其他生物膜法工艺的异同，说明其优越性。

第八章 污水厌氧生物处理

导读:

厌氧生物处理(Anaerobic Biological Treatment)是指在无分子氧的条件下,通过厌氧微生物或兼性微生物的作用,将污水中的有机物分解并产生甲烷和二氧化碳的过程,又被称为厌氧消化(Anaerobic Digestion),厌氧发酵(Anaerobic Fermentation)。

厌氧生物处理技术最早用于城市污水处理厂的污泥处理,作为一种高效低耗的生物处理工艺,现已广泛用于处理中、高浓度有机工业污水。厌氧生物处理通常与好氧生物处理技术相结合,作为好氧生物处理的前处理工艺,能有效提高污水的可生化性。

学习目标:

1.学习厌氧生物处理基本原理

2.掌握污水厌氧生物处理技术及设计

第一节 厌氧生物处理基本原理

一、厌氧生物处理的基本过程

厌氧生物处理过程是一个由多种微生物共同作用的复杂的生化过程,自 20 世纪 30 年代以来,随着对厌氧微生物学研究的不断深入,很多学者提出了不同的理论来反映厌氧降解的基本过程,比较有代表性的有两阶段理论、三阶段理论和四阶段理论。

(一) 两阶段理论

在 20 世纪 30—60 年代,人们普遍认为厌氧降解过程可以分为两个阶段:第一阶段为酸性发酵阶段,污水中的有机物在产酸菌的作用下,发生水解和酸化反应,而被降解为低分子的中间产物,如脂肪酸、醇类, CO_2 和 H_2 等。因为该阶段有大量的脂肪酸产生,使消化液的 pH 降低,所以此阶段称为酸性发酵阶段,或称为产酸阶段;第二阶段为碱性发酵阶段,产甲烷菌利用前一阶段的产物,并最终将其转化为 CH_4 和 CO_2。由于有机酸在该阶段不断地被转化 CH_4 和 CO_2,同时系统中有 NH_4^+ 的存在,使消化液的 pH 不断上升,所以此阶段称为碱性发酵阶段,或称为产甲烷阶段。

很多学者发现上述过程不能真实完整地反映厌氧降解过程的本质,因为厌氧微生物学的研究结果表明,产甲烷菌是一类非常特别的细菌,它们只是利用一些简单的有机物如甲酸、乙酸、甲醇、甲基胺类以及 H_2、CO_2,等,而不能利用除乙酸以外的含两个碳以上的脂肪酸和甲醇以外的醇类。

(二)三阶段理论

20世纪70年代,Bryant 根据微生物的生理种群,提出了厌氧生物降解过程的三阶段理论。该理论认为,整个厌氧消化过程可以分为三个阶段,突出了产氢产乙酸菌的作用,并把其独立划分为一个阶段,有机物厌氧分解过程见图8-1。

第一阶段为水解发酵阶段:复杂的大分子、不溶性有机物在胞外酶的作用下水解为小分子、溶解性有机物,渗入到细胞体内后,在发酵细菌(Fermentative Bacteria)的作用下,分解产生高级脂肪酸、醇、醛类等。

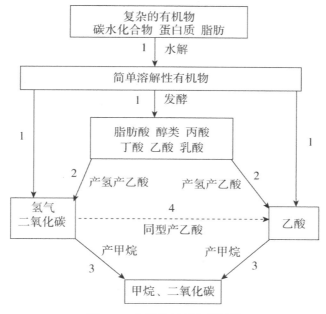

图8-1　有机物厌氧分解过程

1——发酵细菌;2——产氢产乙酸菌;3——产甲烷菌;4——同型产乙酸菌

参与这个阶段的发酵细菌主要为厌氧菌和兼性厌氧菌,如梭菌属、拟杆菌属、丁酸弧菌属、乳杆菌属、双歧杆菌属等;若按功能来分类,则可将发酵细菌分为纤维素分解菌、半纤维素分解菌、淀粉分解菌,蛋白质分解菌,脂肪分解菌等。一般来说,水解过程比较缓慢,会成为厌氧反应的限速步骤,但产酸反应的速率一般比较快。

第二阶段为产氢产乙酸阶段:产氢产乙酸菌(Hydrogen-producing Acetogenic Bacteri-a)将各种高级脂肪酸和醇类等氧化分解为乙酸和 H,在降解奇数碳素有机酸时还形成 CO_2。主要反应有:

$$CH_3 CH_2OH + H_2O \rightarrow CH_3COOH + 2H_2 \tag{8-1}$$

$$CH_3 CH_2COOH + 2H_2O \rightarrow CH_3COOH + 3H_2 + CO_2 \qquad (8-2)$$

$$CH_3 CH_2COOH + 2H_2O \rightarrow 2 CH_3COOH + 2H_2 \qquad (8-3)$$

上述各反应只有在系统的乙酸浓度和氢的分压均很低时才能顺利进行,参与这个阶段的产氢产乙酸菌多属互营单胞菌属、互营杆菌属、梭菌属、暗杆菌属等,多数是严格厌氧菌或兼性厌氧菌。

第三个阶段为产甲烷阶段:产甲烷菌(Mathanogenic Bacteria)将第一和第二阶段产生的乙酸、H_2 和 CO_2 转化为 CH_4 和 CO_2。主要反应为:

$$CH_3COOH \rightarrow CH_4 + CO_2 \qquad (8-4)$$

$$4H_2 + CO_2 \rightarrow CH_d + 2H_2O \qquad (8-5)$$

通常可将参与该阶段反应的产甲烷菌分为两大类,即乙酸营养型产甲烷菌和 H 营养型产甲烷菌。一般来说,自然界中乙酸营养型产甲烷菌的种类较少,只有产甲烷八叠球菌(Methanosarcina)和产甲烷丝状菌(Methanothrix)两大类,但在厌氧反应器中,这两种细菌的数量一般较多,且有 70% 左右的甲烷是来自乙酸的氧化分解。

产甲烷菌具有各种不同的形态,常见的有产甲烷杆菌、产甲烷球菌、产甲烷八叠球菌和产甲烷丝菌,都是极严格的厌氧细菌,专一性很强,每种甲烷细菌只能代谢一定的底物。一般要求其生存环境中的氧化还原电位为 $-150 \sim -400$ mV,氧和其他任何氧化剂都对其具有极强的毒害作用;产甲烷菌对于 pH 的适应性较弱,适宜范围是 $6.5 \sim 7.5$,最佳 pH 为 $6.8 \sim 7.2$,对于温度的适应性较弱;产甲烷菌繁殖的世代时间较长,一般为 $4 \sim 6$ d 甚至更长,因此,一般情况下产甲烷反应是厌氧反应的限速步骤。

(三) 四阶段理论

几乎与三阶段理论提出的同时,Zeikus 提出了四菌群学说即四阶段理论。与三阶段理论相比,该理论增加了同型产乙酸菌群(Homoacetogenic Bacteria),如图 7-1 中虚线部分所示,该菌群的代谢特点是能将 H_2,CO_2 合成为乙酸。但是研究结果表明,这一部分乙酸的量较少,一般可忽略不计。

目前为止,三阶段理论和四阶段理论是对厌氧生物处理过程较全面和准确的描述。

二、厌氧消化的影响因素

一般来说,产甲烷反应是厌氧反应过程的控制阶段,因此在讨论厌氧反应的影响因素时,主要也以对产甲烷菌的各项影响因素为准。影响厌氧处理效率的因素可分为两大类:一类是环境因素,包括温度、pH、氧化还原电位、营养比、有毒物质等;第二类是工艺因素,包括水力停留时间、有机负荷、搅拌和混合等。

(一) 温度

温度对厌氧细菌的影响尤为显著,主要是通过对厌氧微生物细胞内酶的活性的影响而影响微生物的生长速率和对基质的代谢速率,进而影响到污水厌氧处理工艺中的污泥产量、有机物的去除率、反应器的处理负荷等;另外温度还会影响生化反应过程中中间产物的形成及各种物质在水中的溶解度,进而影响到沼气的产量和成分。

　　根据产甲烷菌对温度的适应性,可将其分为两类,即中温甲烷菌(30~36 ℃);高温甲烷菌(50~53 ℃)。利用中温甲烷菌进行厌氧消化处理的系统叫中温消化,利用高温甲烷菌进行厌氧消化处理的系统叫高温消化。

　　中温或高温厌氧消化允许的温度变动范围为±(1.5~2.0) ℃,当有±3 ℃变化时,就会抑制消化速率,有±5 ℃急剧变化时,就会突然停止产气,使有机酸大量积累而破坏厌氧消化。

　　消化时间是指产气量达到总量90%所需的时间。中温消化的消化时间长,产气率低,对寄生虫卵及大肠菌的杀灭率较低;高温消化的消化时间短,产气率高,对寄生虫卵杀灭率可达99%,大肠菌指数可达10~100,可满足卫生要求。

(二) pH 和酸碱度

　　pH 和酸碱度是厌氧消化中的重要控制因素。厌氧消化三阶段是在一个构筑物中进行,水解与发酵细菌与产氢产乙酸细菌对 pH 变化适应性较强,其最适 pH 范围 5.5~6.5;而产甲烷菌能适应的 pH 范围较窄,一般为 6.5~7.5,pH 变化会影响到产甲烷细菌生存。在消化过程中,有挥发酸的形成会引起 pH 下降,影响到产甲烷菌的生存,但由于消化池中存在着消化液,具有缓冲作用,可以维持消化正常进行。

　　消化液缓冲作用是由于有机物消化降解产生的 HCO_3^- 和 H_2CO_3 形成的,反应如下:

$$CO_2 + H_2O \rightleftharpoons H_2CO_3 \rightleftharpoons H^+ + HCO_3^- \tag{8-6}$$

其电离常数 $K' = \dfrac{[H^+][HCO_3^-]}{[H_2CO_3]}$,当有机酸浓度增加时,反应向左进行,若增加的有机酸较 HCO_3^- 和 H_2CO_3。数量少,$[HCO_3^-]/[H_2CO_3]$ 值变化不大,则 pH 变化不大。

　　HCO_3^- 碱度可表示消化液缓冲能力大小,当 HCO_3^- 碱度低时,挥发酸浓度略有增加,即可对 pH 造成严重影响,对甲烷细菌产生环境影响,相反,有足够碱度,则该系统能承受挥发酸浓度的显著波动,而 pH 不会有大的变化。

　　为了维护消化的正常运行,我们需要定期测定消化液的碱度,挥发酸浓度,pH,这三者中挥发酸的测定更重要。挥发酸浓度突然增加,表明产甲烷细菌受到抑制,消化池不正常;相反,挥发酸浓度突然降低,表明促进了产甲烷细菌的代谢活动,也就是说,挥发酸浓度增大是导致厌氧效果下降的直接原因,挥发酸浓度增大到足以降低 pH 时,厌氧消化效果已显著下降。

　　实际上,厌氧体系是一个 pH 的缓冲体系,碱度的作用主要是保证厌氧体系具有一定的缓冲能力,以维持合适的 pH,厌氧体系一旦发生酸化即脂肪酸严重积累,pH 下降到低于5.5,则需要很长时间才能恢复。故在消化系统管理时,pH 一般为 6.5~7.5,HCO_3^- 碱度保持在 2 000~5 000 mg/L(以 $CaCO_3$ 计),挥发酸为 200~400 mg/L(以 HAc 计)。

(三) 氧化还原电位

　　厌氧环境是严格厌氧的产甲烷菌进行正常生理活动的基本条件,厌氧反应器中的氧浓度可通过氧化还原电位(Oxidation Reduction Potential,ORP)来反映。不同的厌氧消化系统要求的氧化还原电位也不相同,在厌氧发酵过程中,不产甲烷菌对氧化还原电位的要求不甚严格,可在+100~-100 mV 的环境中正常生长和活动;而产甲烷菌的最适氧化还原电位为-

$350 \sim -400$ mV。

(四)营养比

为满足厌氧微生物的营养要求,在工程中需要控制进入厌氧反应器的 C、N、P 的比例,厌氧细菌对 N、P 等营养的要求略低于好氧微生物,其 C:N:P =(200~300):5:1。厌氧反应所需的碳相对高些,污水的性质不同其比例有所不同,这是因为厌氧反应的细胞合成率低,且不同性质的污水所含的碳的可生物利用性不同。

产甲烷菌生长所需的碳源和能源物质是非常有限的,常见的基质包括 H_2,CO,乙酸、甲醇、甲胺类物质等,还有一些能利用 CO 作为基质,但此时产甲烷菌生长能力较差。除嗜乙酸型产甲烷菌和专性甲基营养型产甲烷菌外,大多数产甲烷菌能利用 H_2 作为能源,尽管少数菌种不需要碳源,但乙酸,氨基酸和维生素都能刺激大部分产甲烷菌的生长。

尽管产甲烷菌的碳源和能源有限,但作为厌氧生物处理过程而言,它能降解转化的有机物几乎包含自然界中的所有物质,甚至许多在好氧条件下不能和不易降解的复杂有机物。

(五)有毒物质

所谓"有毒"是相对的,事实上任何一种物质对甲烷消化都有两方面的作用,即有促进甲烷细菌生长的作用与抑制甲烷细菌生长的作用。关键在于它们的浓度界限,即毒阈浓度。低于毒阈浓度下限,对甲烷细菌生长有促进作用;在毒阈浓度范围内,有中等抑制作用,如果浓度是逐渐增加的,则甲烷细菌可被驯化;超过毒阈浓度上限,对甲烷细菌有强烈的抑制作用。

(六)水力停留时间

水力停留时间是厌氧工艺一个重要的控制参数,它直接影响着反应器的运行稳定性和高效性。它对厌氧工艺的影响是通过上升流速来体现的,一般高的上升流速可增加污泥与进水有机物之间的接触,有利于提高去除率;但是流速过高,反应器内的污泥可能会被冲刷出反应器。在 UASB 反应器中,一般控制反应区内的平均上升流速不低于 0.5 m/h,设计推荐值为 1.25~3 m/h。

(七)有机负荷

在厌氧法中,进水有机负荷通常指有机容积负荷,即消化池单位有效容积单位时间内接受的有机物的量。有机负荷反映了基质与微生物之间的供需关系。它是影响污泥增长,污泥活性和有机物降解的主要因素。

提高有机负荷,可加快污泥增长和有机物的降解,缩小反应器所需的容积;但对于厌氧生物处理过程而言,有机负荷过高,会出现产酸反应与产甲烷反应的失衡现象,产酸率将大于产甲烷率,导致挥发酸积累而使 pH 下降,破坏产甲烷阶段的正常运行,严重时产甲烷作用停止,系统运行失败,并很难恢复。

有机负荷是影响厌氧消化效率的重要因素之一,直接影响产气量和处理效率。在一定范围内,随着有机负荷的提高,单位重量物料的产气量趋于下降,而反应器的容积产气量则增多,反之亦然。

在处理常规的有机工业污水时,一般厌氧工艺的进水有机负荷为 5~10 kg BOD_5/(m³ ·

d),有的高达 50 kg $BOD_5/(m^3 \cdot d)$,比好氧工艺要高 10 倍以上。

（八）搅拌和混合

搅拌混合是提高消化效率的工艺条件之一,新鲜污水投入消化池后,应该及时加以搅拌,使新鲜污水与池内微生物充分接触,消除池内梯度,增加消化池内底物和微生物的接触机会,避免料液的分层现象;搅拌还可以缩短消化时间,提高产气量。

搅拌的方法一般有:机械搅拌、消化液循环搅拌、沼气循环搅拌等方式。

第二节　污水厌氧生物处理技术及设计

一、污水厌氧生物处理技术

（一）概述

1.厌氧生物处理技术的特点

与好氧生物处理技术相比较,厌氧生物处理技术有一系列明显的优点。

（1）应用范围广

厌氧法既可用于处理有机污泥,也适用于处理有机污水,尤其是中、高浓度有机污水的处理,厌氧微生物可处理好氧微生物难以降解的有机物,如固体有机物和某些偶氮染料等。

（2）有机负荷率高

好氧法有机容积负荷率一般为 0.7~1.2 kg $COD/(m^3 \cdot d)$,而厌氧法有机容积负荷率一般为 10~60 kg $COD/(m^3 \cdot d)$。

（3）污泥产量低

厌氧菌世代时间长,其产率系数 Y 值较小,故厌氧法生成的剩余污泥量少,仅为好氧法的 1/10~1/6,而且污泥已稳定,可降低污泥的处理费用。

（4）能耗低

厌氧生物处理过程中,细菌分解有机物是在无氧条件下,故不必给系统提供氧气,厌氧法动力消耗一般为活性污泥法的 1/10 左右,而且所产生的沼气可作为能源,去除每千克 COD 产生的沼气量一般为 0.35~0.45 m^3,沼气发热量 21~23 MJ/m^3。

（5）对营养需要量低

厌氧法去除 1 kg BOD_5,所合成细胞量远低于好氧法,故可减少对 N、P 的需要量,一般厌氧法营养需要量为 BOD_5:N:P=(200~300):5:1。

（6）对某些难降解有机物有较好的降解能力

研究发现厌氧微生物具有某些脱毒和降解有害物质的功效,还具有某些好氧微生物不具备的功能。所以,采用厌氧法处理合成的、有毒的、有害的有机物可取得较好的效果。

但厌氧生物处理法也存在一些缺点,如:①设备启动时间长。因为厌氧微生物增殖缓慢,启动时经接种、培养、驯化,达到设计污泥浓度时间比好氧生物处理长,一般为8~12周,甚至更长。②处理出水水质差。厌氧处理去除有机物不彻底,出水水质一般不能达到排放标准的要求,通常要在厌氧处理后串联好氧生物处理。③不能脱氮和除磷。含氮和磷的有机物经过厌氧消化处理后,其所含的氮磷被转化为氨氮和磷酸盐,由于只有很少的氮和磷被细胞合成所利用,故绝大部分的氮磷以氨氮和磷酸盐的形式被排放,故采用厌氧法处理污水,一般不能去除污水中的氮和磷。④卫生条件差。厌氧反应会产生有毒和具有恶臭的气体,如硫化氢,若反应器不能做到完全密闭,就会散发出臭味,引起二次污染。⑤运行管理较为复杂。由于厌氧菌的种群较多,虽性质各不相同,但相互又密切关联,如运行中需保持产酸菌和产甲烷菌两大类种群的平衡,稍有不慎,可能使两菌群失衡,导致反应器不能正常工作,故对运行管理的要求较为严格。

2.厌氧生物处理工艺的分类

厌氧过程广泛存在于自然界中,早在1881年,法国的Louis Mouras发明了"自动净化器"来处理污水污泥,从而开始了人类利用厌氧生物过程处理污水废物的历程。

按照发展经历,厌氧生物处理工艺可分为三类:第一代厌氧反应器,以厌氧消化池为代表,属于低负荷系统,因无法实现对水力停留时间和污泥停留时间的分离,使处理污水的停留时间至少需要20~30 d,所以反应器容积大,处理效率极低; 20世纪50年代诞生了厌氧接触工艺,60年代出现了厌氧滤池,70年代Lettinga等人开发了UASB反应器,是第二代厌氧反应器,属于高负荷系统,其特点是实现了污泥停留时间与水力停留时间相分离,可以维持较长的污泥龄,但水力停留时间较短,从而提高了反应器内污泥的浓度,反应器有很高的处理效能;20世纪90年代初以内循环反应器(IC)、厌氧膨胀污泥床反应器(EGSB)、升流式流化床(UFB)为典型代表的第三代厌氧反应器相继出现,实现了在将固体停留时间和水力停留时间相分离的前提下,使固液两相充分接触,从而既能保持高的污泥浓度,又能使污水和活性污泥之间充分混合、接触,真正实现了高效。

按厌氧微生物的凝聚形态,厌氧生物处理工艺可分为悬浮生长厌氧反应器和附着生长厌氧反应器。悬浮生长厌氧反应器中活性污泥是以絮状或颗粒状悬浮于反应器液体中生长,如传统消化池、厌氧接触消化池、升流式厌氧污泥床(UASB),厌氧颗粒污泥膨胀床(EGSB)等;而附着生长厌氧反应器是微生物附着于固定载体或流动载体上生长,如厌氧生物滤池、厌氧流化床和厌氧生物转盘等。

按照厌氧消化的阶段,厌氧生物处理工艺可分为单相厌氧反应器和两相厌氧反应器。单相厌氧反应器是将产酸阶段与产甲烷阶段结合在一个反应器中,而两相厌氧反应器则是将产酸阶段和产甲烷阶段分开在两个互相串联的反应器中进行。由于厌氧反应过程中产酸速率较产甲烷速率快,所以两者分开,可充分发挥产酸菌的作用,进而能提高整个系统的反应速率。

(二)厌氧生物处理工艺

1.厌氧接触工艺

厌氧接触工艺(Anaerobic Contact Process)是在传统的完全混合反应器的基础上发展起

来的,其工艺流程如图 17-2 所示。污水先进入消化池与回流的厌氧污泥相混合,污水中的有机物被厌氧污泥所吸附、分解,厌氧反应所产生的沼气由顶部排出;处理后的水与厌氧污泥的混合液从消化池上部排出,在沉淀池中完成固液分离,上清液由沉淀池排出,部分污泥回流至消化池,另一部分作为剩余污泥处理。在消化池中,搅拌可以用机械方法,也可以用泵循环等方式。

厌氧接触法的主要特征在厌氧消化池后设沉淀池,污泥进行回流,使厌氧消化池内维持较高的污泥浓度,缩短了水力停留时间。其对于悬浮物含量较高的有机污水处理效果较好,微生物可大量附着生长在悬浮污泥上,使微生物与污水的接触表面积增大,悬浮污泥的沉降性能也较好。

厌氧接触工艺具有以下特点:①消化池污泥浓度达到 5~10 gVSS/L,耐冲击负荷能力强。②与普通厌氧法相比较,该工艺减少出水微生物浓度。③适合处理悬浮物浓度、有机物浓度高的污水。

厌氧接触工艺存在的问题是,从厌氧反应器排出的混合液中的污泥由于附着大量气泡,在沉淀池中易于上浮到水面而被出水带走,此外进入沉淀池的污泥仍有产甲烷菌的活动,并产生沼气,使已沉下的污泥上翻,引起固液分离不佳。

对这些问题可采取下列技术措施:①在消化池与沉淀池之间设真空脱气器,脱除混合液中的沼气,但不能抑制产甲烷菌在沉淀池内继续产气。②在消化池与沉淀池之间设冷却器,使温度从 35 ℃降温至 15 ℃,以抑制产甲烷菌在沉淀池内活动。③向混合液投加混凝剂,提高沉淀效果。如先投加氢氧化钠,再投三氯化铁。④用超滤器代替沉淀池,以提高固液分离效果。

厌氧接触工艺是现代高速厌氧反应器中应用较早的反应器,它在处理中等浓度的污水,如屠宰加工污水,啤酒污水、制糖污水等处理中取得了令人满意的效果。

厌氧接触工艺除在处理中、高浓度有机污水方面获得较为广泛的应用外,在污泥等固体废物处理方面也得到应用。

2.厌氧生物滤池

(1)构造

厌氧生物滤池(Anaerobic Biological Filter,ABF)是采用填料作为微生物载体的一种高速厌氧反应器。厌氧菌在填料上附着生长,形成生物膜。污水淹没式地通过填料,在生物膜的吸附作用和微生物的代谢作用以及滤料的截流作用下,污水中有机物被去除。产生的沼气聚集于池顶部罩内,并从顶部引出,出水由反应器旁侧排出。因此其构造与原理类似于好氧生物滤池。

填料是厌氧生物滤池的主要部分。填料的选择对厌氧生物滤池的运行有重要影响。这些影响因素包括填料的材质、粒度、比表面积和孔隙率等。表面粗糙、孔隙率高、比表面积大、易于生物膜附着是对填料的基本要求;同时还要求填料的化学及生物学稳定性强、机械强度高;此外对微生物无抑制作用、质轻、价格低廉也是选择填料时需要考虑的重要因素。

填料的种类很多,例如碎石、陶瓷、塑料、炉渣、玻璃、珊瑚、贝壳、海绵、网状泡沫塑料等。厌氧生物滤池生产常用的填料有以下几类：

①实心块状填料

如碎石、卵石等，其比表面积较小，孔隙率低。采用这类填料的厌氧生物滤池生物固体浓度低，使其有机负荷受限制，仅为 $3\sim6$ kg COD/（$m^3\cdot d$），这类滤池在运行中易发生堵塞和短流现象。

②空心填料

多用塑料制成，呈圆柱形或球形，内部则有不同形状不同大小的空隙，可减少填料层的堵塞现象。

③蜂窝或波纹板填料

包括塑料波纹板和蜂窝填料，其比表面积可达 $100\sim200$ m^2/m^3，厌氧生物滤池的有机负荷达 $5\sim15$ kg COD/（$m^3\cdot d$）。此类填料质轻、稳定，滤池运行时不宜被堵塞。

④软性或半软性填料

包括软性尼龙纤维填料，半软性聚乙烯、弹性聚苯乙烯填料等。此类滤料的主要特性是纤维细而长，因此，比表面积和孔隙率均大。

厌氧生物滤池除填料外，还有布水系统和沼气收集系统。布水系统的作用是将进水均匀地分布于全池，同时应克服布水系统的堵塞问题。厌氧滤池多为封闭形，其中污水水位高于填料层，使填料处于淹没状态，上部封闭体积用于收集沼气，沼气收集系统包括水封，气体流量计等。

（2）形式

根据水流方向，厌氧滤池可分为升流式和降流式两种形式。

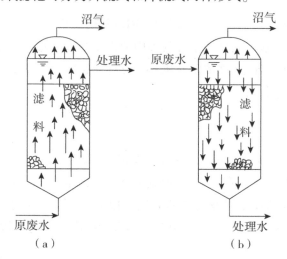

图 8-2　厌氧滤池构造图

（a）升流式厌氧生物滤池；（b）降流式厌氧生物滤池

图 8-2（a）为升流式厌氧生物滤池示意图，污水进入反应器底部并均匀布水，向上流动通过填料，处理水从滤池顶部旁侧流出，沼气通过设于滤池顶部最上端的收集管排出滤池。部分老化的生物膜剥落随出水排出，在反应器后设置的沉淀池中分离成为剩余污泥。

升流式厌氧生物滤池有机容积负荷率高,适合处理含悬浮物浓度较高的有机污水。普通升流式厌氧生物滤池的缺点有:①底部易于堵塞;②污泥浓度沿深度分布不均匀,上部滤料不能充分利用。为避免这些不足可采取处理出水回流的措施。

图8-2(b)为降流式厌氧生物滤池示意图,污水从反应器顶部旁侧进入,处理后水由池底排出,沼气收集管仍设于池顶部上端。其堵塞问题不如降流式厌氧生物滤池严重,但是其膜的形成较慢,反应器的容积负荷也较低。

厌氧生物滤池的优点:①滤池内可以保持很高的微生物浓度,因此,有机负荷率较高;②微生物固体停留时间长,因此耐冲击负荷能力较强;③不需污泥回流,能耗低;④设备简单,操作管理方便;⑤出水悬浮物浓度较低。

其主要缺点是:滤池易堵塞,特别是滤池下部的生物膜较厚,更易发生堵塞的现象,而对滤池的清洗还没有简单有效的方法。因而它适于处理含悬浮物很低的溶解性有机污水,进水悬浮物浓度不应超过 200 mg/L。

（3）厌氧生物滤池在污水处理中的应用

目前,厌氧生物滤池已用于小麦淀粉污水、制药污水、酿酒污水、蔬菜加工污水及溶剂生产等污水的处理,其 COD 负荷通常在 $4\sim20$ kg/$(m^3\cdot d)$,特别适用于处理溶解性污水。

美国 Celanese 化学公司采用有回流的升流式厌氧生物滤池处理 COD 为 16 g/L 的高浓度化工污水,其反应器容积 1300 m^3,含甲醛的化工污水流量为 543 m^2/h,水力停留时间 1 h,COD 去除率为 65%。该系统占地面积少,对毒物有很好的适应性,例如对重金属不敏感,对毒性的甲醛和酚的进液浓度可分别达到 5 g/L 和 2 g/L,并能将其降解至 10 mg/L 以下。

在美国华盛顿建造的厌氧生物滤池处理小麦淀粉污水,进水 COD 浓度为 $5.9\sim13.1$ g/L。该系统采用了完全混合的工艺,其滤池填料部分高 6 m,直径 9 m,填料用石块,上部粒径 $25\sim50$ mm,下部粒径 $50\sim75$ mm,空隙率 40%。淀粉中悬浮物高达 $1.37\sim83.6$ g/L,但由于是易生物降解的淀粉,它的高浓度并未引起运行上的问题。在容积负荷为 3.8 kg COD/$(m^3\cdot d)$,水力停留时间为 22 h 时,COD 去除率为 65%。

3.厌氧膨胀床和厌氧流化床

（1）工艺流程

工艺流程如图8-3所示,床内充填细小的固体颗粒填料,如石英砂、无烟煤、活性炭、陶粒、沸石等,填料粒径一般为 $0.2\sim3$ mm。污水从床底流入,水流沿反应器横断面均匀分布,为使床层膨胀,要采用出水回流,在较大上升流速下,颗粒被水流提升,产生膨胀现象。一般认为膨胀率为 10%~20% 称为厌氧膨胀床（Anaerobic Attacked Film Expanded Bed, AAFEB）;膨胀率为 20%~70% 时称为厌氧流化床（AnaerobicFluidized Bed, AFB）。厌氧流化床载体粒径比厌氧膨胀床的小。

（2）厌氧膨胀床和厌氧流化床的特点

第一,耐冲击负荷能力强,运行稳定。细颗粒的填料为微生物附着生长提供较大的比表面积,使床内具有很高的微生物浓度,一般为 30 g VSS/L 左右,因此,有机物容积负荷高,为 $10\sim40$ kg COD/$(m^3\cdot d)$,水力停留时间短,运行稳定,且占地小。

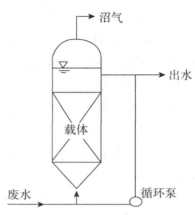

图 8-3　厌氧膨胀床和流化床示意图

第二,载体处于膨胀状态,能保证厌氧微生物和被处理介质充分接触及防止载体堵塞。

第三,床内生物固体停留时间长,剩余污泥量少。

第四,可应用于各种污水处理。

厌氧流化床的主要缺点:①载体流化耗能大;②系统设计要求高。

（3）应用

Jewell 以厌氧膨胀床作为 Ithaca 污水处理厂的二级处理,实践结果证明:采用厌氧膨胀床处理城市污水,出水可以达到二级排放标准,产生的剩余污泥量少,并且运行、管理、维护费用低。

厌氧生物流化床处理高浓度有机污水的研究与应用实例已比较广泛,处理的工业污水包括含酚污水,a-萘磺酸污水、鱼类加工污水、炼油污水、乳糖污水,屠宰场污水、煤气化污水等,处理的城市污水包括家庭污水、粪便污水,市政污水、厨房污水等,而且已发挥了显著优势。厌氧生物流化床有机质去除率高,出水水质好。

4.升流式厌氧污泥床

（1）构造

升流式厌氧污泥床（Upflow Anaerobic Sludge Blanket,UASB）是荷兰 Wageningen 农业大学的 Lettinga 等人于 20 世纪 70 年代研制成功的,是一种集反应与沉淀于一体、结构紧凑的厌氧反应器,其结构如图 8-4 所示。

反应器断面形状一般为圆形或矩形,常为钢结构或钢筋混凝土结构。由于三相分离器的结构要求,常采用矩形断面以便于设计和施工。反应器主要由下列几部分组成:

①进水配水系统

设于 UASB 的底部,其主要功能是把污水均匀分配到反应区的横断面上,使有机物能在反应区内均匀分布,有利于污水与微生物充分接触。同时,配水系统还起到水力搅拌的作用,这是反应器高效运行的关键之一。

②反应区

是 UASB 的主要部位,在反应区内存留大量厌氧污泥,具有良好凝聚和沉淀性能的污泥在池底形成污泥床,包括颗粒污泥区和悬浮污泥区。底部的颗粒污泥区中污泥呈颗粒状,污

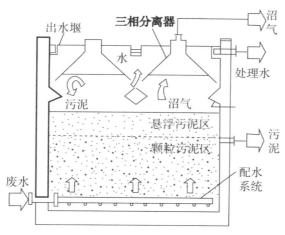

图 8-4 UASB 反应器构造原理

泥浓度为 40 000~80 000 mg/L,容积占整个反应器容积的 30%,但其降解有机物的量占全部降解量的 70%~90%;上部的悬浮污泥区中污泥呈絮状,污泥浓度 15 000~30 000 mg/L,且浓度自下而上逐渐减少,容积占整个容积的 70%,承担着有机物降解量的 10%~30%。

③三相分离器

由沉淀区/回流缝和气封组成,其主要功能是气液分离、固液分离和污泥回流。污泥经沉淀区沉淀后经回流缝回流到反应区,沼气分离后进入气室。三相分离器的分离效果好坏将直接影响反应器的处理效果。

④气室

也称集气罩,其作用是收集产生的沼气。

⑤处理水排出系统

其功能是将沉淀区水面上的处理水,均匀地加以收集,排出反应器。

⑥浮渣清除系统

其功能是清除沉淀区液面和气室表面的浮渣。

⑦排泥系统

其作用是均匀排除反应区的剩余污泥。

(2)工作原理与特点

UASB 的工作原理如图 7-4 所示,污水从反应器底部经配水系统均匀分布于反应器的横断面上,向上依次流经含有颗粒污泥和絮状污泥的污泥床,在厌氧条件下,污水中的有机物被颗粒污泥和絮状污泥降解,产生的沼气(甲烷和二氧化碳)引起内部的循环,有利于颗粒污泥的形成。形成的气体和附着气体的污泥颗粒向反应器顶部上升,到三相分离器实现气、液、固三相的分离,其中附着气体的污泥撞击到三相分离器后脱气后,沉淀到污泥床表面,气体遇到反射板或挡板后折向三相分离器的集气室被分离排出,而包含一些剩余固体和污泥颗粒的液体经过三相分离器的缝隙进入沉淀区,进一步进行固液分离,沉降下来的污泥滑回反应区,澄清后的处理水经出水堰收集后排出。

与其他厌氧污泥生物反应器相比,UASB 的特点如下:

①实现了污泥的颗粒化

反应器内一般可形成厌氧颗粒污泥(Anaerobic GranularSludge),厌氧颗粒污泥不仅有较高的去除有机物的特性,而且具有良好的沉降特性,使反应器内保持很高的生物量。浓度可达 20~40 g VSS/L。

②容积负荷率和处理效率高

反应器内生物量很高,生物固体停留时间很大,水力停留时间小,这使反应器的容积大大缩小,且有很高的容积负荷率和 COD 去除率,容积负荷率可高达 30~50 kg COD/(m³/d)以上,COD 去除率达90%以上。

③实现 SRT 与 HRT 的分离

反应器 SRT>HRT,因此,反应器具有很好的运行稳定性。

④实现了固、液、气分离的一体化

由于反应器上部设置了三相分离器,能实现固液气三相分离,简化了工艺,节约了投资和运行费用。

⑤设备简单,运行管理方便,无须设沉淀池和污泥回流装置

反应器内不设搅拌装置,不加填料,造价相对较低,便于管理,也不存在堵塞问题。

(3)厌氧颗粒污泥的形成机理

在 UASB 反应器中能培养得到具有良好沉降性能和高比产甲烷活性的颗粒污泥,实现了污泥的颗粒化。污泥颗粒化是指床中的污泥形态发生了变化,由絮状污泥变为密实,边缘圆滑的颗粒。颗粒污泥呈球形或椭球形,颜色为灰黑色或褐黑色,表面包裹着白色的生物膜,密度 1.03~1.08 g/cm³,粒径一般为 0.5~3 mm。

(4) UASB 在污水处理中的应用

目前,UASB 反应器已经广泛地应用于处理各种有机污水。如食品加工污水、造纸污水、制糖污水、制酒污水、屠宰污水,造纸污水、生活污水等。国外已有近千座生产性规模的 UASB 反应器应用于不同污水的处理,国内也已有数百座投入生产性运行。如北京啤酒厂采用 UASB 在常温下处理啤酒工业污水,当进水 COD 平均为 2 300 mg/L,容积负荷为 7.0~12.0 kg COD/(m³·d),水力停留时间 5~6 h,COD 去除率高于 75%。Lettinga 等采用 UASB 常温下处理生活污水,水力停留时间 12 h,COD 去除率为 60%~80%,其试验结果表明,UASB 反应器亦可用于对低浓度污水处理。

5.厌氧折流板反应器

(1)工作原理

厌氧折流板反应器(Anaerobic Baffled Reac-tor ,ABR)是 McCarty 于 1982 年提出的一种新型高效厌氧反应器,结构见图 8-5。

从构造上看,ABR 是通过内置的竖向导流板,将反应器分割成串联的几个反应室,每个反应室都是一个相对独立的 UASB 系统。运行时,污水进入反应器后沿折流板上下折流前进,依次通过每个反应室内的污泥床,并通过水流和产气的搅拌作用,使进水中的底物与微生物充分接触而得以降解去除。

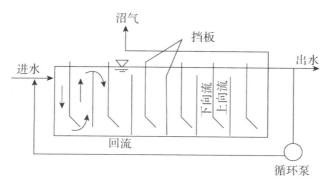

图 8-5　厌氧折流板反应器示意图

从构造上看,ABR 可以看作多个 UASB 的简单串联,但在工艺上与单个 UASB 有显著不同。首先,UASB 可近似看作是一种完全混合式反应器,而 ABR 更接近于推流式反应器;其次,UASB 中酸化和产甲烷两类不同的微生物相交织在一起,不能很好适应相应的底物组分及环境因子(pH,H 分压值等),而 ABR 独特的分格式结构及推流式流态使得每个反应室中可以驯化培养出与流至该反应室中的污水水质、环境条件相适应的微生物群落,即各个反应室中的微生物相是随流程逐级递变的,递变的规律与底物降解过程协调一致,从而确保相应的微生物相拥有最佳的工作活性。

(2)特点

ABR 具有以下特点:

①运行稳定

由于 ABR 独特的挡板构造,减少了堵塞和污泥膨胀问题,可长时间稳定运行。

②工艺简单,投资少,运行费用较低

ABR 不需设搅拌装置,没有填料,不需要设三相分离器,不需沉淀池,进水系统简单,因此,ABR 的投资少,运行费用低。

③固液分离效果好,出水水质好

ABR 的分格结构和水流的推流状态,使 F/M 随水流逐渐降低,最后一格室内 F/M 最低,且产气量最低,有利于固液分离,所以能够保证良好的出水水质。

④耐冲击负荷能力强

ABR 内微生物浓度高,可适应污水水质,水量的变化。

⑤反应器启动时间短

试验表明,接种一个月就有颗粒污泥的形成,两个月可投入稳定运行。

(3)应用

ABR 在我国高浓度工业有机污水(如酿造、造纸、制革污水等)的污染控制中有很好的研究开发价值和推广应用前景。

二、厌氧生物处理工艺设计

厌氧生物处理工艺已经成功运用到中、高浓度有机污水的处理中,其中以 UASB 反应器的应用最为广泛,下面就以 UASB 为例,介绍厌氧工艺的设计方法。

在实际工程中应用的 UASB 多是根据经验或半经验的方法设计,UASB 工艺设计包括反应区容积的设计、三相分离器的设计,进水区设计、沉淀区的设计及集气系统设计。

(一)反应区容积的设计

UASB 反应器反应区(即 UASB 的有效容积部分,包括污泥床、污泥悬浮层和三相分离区)的容积不仅与所处理污水的特征(污染物浓度、污染物性质)有关,还与温度及所需达到的处理效率有关。

当处理高浓度的有机工业污水时,UASB 反应器反应区容积的设计通常以其允许容积负荷(Nv)作为其主要的控制设计参数,同时需合理确定反应器中的污泥浓度。反应区容积可以根据下式计算:

$$V = \frac{QS_0}{N_V} \tag{8-7}$$

式中,Q——UASB 反应器的进水流量,m^3/d;

S_0——进水有机物质量浓度,mg/L;

N_V——进水 COD_{Cr} 或 BOD_5 容积负荷,$kg/(m^3/d)$。

当应用于处理较低浓度(COD<1 000 mg/L)污水时,UASB 反应区容积根据水力停留时间(HRT)确定,计算公式如下:

$$V = Q \cdot HRT \tag{8-8}$$

(二)反应器池体

UASB 一般可采用矩形、方形和圆柱形布置。当处理规模小时,多采用径深比较小的圆柱形钢结构,而处理规模大时,多采用矩形、方形钢结构或钢筋混凝土结构。

(三)反应器的几何尺寸

1.反应器的高度

根据目前已有的生产性装置,最经济的反应器高度一般在 4~6 m 之间,并且在大多数情况下这也是系统最优的运行范围;水力负荷越高,反应器的高度就相应的越大。

2.反应器的面积和反应器的长、宽

在已知反应器的高度时,反应器的截面积计算式如下:

$$A = \frac{V}{H} \tag{8-9}$$

式中,A——厌氧反应器表面积,m^2;

H——厌氧反应器的高度,m。

在确定反应器容积和高度后,对矩形池必须确定反应器的长和宽。正方形池周长比矩形池小,从而矩形反应器需更多的建筑材料;单池从布水均匀性和经济性考虑,矩形池的长宽比在 2∶1 以下较为合适,单池的宽度易小于 20 m。

3.反应器的升流速度

高度确定后,UASB 反应器的高度与上升流速之间的关系表达式如下:

$$v = \frac{Q}{A} = \frac{V}{HRT \cdot A} = \frac{H}{HRT} \qquad (8-10)$$

式中,v——反应器的上升流速,m/h。

一般厌氧反应器的上升流速 $v = 0.1 \sim 0.9$ m/h。

(四)反应器的进水系统

UASB 反应器进水系统的合理设计是非常重要的,一般来说,UASB 的进水系统可以参照滤池的大阻力布水系统的形式设计,在反应器底部设置布水点均匀布水,主要包括布水点的设置、进水方式的选择。

布水点的服务面积是保证布水均匀的关键,每个布水点服务面积的大小与反应器的容积负荷和污泥形态有关,进水配水系统的布置形式有多种,如树枝管式、穿孔管式,多点多管式配水等。Lettinga 根据 UASB 反应器的大量实践总结的 UASB 处理城市污水时不同污泥形态下每个布水点的服务面积。

UASB 所采用的进水方式主要有间歇式进水、脉冲式进水、连续均匀进水、连续进水和间歇回流相结合的进水方式等,一般情况多采用连续进水的运行方式。脉冲进水、连续进水与间歇回流相结合的方式多在反应器启动初期或反应器中出现沟流时使用。

(五)三相分离器的设计

三相分离器的设计是 UASB 工艺设计的关键部分,其设计内容可分为沉淀区设计、回流缝设计和气液分离设计三个方面。目前,三相分离器的构造有多种,但其设计思路基本是一致的,高效的三相分离器需具备以下功能:①在固液气混合液进入沉淀区之前,必须将气泡有效地分离去除;②为避免在沉淀区中产气,污泥在沉淀区的停留时间必须较短,保持沉淀区液流稳定;③沉淀后的污泥需能迅速返回反应器中,以保持较高的污泥浓度和较长的污泥龄。图 8-6 为三相分离器的一种形式。

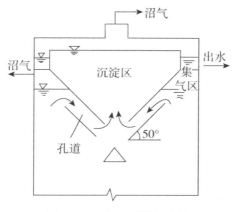

图 8-6　三相分离器示意图

1.沉淀区设计

UASB 沉淀区的设计与普通二沉池设计相似,主要考虑沉淀区面积和水深两个因素。沉淀区面积根据处理的污水流量和沉淀区的表面负荷确定。对于污泥颗粒化的反应器,沉淀区的表面负荷采用 $1 \sim 2$ m³/(m²·h),对于污泥为絮状的反应器,沉淀区的表面负荷采用 0.

4~0.8 m³/(m²·h)。因在沉淀区仍有少量的沼气产生,故建议表面水力负荷小于 1.0m³/(m²·h)。

为确保沉淀区获得良好的固液分离效果,三相分离器集气罩(气室)顶部以上覆盖的水深建议采用0.5~1.0m,沉淀区斜面的坡度为55°~60°,沉淀区斜面的高度0.5~1.0 m,沉淀区总水深≥1.5 m,保证水流在沉淀区的停留时间约1.5~2.0 h。

2.回流缝设计

三相分离器由上、下两组重叠的三角形集气罩组成,如图8-7所示,根据几何关系可得:

$$b_1 = \frac{h_3}{tg\theta} \tag{8-11}$$

式中,b_1——下三角集气罩的1/2宽度,m;

h_3——下三角形集气罩的垂直高度,m;

θ——下三角集气罩斜面的水平夹角,一般为55°~60°。

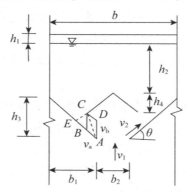

图8-7 三相分离器示意图

下三角集气罩污泥回流缝中混合液的上升流速:

$$v_1 = \frac{Q}{S_1} \tag{8-12}$$

$$S_1 = b_2 ln \tag{8-13}$$

式中,Q——反应器的设计污水量,m³/h;

S_1——下三角集气罩回流缝的总面积,m²;

b_2——下三角集气罩回流缝的宽度,m,$b_2 = b - 2b$;

l——反应器的宽度,即三相分离器的长度,m;

n——反应器三相分离器的单元数。

为使回流缝的水流稳定,建议 $v_1 < 2.0$ m/h。上三角集气罩与下三角集气罩之间回流缝的流速:

$$v_2 = \frac{Q}{S_2} \tag{8-14}$$

$$S_2 = 2ncl \tag{8-15}$$

式中,S_2——上三角集气罩回流缝的总面积,m²;

c——上三角集气罩回流缝的宽度,即图 8-7 中 C 点至 AB 斜面的垂直距离 CE,建议 $c >$ 0.2 m/h。

为确保良好的分离效果和污泥回流,使回流缝合沉淀区的水流平稳,设计要求 $v_2 < v_1 <$ 2.0 m/h。

3.气液分离设计

由图 8-7 的几何关系可知,欲达到气液分离的目的,上下两组三角形集气罩的斜边必须重叠,重叠的水平距离越大,去除气泡的直径越小,气体的分离效果越好。所以重叠量的大小是决定气液分离效果好坏的关键因素之一。

由反应区上升的水流从下三角集气罩回流缝过渡到上三角集气罩回流缝,再进入沉淀区,其水流状态比较复杂。为了简化计算,可假定当混合液上升至 A 点后将沿着 AB 斜面方向以速度 v 流动,同时假定 A 点的气泡以速度 v_b 垂直上升,故气泡将沿着 v_a 和 v_b 的合成速度方向运行,根据速度合成的平行四边形法则,则有:

$$\frac{v_b}{v_x} = \frac{AD}{AB} = \frac{BC}{AB}$$

欲使气泡分离后进入沉淀区的必要条件是:

$$\frac{v_b}{v_u} > \frac{AD}{AB}\left(= \frac{BC}{AB}\right) \tag{8-16}$$

具体设计中主要考虑导流板与集气罩斜面重叠部分宽度应在 10~20 cm。气泡的上升流速 v 的大小与其直径,水温,液体和气体的密度、污水的动力学黏度系数等因素有关,可以用斯托克斯公式计算。

$$v_b = \frac{\beta g}{18\mu}(\rho_1 - \rho) d^2 \tag{8-17}$$

式中,d——气泡直径, cm;

ρ_1, ρ——分别为污水、沼气密度,g/cm³;

β——碰撞系数,一般取 0.95;

μ——污水的动力黏滞系数,g/(cm · s)。

三、厌氧生物处理的其他改进工艺

(一)厌氧复合床工艺

1984 年,加拿大 Guiot 等人首次提出了 UBF 反应器的概念,又称厌氧复合床。UBF(Upflow Blanket Filter)反应器是由升流式污泥床(UASB)和厌氧滤池(AF)构成的复合式反应器,反应器的下面是高浓度颗粒污泥组成的污泥床,其混合液悬浮固体浓度(MLSS)可达每升数十克,上部是填料及其附着的生物膜组成的滤料层,其构造如图 8-8 所示。

一般的 UBF 反应器均为升流式混合型连续流反应器,即污水从反应器的底部进入,顺序经过污泥床,填料层进行生化反应后,从其顶部排出。同 AF 相比,该反应器的特征是大大减小了填料层高度,标准 UBF 反应器的高径(宽)比为 6,且填料填充在反应器上部的 1/3 体积处。

UBF 反应器所用的填料可根据污水生物反应特性及水力学特征进行选择,常用的有聚氨酯泡沫填料、YDT 弹性填料 BIO-ECO 聚丙烯填料、半软性纤维填料、陶瓷希腊环、聚乙烯拉西环、塑料环、活性炭、焦炭、浮石、砾石等,其中应用最多的是聚氨酯泡沫填料,这是因为聚氨酯泡沫的比表面积大(2400 m^2/m^3)、空隙度高(97%),具有网状结构,微生物能在其上密实而迅速地增殖,是厌氧优势菌落的良好基质。

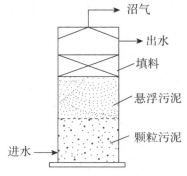

图 8-8　UBF 反应器构造图

UBF 系统的突出优点是反应器内水流方向与产气上升方向一致,一方面减少堵塞的机会,另一方面加强了对污泥床层的搅拌作用,有利于微生物同进水基质的充分接触,也有助于形成颗粒污泥。反应器上部空间所架设的填料,不但在其表面生长微生物膜,在其空隙截留悬浮微生物,既利用原有的无效容积增加了生物总量,又防止生物量被洗出,而且能去除 20% 左右的 COD。更重要的是由于填料的存在,夹带污泥的气泡在上升过程中与之发生碰撞,加速了污泥与气泡的分离,从而降低了污泥的流失。由于二者的联合作用,使得 UBF 反应器的体积可以最大限度地利用,反应器积累微生物的能力大为增强,反应器的有机负荷更高,因而 UBF 具有启动速度快,处理效率高,运行稳定等显著特点。

以微生物固定化和污泥颗粒化为基础所开发出的 UBF 反应器,是高效厌氧装置的后起之秀,该装置的突出特点是 SRT 极大地延长,其实质是维持了反应器内污泥的高浓度,增强了对不良因素(例如有毒物质)的适应性,使之能够高效、稳定地处理高浓度难降解有机污水,在有机污水的处理,尤其是在高浓度难降解有机污水的处理中显示出广阔的应用前景。

(二)两级厌氧工艺(HUSB+EGSB)

在以往的研究中发现采用水解反应器(HUSB)可以在短的停留时间(HRT = 2.5 h)和相对高的水力负荷(>1.0 $m^3/(m^2 \cdot h)$)下获得高的悬浮物去除率(SS 去除率平均为 85%)。这一工艺可以改善和提高原污水的可生化性和溶解性,以利于好氧后处理工艺。但是,工艺的 COD 去除率相对较低,仅有 40%~50%,并且溶解性 COD 的去除率很低。事实上 HUSB 工艺仅仅能够起到预水解和酸化作用。如前所述 EGSB 反应器可以有效地去除可生物降解的溶解性 COD 组分,但对于悬浮性 COD 的去除极差。研究表明采用水解 HUSB+EGSB 串联处理工艺可以使这两个工艺相得益彰。

当处理含颗粒性有机物组分的污水(如生活污水)时,采用两级厌氧工艺可能更有优势:第一级是絮状污泥的水解反应器并运行在相对低的上升流速下,颗粒有机物在第一级被截留,并部分转变为溶解性化合物,重新进入到液相而在随后的第二个反应器内消化。在水解反应器中,因为环境和运行条件不适合,几乎没有甲烷化过程。

(三)ASBR 工艺

厌氧序批式反应器(Anaerobic Sequencing Batch Reactor,ASBR),是 20 世纪 90 年代美国 Dague 教授等人将好氧生物处理的序批式反应器(SBR)运用于厌氧处理研究并开发的一种新型厌氧反应器。近年来,厌氧序批式活性污泥法(ASBR)由于具有污泥易颗粒化、沉淀性能好、布水简单、工艺简单、有机负荷高、处理效率高的优点而成为研究热点。

ASBR 法的运行过程与好氧 SBR 工艺相似,但发生的反应却有本质的不同。ASBR 工艺的所有反应均在一个反应器内完成,其工艺流程可分为典型的 4 个阶段,即进水期,反应期、沉降期和排水期。进水阶段,污水进入反应器后,利用生物气,液体再循环和机械进行搅拌,进水到预定位置为止;反应阶段,污水中的有机物与微生物进行代谢反应转化为生物气而得以去除;沉淀阶段,停止搅拌,使生物体在静止的条件下沉降,固液分离,形成低悬浮固体含量的上清液,沉淀时间一般为 10~30 min,不宜太长,否则会因生物气的继续产出而使颗粒污泥重新悬浮;排水阶段,液固分离完成后,上清液排出,进入下一个循环,排水总量与进水量相等。

反应阶段需要搅拌,这是有机质转化的重要阶段,搅拌时间对 COD 去除的影响不大,但对甲烷气的产量有影响。间歇搅拌产生的 CH 气量较多,且可以防止因为过分搅拌而剪断生物絮体,进而影响泥水分离效果,使出水水质变差,故间歇搅拌更可取。

ASBR 能使污泥在反应器内的停留时间(SRT)大大延长,增加反应的污泥浓度,并能够进行充分的泥水混合,从而提高了厌氧污泥的处理能力,使处理效果明显提高,水力停留时间(HRT)也大大缩短。固液分离在反应器内部进行,不需要另设沉淀池,不需要复杂的三相分离器。ASBR 工艺选择在挥发酸浓度低时能生长的甲烷菌,这使 ASBR 能得到更低浓度的挥发酸,另外菌体流失少,出水水质好。

作为一种新型的高效厌氧反应器,ASBR 工艺具有污泥持留量高、水力停留时间短、处理效率高等优点,不仅可以单独或与其他工艺相结合有效地处理食品加工污水、家畜饲养污水等高浓度污水,还可以应用于处理城市污水和低浓度工业污水。

思考题

1.厌氧生物法与好氧生物法相比有哪些优缺点?

2.试简述厌氧生物处理的基本原理,影响厌氧生物处理的主要因素有哪些?

3.厌氧消化的三阶段为什么可在一个池子进行?

4.厌氧消化的影响因素有哪些?

第九章　污泥处理与处置

导读：

　　污泥是城市市政排水系统的副产品,主要来源于城市排水系统,包括排水管道、泵站和污水处理厂的污泥,其中污水处理厂是市政污泥的最主要来源。其特性是有机物含量高(60%~80%),颗粒细(0.02~0.2 mm),密度小(1.002~1.006 g/cm³),含水率较高,脱水性能差,性质很不稳定,极易腐化,造成污染。污水处理厂所产生的污泥虽然含有丰富的氮、磷元素以及有机物质,但同时这些物质不仅含水量高、易腐烂,有强烈臭味,并且含有大量病原菌、寄生虫卵以及铬、汞等重金属和多氯联苯等难以降解的有毒、有害致癌物。如果这些剩余污泥不及时从污水处理系统中排除,会影响污水处理的效果,严重时能引起污水处理厂的停产;而剩余污泥的随意丢弃、堆放将会给四周环境造成二次污染。目前,如何妥善处理、处置大量堆放的剩余污泥问题已经成为国内多数地区政府亟待解决的问题。

学习目标：

1.了解污泥的来源与种类

2.学习污泥浓缩的方法

3.学习污泥稳定的方法

4.掌握污泥调节的方法

5.掌握污泥脱水的方法

6.掌握污泥的处置

第一节　概述

一、污泥的来源与种类

　　污泥来源于污水处理工艺中的不同工序,主要包括,①初沉污泥,即由初次沉淀池排出的污泥;②二沉污泥,即生物处理系统二次沉淀池排出的剩余污泥或腐殖污泥;③消化污泥,即初次沉淀池污泥、腐殖污泥、剩余活性污泥经厌氧消化处理后的污泥;④化学污泥,即经混凝、化学沉淀等处理所产生的污泥。

污泥的种类除可按其来源的不同进行划分之外,还可根据所含固形物成分的不同划分为污泥和沉渣两大类。以有机物为主要成分者俗称污泥,具有比重小、颗粒细、含水率高且不易脱水、易腐化发臭的特点;而以无机物为主要成分者称为沉渣(Sednnent),具有比重较大、颗粒较粗、含水率较低且容易脱水、流动性差等特点。

生物化学处理系统中初次沉淀池、二次沉淀池以及消化处理后的沉淀物均属于污泥,习惯上将前两者统称为生污泥,而将厌氧消化或好氧消化处理后的污泥称为熟污泥;沉砂池及某些工业污水处理系统沉淀池的沉淀物多属于沉渣。

二、污泥的性质指标

(一)污泥固体

污泥固体(Sludge Solid)包括溶解态和不溶解态两类物质,前者称为溶解固体,后者称为悬浮固体。溶解固体和悬浮固体所构成的总固体又可划分为稳定固体和挥发性固体。所谓挥发性固体是指在 600 ℃条件下能被氧化,并以气体产物形式排出的那部分固体,通常用它来表示污泥的有机物含量。

(二)污泥含水率

污泥中所含水分的含量与污泥总质量之比称为污泥含水率(Sludge Moisture)。污泥的含水率一般都很大,相对密度接近 1,主要取决于污泥中固体的种类及其颗粒大小。通常,固体颗粒越细小,其所含有机物越多,污泥的含水率越高。

污泥含水率可用如下公式计算:

$$P_w = \frac{W}{W + S} \tag{9-1}$$

式中,P_w——污泥含水率,%;

W——污泥中水分重量,g;

S——污泥中总固体重量,g。

(三)污泥比重

污泥比重(Sludge Density)是指污泥重量与同体积水重量的比值,其值大小取决于污泥含水率和固体的比重。固体比重愈大,则污泥比重越高。污泥比重的计算如下,

$$\gamma = 1 / \sum_{i=1}^{n} \left(\frac{W_i}{\gamma_i} \right) \tag{9-2}$$

式中,W_i 表示污泥中第 i 项组分的百分含量,%;γ_i 表示污泥中第 i 项组分的比重,kg/m³。如果将污泥成分近似为一种成分,且含水率为 P(%),则式(9-2)可简化为:

$$\gamma = 100\gamma_1\gamma_2 / [P\gamma_1 + (100 - P)\gamma_2] \tag{9-3}$$

式中,γ_1 表示固体比重,kg/m³;γ_2 表示水的比重,kg/m³。

(四)污泥体积与含水率的关系

污泥的初始含水率为 P_0,其体积为 V_0。若含水率为 P 时,则对应污泥体积 V 的计算公

式为：

$$V = V_0 \frac{[100\gamma_2 + P(\gamma_1 - \gamma_2)](100 - P_0)}{[100\gamma_2 + P_0(\gamma_1 - \gamma_2)](100 - P)} \tag{9-4}$$

当 γ_1 与 γ_2，及 P 与 P_0 接近时，式（9-4）可简化为：

$$V = V_0 \cdot \frac{100 - P_0}{100 - P} \tag{9-5}$$

当污泥含水率大于80%时，可按简化公式（9-5）计算污泥体积。由式（9-5）可知，当污泥的含水率由99%降到98%时，其污泥体积能减少一半。由此可见，污泥含水率愈高，降低污泥的含水率对减小其体积的作用愈明显。

三、污泥量

污水处理中污泥的数量是处理构筑物工艺尺寸设计的重要参数，污泥的数量依不同污水的水质和处理工艺不同而不同。

对于初次沉淀池污泥量，可由污泥中的悬浮固体浓度、污水流量、沉淀效率及含水率来计算，计算式如下：

$$V = \frac{100cQ\eta}{1000(100 - P)\rho} \tag{9-6}$$

式中，V——初次沉淀池污泥量，m^3/d；

Q——污水流量，m^3/d；

η——沉淀效率，%；

c——污泥中悬浮固体浓度，mg/L；

P——污泥含水率，

ρ——污泥密度，以 $1\ 000\ kg/m^3$ 计。

对于剩余污泥量，也可以按体积计算如下，

$$V_{ss} = \frac{100\Delta X_{ss}}{(100 - P)\rho} \tag{9-7}$$

式中，V_{ss}——剩余活性污泥量，m^3/d；

ΔX_{ss}——产生的悬浮固体，$kg\ SS/d$。

四、污泥中水分的存在形式

污泥中的水分按它的存在形式，大致可分为间隙水、毛细水、吸附（黏附）水、内部水等四类。

（一）间隙水

存在于污泥颗粒间隙中的水，称为间隙水或游离水，约占污泥水分的70%。这部分水一般借助外力可脱除。

（二）毛细水

存在于污泥颗粒间的毛细管中，称为毛细水，约占污泥水分的20%，可采用物理方法分离出来。

（三）吸附水

颗粒的吸附水被吸附在污泥颗粒表面,约占 7%,可用加热法脱除。

（四）内部水

黏附于污泥颗粒表面的附着水和存在于其内部(包括生物细胞内的水)的内部水,约占污泥中水分的 3%,只有干化才能分离,但也不完全。通常,污泥浓缩只能去除游离水中的一部分。

污泥处理的方法常取决于污泥的含水率和最终的处置方式。如含水率大于 98% 的污泥,一般要考虑浓缩,使含水率降至 96% 左右,以减少污泥体积,有利于后续处理。为了便于污泥处置时的运输,污泥要脱水,使含水率降至 80% 以下,失去流态。某些国家规定,若污泥进行填埋其含水率要在 60% 以下,这就决定了要用板框压滤机进行污泥脱水。

五、污泥的处理与处置方式

由污泥的性质可知,污泥不但含水率高,体积庞大,而且含高浓度有机物,很不稳定,容易在微生物作用下腐烂,发出难闻的气味;且常常含有病原微生物、寄生虫以及重金属等有害成分。因此,污泥的处理与处置是确保污水处理厂正常运行的一个重要问题。

污泥的处理主要包括去水处理(浓缩、脱水和干化)、稳定处理(生物稳定和化学稳定)以及最终处理与利用(填埋、焚烧、堆肥等)。

污泥处置目前主要有两种形式:一种是农用,即当污泥中的重金属、病毒、寄生虫、细菌以及有机物含量符合相应排放标准,并经脱水与稳定处理后,用作农田肥料或土壤改良剂。另一种处置是填埋与焚烧,填埋前要考虑到地下水的污染问题,填埋后要进行管理;焚烧处理要防止对大气的污染。

污泥处理与处置的基本流程见图 9-1。

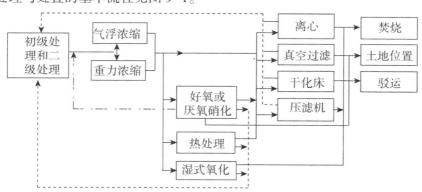

图 9-1　污泥处理与处置基本流程

第二节 污泥浓缩

污泥浓缩(Sludge Thickening)的主要目的是去除颗粒间隙的部分游离水,提高污泥的含固率,减少污泥的体积。污泥浓缩亦相当于污泥脱水操作的预处理过程,操作方法有间歇式和连续式两种,具体浓缩方法主要包括重力浓缩、气浮浓缩及离心浓缩三种,其中前两种方法的应用最为普遍。

一、重力浓缩法

重力浓缩(Gravity Concentration)池类似于污水处理的二沉池,本质上是一种沉淀工艺,属于压缩沉淀,按运行方式可分为间歇运行和连续运行两种形式。图9-2所示为间歇式浓缩池,可建成矩形或圆形,停留时间一般为9~12 h,浓缩池的上清液应回流到初沉池前重新进行处理,该池型多用于小型污水处理厂。

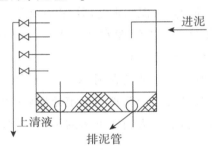

图9-2 连续式污泥浓缩池(带刮泥机及栅条)

1——中心进泥管;2——上清液溢流堰;3——底流排出管;4——刮泥机;5——搅动栅;6——钢筋混凝土

连续式污泥浓缩池一般为圆形构筑物,可采用竖流式或辐流式。图9-3所示为圆形辐流连续式浓缩池,进泥管设置在池的中心,经重力分离的上清液由出流堰进入集水槽并排出;刮泥机桁架上有时设有纵向栅条,用以切断污泥颗粒间的粘连,加速沉降速率,增加污泥密实度;浓缩池池底处设有缓慢旋转的刮板,将分离的浓缩污泥由刮泥板汇入池底部污泥斗后,经底流排泥管排出。

重力浓缩池面积的计算公式如下:

$$A = M/G_L \qquad (9-8)$$

式中,A——池体的表面积,m^2;

M——污泥的固体负荷,kg/h;

G_L——临界固体通量,$kg/(m^2 \cdot h)$。

式(9-8)中G_L的取值可通过两种方法获得。对于不同的工业污水,可根据不同污泥的最终沉降方式,采用试验的方法测定G_L值。

重力浓缩池水力停留时间的计算公式如下：

$$T = AH/Q \tag{9-9}$$

式中，Q——进泥量，m^3/h；

H——浓缩池有效水深，m。

水力停留时间 T 一般控制在 $12\sim30$ h 范围内。

通常用浓缩比（f）、固体回收率（η）以及分离率（F）等三个指标来衡量浓缩池的浓缩效果，即

$$f = C_u/C_i \tag{9-10}$$

$$\eta = Q_u \cdot C_u/(Q_i \cdot C_i) \tag{9-11}$$

$$F = \frac{Q_e}{Q_i} = \frac{(Q_i - Q_u)}{Q_i} = 1 - \frac{\eta}{f} \tag{9-12}$$

式中，C_i——入流污泥浓度，kg/m^3；

C_u——排泥浓度，kg/m^3；

Q_i——入流污泥量，m^3/h；

Q_u——浓缩池排泥量，m^3/h；

Q_e——上清液量，m^3/h。

对于初沉污泥，$f > 2$，$\eta > 90\%$；对于初沉污泥与二沉污泥的混合污泥，$f > 2$，$\eta > 85\%$。

二、气浮浓缩法

气浮浓缩（Flotation Concentrate）法常用于相对密度接近于 1 的轻质污泥（如活性污泥）或含有气泡的污泥（如消化污泥）的浓缩处理。其工作原理是通过水射器或空压机将空气引入，然后在溶气罐内溶入水中。溶气水经减压阀进入混合池，与流入该池的新污泥混合。减压析出的空气泡附着于污泥颗粒上，利用气泡—污泥颗粒共载体的浮力作用，将污泥颗粒浮升至水面实现泥水分离，并以此达到浓缩污泥的目的。

常用的气浮浓缩方法为压力溶气气浮法，其压力溶气形式又可分为全加压、部分加压和回流加压三种方式。实际中常用的平流式气浮污泥浓缩池的结构如图 9-3 所示。该浓缩池在运行时，先用泵把污泥打入混合池，同时进入的溶气水在此减压、扩散，产生小气泡并与污泥颗粒接触附着；浮升到水面上的浓缩污泥由移动刮板收集，分离处理的出水一部分回流用作溶气水。

与重力浓缩法相比，气浮浓缩池的负荷率高，一般为 $120\sim240$ $kg/(m^2 \cdot h)$，浓缩过程不受污泥膨胀的影响，且污泥浓缩比大，占地面积小，但运行费用高，操作较复杂。

气浮浓缩池的主要设计参数为负荷率和供气量。

根据污泥负荷率计算气浮池面积的公式如下：

$$A = \frac{Q_2 C_0}{污泥负荷率} \tag{9-13}$$

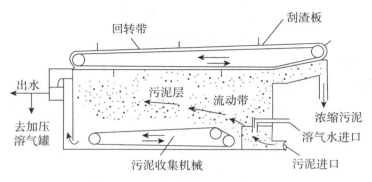

图 9-3 平流式气浮污泥浓缩池的结构图

式中, A——气浮池面积, m^2;

Q_s ——入流污泥流量, m^3/h;

C_0——入流污泥浓度, mg/L。

三、离心浓缩法

离心浓缩(Centrifugal Concentrate)法是根据污泥中固体颗粒与水的密度差异,利用离心力场的作用实现泥水分离,同时使污泥得到浓缩的方法。离心浓缩法具有浓缩效率高、占地少、卫生条件好等特点。一些试验结果表明,利用离心机可将浓度为0.5%的活性污泥浓缩到5%~6%。

第三节　污泥稳定

污泥稳定(Sludge Stabilization)就是通过氧化降解减少污泥中的有机物量,降低其生物活性的一种方法。其目的主要防止有机污泥在处置和运输过程中因生物活动而产生臭味等。

污泥稳定处理的方式分生物稳定和化学稳定两类。生物稳定是在人工条件下加速微生物对有机物的分解,使之变成稳定的无机物或不容易降解的有机物过程,其具体方法又分为厌氧消化法和好氧消化法。化学稳定是采用化学药剂对污泥中的微生物加以处理,使有机物在短时间内不产生腐败过程,其具体方法主要包括加石灰分解稳定法和加氯稳定法两种。

生物稳定是目前应用较为普遍的有机污泥稳定处理方法。由于化学稳定处理效果的维持时间有限,因而多将其应用于对有机污泥进行应急处理的场合。

一、污泥的生物稳定

(一)污泥的厌氧消化法

目前城市污水处理厂所产生的污泥多采用厌氧消化方法进行处理。经过厌氧消化使污泥中的有机物得到降解稳定,与此同时获得可利用的沼气资源。按温度的不同,厌氧消化可分为中温消化(30~37 ℃)和高温消化(45~55 ℃)两种形式;按运行方式可分为一级消化、二级消化、厌氧接触消化等;按负荷的不同,可分为低负荷和高负荷两种。

1.低负荷消化法

低负荷消化法是在普通消化池中进行的,该消化池通常为单级间歇消化过程,消化池内不加热,不设搅拌装置,加入污泥进行快速消化并产气后,气泡的上升所起的搅拌作用是唯一的搅拌方式。污泥的消化、浓缩和形成上清液等过程,在一个消化池内同时完成。低负荷厌氧消化池的结构见图9-4所示。

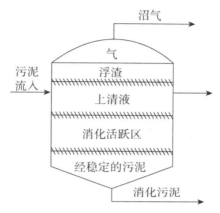

图9-4　低负荷厌氧消化池

实际运行过程中,消化池内形成四个区,即上部浮渣区、中间上清液区、下部消化活跃区和底部污泥区。经消化后的污泥在池底浓缩并定期排出,上清液回到水处理流程的前端进行处理;消化过程产生的以甲烷为主要成分的沼气从池顶收集和导出。

低负荷厌氧消化池的负荷率一般为0.4~1.6 kg VSS/(m³·d)。由于这种单级消化池存在池内分层、温度不均匀,有效容积小等问题,使其消化时间偏长,因此,仅适用于小型污泥处理。

2.高负荷消化法

高负荷消化法是在高负荷消化池中进行的厌氧消化处理方法。与普通消化池相比较,高负荷消化池的负荷率为1.6~8.0 kg SS/(m³·d),设有搅拌设备,连续加料与排料,池内不存在上清液分层现象,全池多处于活跃的消化状态。消化时间约10~15 d,仅为低负荷消化池的1/3左右。目前国内外常用高负荷消化池的差异主要是在搅拌方式上有所不同,如气体循环、机械搅拌.提升或引流管混合器等,使污泥在内部混合和加热,达到理想的消化效果。

3.二段消化法

为了更好地进行泥水分离,通常将两个消化池相组合构成二段(二级)式高负荷厌氧消化处理系统,其系统构成见图9-5。

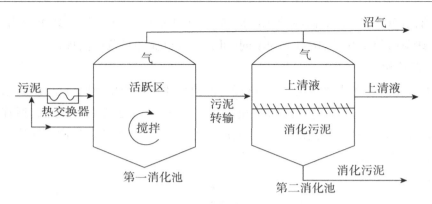

图 9-5　二段式高负荷厌氧消化系统

在二段消化系统内,产酸和产甲烷阶段分别在两个单独的反应池中进行。第一消化池主要进行加热、搅拌、产气和除渣,池温约 33~35 ℃;第二消化池无须加热和搅拌,利用从第一消化池排出污泥的余热,继续进行消化、浓缩和排出上清液,池温约 24~26 ℃。采用这种方法,可为不同类别的微生物提供各自最适宜的繁殖条件,从而获得理想的消化效果。

二段消化产气量比一段消化大约增加了 10%~15%,其中第一段消化池占总产气量的90%。二段消化池的总容积与一段消化池相同,因第二段消化池不搅拌、不加热,所以总动力消耗较少,而消化更彻底。但由于消化池的数量增加一倍,二段消化系统的基建投资和占地面积较大。

4.厌氧接触消化法

厌氧消化的时间受产甲烷菌分解有机物的速度控制。将高负荷厌氧消化系统第二段消化池沉降后的部分熟污泥回流到第一段消化池,这样可以增加消化池中产甲烷菌的数量和停留时间,相对降低挥发物与细菌数的比值,从而加快分解速度。这种高负荷厌氧消化系统的运行方式称为厌氧接触法。厌氧接触法对有机物的分解速度比单一的高负荷消化池快,消化时间可缩至 12~24 h,其回流污泥量为新鲜污泥投配量的 1~3 倍,剩余污泥量也较少。

由于高温消化能耗较大,污泥的厌氧消化法通常均在中温条件下进行。

(二) 污泥的好氧消化法

污泥的好氧消化是通过对二级处理的剩余污泥或一、二级处理的混合污泥进行持续曝气,促使细胞分解,以降低其挥发性悬浮固体含量的处理方法。好氧消化的主要作用是消除污泥臭味,减少可生物降解固体等,主要用于污泥处理量不大的场合。

与活性污泥很类似,当外来养料被消耗完后,好氧消化的污泥微生物通过内源代谢来消耗自身的机体来维持生命活动,细胞在此过程中的代谢产物为二氧化碳、水和氨,而氨进一步氧化为硝酸盐。污泥好氧消化的最终反应式可用以下方程式表示:

$$C_5H_7NO_2 + 7O_2 \rightarrow 5CO_2 + NO_3^- + H_2O + H^+ \tag{9-14}$$

与厌氧消化相比,好氧消化的优点在于操作简单、投资费用低,上清液中的 BOD、氨氮等浓度低,污泥中有价值成分回收率高,无甲烷爆炸的危险,消化污泥量少,无臭,稳定,易脱水。但操作费用高(主要是供氧),所需要稳定时间受温度变化的影响较大,不能产生甲烷之类的副产品。

好氧消化运行可以间歇操作,也可连续操作,目前好氧消化过程分为普通好氧消化与自热高温好氧消化,而自热高温好氧消化工艺又分为空气曝气与纯氧曝气。

1.普通好氧消化

普通好氧消化指以空气作为氧源的好氧消化。在消化温度为 20 ℃左右,水力停留时间为 10~12 d 的条件下,普通好氧消化的挥发性固体分解率为 35%~45%。

pH 和温度是好氧消化过程的重要环境条件。当在 20 ℃时,水力停留时间按 1.08~1.10 的系数增加(以 15 d 为基数);如水力停留时间达到 60 d,则温度的影响可以忽略不计。但在水力停留时间较长的条件下,系统的 pH 可能低于 6,因此,在运行时要定期检查,注意系统的 pH 调节。

2.自热高温好氧消化

自热高温好氧消化是利用微生物氧化有机物过程中所释放出的热量来对污泥进行加热,使消化过程达到污泥的自热高温消化的效果。自热高温消化的污泥温度可达 40~70 ℃。

与普通好氧消化相比,自热高温消化具有反应速度快、停留时间短、基建费用低、可改善污泥沉淀脱水性能等优点,而且可全部杀灭病原体,不需进一步消毒处理。在大多数的自然气候条件下,自热高温消化池都可以达到稳定污泥的作用。消化系统的水力停留时间远短于普通好氧消化和厌氧消化系统;此外,其所产生的上清液中的有机物含量亦低于厌氧消化。

自热高温好氧消化需对消化池采取加盖和其他保温措施,以便将系统的热损失减少到最小。

污泥好氧消化主要目的是减少污泥固体处置量,其细胞分解速率大小随有机养料和微生物比值增加而降低。好氧消化池内污泥量与排出的污泥量之差为污泥微生物降解量,并由此可得泥龄 T_s:

$$T_s = V/T \qquad\qquad (9-15)$$

式中,V——消化池内 VSS 量,kg;

T——系统污泥 VSS 净输入量,kg/d。

泥龄 T_s 相当于污泥净输入量消化时间的平均值。

二、污泥的化学稳定

(一)石灰分解法

石灰分解法是向污泥中投加石灰,使污泥的 pH 提高到 11~11.5,在 15 ℃下接触 4 h,从而杀灭有机污泥中的病原体、解决污泥的臭气问题。由于 CaO 可形成强碱性条件,能使微生物受到强烈的抑制甚至杀死,使产生臭气的反应不能进行,病原体也失去活力而死亡。此外尽管投加石灰后污泥的肥效降低,但能调整污泥的物理性质,使污泥的脱水性能有所改善。石灰分解方法简单,投资小,但不能使有机物降解。与水中的 CO_2 和磷酸盐反应形成碳酸钙和磷酸钙的沉淀,使得污泥量增大,最终处置的费用比其他方法可能要高。

石灰分解法设计主要考虑 pH、接触时间和石灰的剂量这三个参数。一般设计要求,pH在 12 以上,接触时间为 2 h。

(二)氯稳定法

氯稳定是以高剂量的氯气对污泥进行氧化的过程,氯气一般在封闭的反应器中,在短时间内向污泥投加,随后进行污泥脱水。氯系消毒剂能迅速有效地杀灭病菌,且其杀灭效果具有较长期的稳定性,故经过氯处理后的污泥具有较好的脱水性和稳定性。但氯稳定会造成污泥过滤性差,pH 较低,而且氯化过程中常会产生有毒的氯胺,给后续处理工作带来困难,仅限于小型污水处理厂。

(三)臭氧稳定法

臭氧稳定法是近年来国外研究较多的污泥稳定法,与氯稳定法相比,臭氧不仅能杀灭细菌,而且对病毒的灭活也十分有效,此外,臭氧稳定也不存在氯稳定时带来的二次污染问题,经臭氧处理后,污泥处于好氧状态,无异味,是污泥稳定最安全有效的方法。该法的缺点是臭氧发生器的效率仍较低,建设及运营费用均较高。但对一些危险性很高的污泥,采用臭氧稳定法,仍不失为一种最安全的选择。

三、消化池的设计计算

常用圆柱形消化池的主体结构如图 9-6 所示,由集气盖、池盖、池体和下锥体等四部分组成。消化池的直径为 6~35 m,柱体高度为直径的一半,总高度接近直径。此外,消化池还有加料、排料、加热和搅拌、集气、破渣、排液、液流等附属设备。

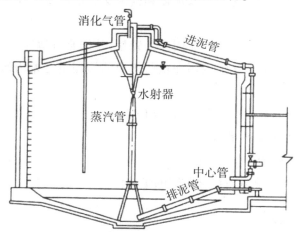

图 9-6　消化池结构尺寸示意图

消化池主体设计包括主要结构尺寸以及必要的热力计算。

(一)消化池尺寸计算

消化池尺寸的计算可分别根据投配率、负荷、泥龄这三个参数进行计算。通常多采用投配率计算的方法。

消化池有效体积为:

$$V = \frac{V'}{n} \times 100 \qquad (9-16)$$

式中,V——消化池有效体积,m^3;

n——新鲜污泥投配率,%;

V'——新鲜污泥体积,m^3。

集气罩顶的高度(h_1)与直径(d_1)分别为 1 m、2 m;池盖锥角 a 为 20°~30°,池体底部泥斗的下锥角 α' 为 20°~30°,下锥截顶直径(d_2)为 0.5~1.0 m。此外,消化池设计泥面一般位于池体容积 1/2~1/3 高度处。

按泥龄计算确定尺寸指标,需保证消化池内应有足够的停留时间,并依据泥龄与上清液中悬浮固体等参数之间关系,考虑不同泥龄值的范围和出水水质情况变化。

(二) 热力计算

1.污泥加热所需热量的计算

$$Q_1 = \frac{V'}{24}(T - T_0) \times C \times 10^3 \qquad (9-17)$$

式中,Q_1——加热所要热量,kJ/h;

T_0——新鲜污泥温度,

C——新鲜污泥比热容,取 4.18,kJ/(L·℃);

V'——新鲜污泥投加量,L/d。

2.损失热量的计算

损失热量主要由池体所散失热量和管道散热两部分组成。

池体损失热量的计算公式为:

$$Q_2 = FK(FT_3) \qquad (9-18)$$

式中,F——消化池壳体总表面积,m^2;

K——传热系数,kJ/(m^2·h·℃),一般取 2.5~3.3;

T_3——池外介质温度,℃。

管道热量损失可根据污泥加温及池体散热损失所需热量进行估算,估算式为:

$$Q_3 = (Q_1 + Q_2) \times 0.1 \qquad (9-19)$$

则消化池所需总热量为:

$$Q = Q_1 + Q_2 + Q_3 \qquad (9-20)$$

第四节　污泥调节

污泥浓缩及脱水性能的优劣与污泥颗粒大小、表面电荷水合程度以及颗粒之间相互作用有关,为有效提高污泥去水处理的效率,通常必须在操作过程中采取一定的措施,对污泥的性能进行调整。

通过有针对性地采取凝聚、加热等措施,以改善污泥颗粒的结构,减小污泥比阻和黏性,从而使污泥容易脱水的过程称为污泥调节(Sludge Conditioning)。

污泥调节分为化学调节、水力调节和物理调节三种方式。其中,化学调节的应用最为普遍。

一、化学调节

化学调节的实质就是向污泥中投加某种药剂,使污泥在脱水过程中易形成大颗粒、多孔隙和结构强度高的滤饼。

在污泥调节中使用的药剂即为污泥调节剂,在污水混凝澄清处理中使用的絮凝药剂,通常都可用作污泥调节剂使用。因而,调节剂也相应划分为无机调节剂和有机调节剂两大类。无机调节剂包括三氯化铁、三氯化铝、硫酸铝、聚合铝等;有机调节剂如聚丙烯酰胺等。

在调节使用过程中,调节剂不但消耗于污泥固相组分颗粒的絮凝反应中,而且同时也和某些液相组分发生反应并消耗一部分药剂量。以投加$FeCl_3$为例,其与液相组分重碳酸盐等物质所发生的化学反应方程式如下,

$$FeCl_3 + 3 NH_4 HCO_3 \rightarrow Fe(OH)_3 \downarrow + 3 NH_4 Cl + 3 CO_2 \qquad (9-21)$$

$$2 FeCl_3 + 3 Ca(HCO_3)_2 \rightarrow 2 Fe(OH)_3 \downarrow + 3 CaCl_2 + 6 CO_2 \qquad (9-22)$$

由式(9-21)及式(9-22)可知,污泥中所含的重碳酸盐越多,相应消耗在液相组分中的调节剂量就越大。调节剂的使用量范围一般需通过试验来确定。

二、水力调节

在消化污泥池中,如果碱度越高,需投加的调节剂量就越大。如果先将处理过的污水和污泥混合,然后澄清分离以降低污泥中的碱度,并带走细小污泥颗粒,就可以降低混凝剂的用量,提高过滤性能。这种通过水力淘洗实现对污泥性能调节的过程称为水力调节,简称淘洗。目前,淘洗分为单级、两级、多级以及逆流淘洗等方法。

三、物理调节

物理调节包括热调节、冷冻调节和添加惰性助滤剂(如粉煤灰、锯末和纯纤维等)调节等方法。现以热调节为例,说明其调节原理及操作条件。

热调节借助高压加热破坏水与污泥之间的结构关系,使污泥水解并释放细胞内的水分,从而使污泥的脱水性能得到改善。例如,在160~200 ℃和1.5 MPa条件下,污泥胶体结构被破坏,脱水性能大大提高,同时可以彻底杀灭细菌,解决卫生问题。

热调节温度在150~260 ℃之间,加热时间为20~60 min。通过热调节,污泥过滤后的滤液有很高的有机物浓度,改变了比阻。一般来说,反应温度增高,调节后的比阻呈下降趋势。

热调节使污泥容易脱水,提高了过滤能力,但耗能较大,会产生臭气,且操作水平要求高。

第五节　污泥脱水

　　污泥经浓缩处理后,体积大幅度缩减,污泥中的游离水亦基本获得分离,为污泥的后续处理创造了条件。但浓缩过程很难实现污泥内部水的分离。

　　污泥脱水(Sludge Dewatering)是将污泥的水分降低到80%~85%以下的操作过程。脱水后的污泥具有固体特性,呈泥块状,便于装车运输及最终处置。污泥脱水的主要处理对象是存在于污泥絮体网络内部的吸附水和毛细水。

　　污泥脱水分为人工机械脱水和自然脱水两种,常用的污泥脱水设备设施有过滤机、离心机及干化场等。实际应用中以人工机械脱水为主。

一、机械脱水原理

　　机械脱水是利用机械设备中过滤介质两侧压力差的作用,使污泥中的水由高压力一侧透过过滤介质流向低压力一侧,污泥颗粒被介质(滤布)截留而形成滤饼,从而实现泥水分离。所分离的污泥水通常送回污水处理系统再行处理,而截留的固态污泥则经剥落后外运,进行最终处置。

　　污泥脱水过程中,滤液通过滤饼过滤的基本方程为:

$$\frac{t}{V} = \frac{\mu \omega r}{2PA^2} V \tag{9-23}$$

式中,V——过滤体积,m^3;

t——过滤时间,s;

P——过滤压力,kg/m^2;

A——过滤面积,m^2;

μ——过滤的动力黏滞度,$kg \cdot s/m^2$;

ω——单位过滤体积的滤液在过滤介质上所截留的干固体量,kg/m^3;

r——比阻,单位过滤面积上单位干重滤饼所具有的阻力,m/kg。

　　在一定压力条件下,$\frac{t}{V}$ 与 V 成直线关系,其斜率为 $b = \frac{\mu \omega r}{2PA^2}$,由此可得比阻的计算公式如下:

$$r = \frac{2PA^2 b}{\mu \omega} \tag{9-24}$$

比阻反映过滤难易程度,比阻越大,则过滤越困难。

二、机械脱水设备

(一)真空过滤机

目前,国内使用较普遍的是 GP 型转筒式真空过滤机。该设备由半圆形污泥槽和过滤转筒两部分组成。转筒半浸没在污泥中,转筒外覆盖滤布,筒壁分成许多隔间(1~12),分别由导管连到分配头的回转阀座上。根据转动时各隔间的位置不同,与固定阀座上抽气管或压气管接通。当隔间位于过滤段 I 时,与抽气管接通,污泥水通过滤布被抽走,固体被截留在滤布上,形成污泥。需要纯净的滤饼时,在 II 段用净水洗涤。当转到干燥段 III 时,仍与抽气管接通,水分继续被抽走,泥层逐渐干燥,形成滤饼。该隔间转到吹脱段 IV 时,与压气管接通,滤饼被吹离滤布,并用刮刀刮下,通过胶带运输机运走,泥槽底部设有搅拌器,以防固体沉积。真空过滤机转速一般在 0.75~1.1 mm/s,过滤段和干燥段的真空度分别为 40~80.3 kPa和66.7~94.6 kPa。

真空过滤机具有适应强、连续运转、操作平稳、全过程机械化等特点。但过滤介质(滤布)紧包裹在转筒上,再生与清洁不充分,容易堵塞。折带式转筒真空过滤机则克服了这一缺点,是用辊轴把过滤介质转出,这不仅使卸料方便,同时也使介质容易清洗再生。

(二)压力过滤机

压力过滤机是由组滤板和滤框交替组装而成,故也称作板框压滤机。自动板框压滤机的工作原理及整体构型如图 9-7 所示。

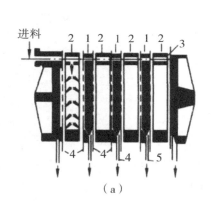
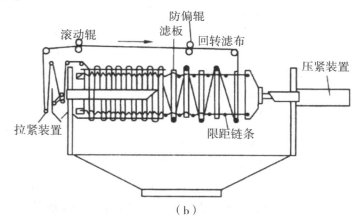

图 9-7　自动板框压滤机

(a)工作原理;(b)整体构型

1——组滤板;2——滤框;3——通道;4——滤布;5——排水管道

自动板框压滤机的框边有通道,并有小沟道与板框接通;污泥由通道及小沟道进入滤框后,污泥水渗过滤板两面覆盖的滤布,沿板面沟流下,最后由滤板下方的滤过液排出管流入集水槽。污泥固体截留在滤框内的滤布上形成滤饼,当达到一定厚度时,拆开板框,取出滤布,将滤饼剥落,并冲洗干净后组装。自动板框压滤机可自动拆开和压紧,滤布为很长的能回转布带,卸料时,滤带在许多小活轮间绕过移动,滤饼便自动脱落。

压力过滤机特点是作用压力大于真空抽力,能产生很高的泥饼固体含量,但间断运行,拆装频繁,容易损坏。

(三)滚压带式过滤机

滚压带式过滤机由上下两组转动方向相同的回转带组成,见图9-8。该机上回转带表面为金属丝网做成的压榨带,下回转带表面为滤布制成的过滤带。经混凝剂调质处理(将污泥中的毛细水转化为游离水)的污泥由回转带一端进入,在随滤带水平行向另一端移动的过程中,先经过主要依靠重力过滤的浓缩段;在重力作用下,污泥中的游离水透过滤带与污泥固形物分离,浓缩后的污泥进入压榨段;在上下两排支承滚压轴的挤压作用下,污泥中的水分被进一步压榨分离,滤布所截流污泥滤饼的含水率可降为75%~80%,从而实现脱水目的。

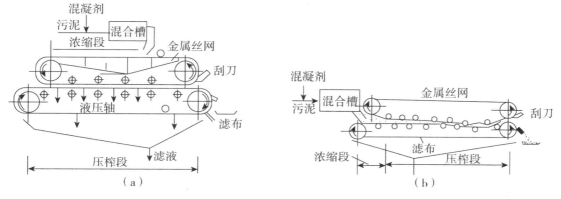

图9-8　滚压带式过滤机

滚压带式过滤机的特点是把压力直接施加在滤布上,由滤布的压力或张力最终使污泥脱水。它不需要真空或加压设备,消耗动力少,且可连续运行。

(四)离心脱水机

离心脱水机有转筒式和卧式两种,其中以中、低速转筒式离心机应用最普遍。图9-9所示为转筒式离心脱水机的构造。

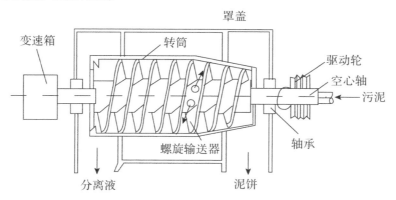

图9-9　转筒式离心脱水机

转筒式离心脱水机是由转筒和装于筒内的螺旋输泥机组成,污泥通过中空轴连续进入筒内,并由转筒带动污泥高速旋转;在离心力的作用下,泥水离心分离形成泥饼和澄清水,后者由另一端排水口排出。螺旋输泥机与转筒旋转方向相同,通过输泥机的螺旋刮刀与转筒间的相对运动,将泥饼由左端推向右端,最后从排泥口排出。

经离心机脱水后,污泥的含水率显著降低,污泥回收率大大提高;若投加调节剂,污泥回收率可达95%。因此,离心机具有效率高、分离能力强、操作性好的优点,但制造工艺要求高,设备对污泥首先要进行预处理,需要用高分子的聚合电解质作为调节剂。

第六节　污泥的利用与处置

一、污泥的综合利用

根据污泥性质的不同,可通过不同的途径对其进行综合利用。

(一) 土地利用

土地利用方式主要是将污泥用于农田等施肥垦荒地、贫瘠地等受损土壤的修复及改良园林绿化建设森林土地施用等。用于土地利用的污泥通常是剩余活性污泥,其中含有丰富的有机营养成分如氮、磷、钾等和植物所需的各种微量元素如 Ca、Mg、CU、Zn、Fe 等,其中有机物的浓度一般为 40%~70%,含量高于普通农家肥。因此能够改良土壤结构,增加土壤肥力,促进作物的生长。

污泥中含有营养成分的同时不可避免地也会含有一些有害成分,如各种病原菌、寄生虫卵以及铜、铝、锌、铬、砷、汞等重金属和多氯联苯等难降解的有毒有害物质。因此污泥土地利用的一个原则是施用污泥中的有害成分不能超过受施土壤的环境容量。

(二) 提取原料

主要指从工业污水处理的沉渣中回收工业原料,如轧钢厂污水中的氧化铁皮;高炉煤气洗涤和转炉烟气洗涤水的沉渣,可作为烧结矿的原料;电镀污水可提炼铁氧体等。

(三) 制作建筑材料

污泥建材利用时,主要由无机组分构成的污泥采用污泥脱水干化后可直接用于制造建材,如作为铺路、制砖、制纤维板和水泥生产原料等。而有机组分较高的污泥则须经焚烧熔融后方可用于制造建材。污泥生产建筑材料,不仅可以减少污泥填埋所占用的土地,减少自然资源消耗,而且可以使资源得到循环利用。

(四) 其他利用

兼顾到环境效益、社会效益和经济效益,国内外学者积极进行着污泥资源化的研究,研发出了一些使得污泥变废为宝的综合利用方法,如污泥燃烧发电、污泥热处理制燃油、污泥改性制吸附剂、污泥低温热解等。

二、污泥的最终处置

污泥最终处置包括填埋、焚烧、海洋投放及地下填埋等方法。应用时,需结合实际情况并充分考虑其对环境可能产生的影响作用,进行具体处置方法的选择。

(一)填埋

污泥既可单独的,也可与固体垃圾混合排于填埋场、废弃矿坑或天然的低洼地。污泥在填埋之前要进行稳定处理,在选择填埋场地时要考虑到土壤和当地的水文地质条件,避免对地表水和地下水的污染。对填埋场地不仅要进行地下水观测,还要做好对地面水、土壤、污泥中的重金属、难分解的有机物、病原体和硝酸盐的动态监测工作。必要时应对污泥填埋场地的渗滤液及地面径流进行收集并作适当处理。

(二)焚烧

焚烧是借助辅助燃料引火,使焚炉内温度升至燃点以上,以实现污泥的高温氧化燃烧,然后再分别对所产生的废气和炉灰进行处理的污泥处置方法。现阶段在国内外已有较为广泛的应用。

焚烧可以大幅度减小有机固体和污泥体积量,且可同时达到灭菌的目的。但燃烧中会不可避免地产生污染空气的气体(如二氧化硫、盐酸等)和有害物质(如甲苯、氯乙烯等),造成二次污染,故只有在其他的污泥处置方法由于环境或土地利用的限制而被排除时,焚烧处理方法才适用。

(三)弃置

弃置主要指投海、投井等,投海方法简单,但污染海洋,会引起全球环境问题,目前该方法已受到限制;投井是将污泥注入废弃的深井(如油井、矿井),但要考虑到对地下水的影响。

思考题

1.污泥的来源主要有哪些?

2.污泥处理有哪些方法?污泥处置与污水处理之间关系如何?

3.污泥的最终出路是什么?

第十章　自然净化处理

导读：
　　污水排入自然环境后,在水体或土壤微生物作用下,其中的有机污染物被氧化分解,污水得到净化。利用这种生物化学转化的自净原理对有机污水进行净化处理的方法称为自然生物处理法或自然条件下的生物处理法,通常包括水体净化处理(稳定塘)和土地净化处理两大类型。
学习目标：
　　1.掌握稳定塘的净化原理
　　2.认识土地处理系统的工作原理和流程
　　3.认识人工湿地系统的工作原理和流程

第一节　稳定塘

　　稳定塘又称为氧化塘或生物塘,是一种天然的或经过一定人工修整的污水处理构筑物。稳定塘对污水的净化过程与自然水体的自净过程相似,是一种利用天然净化环境或简单工程,主要依靠自然生物净化过程使污水得到净化的一种生物处理技术。

一、稳定塘的净化原理

　　稳定塘是由生物和非生物两部分构成的复杂的半人工生态系统,其中生物生态系统部分主要有细菌、藻类、原生动物、后生动物、水生植物和高等水生动物等组成,这些生物在稳定塘中生存,并对污水起净化作用;非生物部分主要包括光照、风力、温度、有机负荷、pH、溶解氧、二氧化碳、氮和磷等营养元素等。

　　稳定塘内存在不同类型的生物,构成了不同特点的生态系统,最基本的生态结构为菌藻共生体系,其他水生植物和水生动物都只起辅助净化的作用。正是菌藻共生关系的存在,使得生物塘中可以同时进行有机物的好氧氧化分解、厌氧消化和光合作用,前两个过程以好氧细菌和厌氧细菌的作用为主,而后者则以藻类和水生植物的作用为主。水中的溶解性有机物被好氧细菌分解,其所需的溶解氧通过大气扩散作用进入水体或通过人工曝气方式加以补充,还有相当一部分溶解氧是由藻类和水生植物进行光合作用释放提供的。藻类光合作用所需的二氧化碳则可由细菌分解有机物过程中的代谢产物提供。悬浮状的有机物和稳定塘中生物残骸沉积到塘底形成污泥,在厌氧细菌作用下分解成有机酸、醇、氨等,其中一部分可进入上层好氧层被继续氧化分解,另一部分被污泥中的甲烷细菌分解成甲烷。

稳定塘生态系统中的非生物组成部分也起着重要作用,光照影响藻类的生长及水中溶解氧的浓度,温度会影响微生物的代谢作用,有机负荷则对塘内细菌的繁殖及氧、二氧化碳含量产生影响,pH、营养元素等其他因子也可能成为制约因素。

总的来说,污水在稳定塘停留过程中,污染物质(主要是有机污染物)经过稀释、沉淀、絮凝、好氧微生物的氧化或厌氧微生物分解作用以及浮游生物的光合作用而被去除或稳定。

二、稳定塘的类型

根据水中溶解氧状况不同,以及其中主体微生物属性及相应生物化学反应的不同,稳定塘分为好氧塘、兼性塘、厌氧塘和曝气塘 4 种类型,而由不同类型稳定塘组合成的塘称为复合稳定塘。

(一) 好氧塘

好氧塘是一类在有氧状态下净化污水的稳定塘,依靠藻类光合作用和塘表面风力搅动自然复氧供氧,全部塘水呈好氧状态,塘内的好氧型异养细菌利用水中的氧,通过好氧代谢氧化分解有机污染物并合成本身的细胞质(细胞增殖),其代谢产物 CO_2 则是藻类光合作用的碳源。其净化机理如图 10-1 所示。

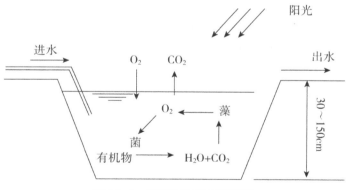

图 10-1　好氧塘作用机理示意

藻类光合作用使塘水的溶解氧和 pH 呈昼夜变化。白昼,藻类光合作用释放的氧,超过细菌降解有机物的需氧量,此时塘水的溶解氧浓度高,可达到饱和状态;夜间,藻类停止光合作用,且由于生物的呼吸消耗氧,水中的溶解氧浓度下降,凌晨时达到最低。好氧塘的 pH 与水中 CO_2 浓度有关,白天,藻类光合作用使 CO_2 降低,pH 上升;夜间,藻类停止光合作用,细菌降解有机物的代谢没有中止,CO_2 累积,pH 下降。

通常好氧塘水深一般为 0.5 m 左右,不大于 1 m,污水停留时间一般为 2~6 d,适用于处理 BOD$_5$ 小于 100 mg/L 的污水,其出水溶解性 BOD$_5$ 低而藻类固体含量高,因而往往需要补充除藻处理工程。

(二)兼性塘

兼性塘是指在上层有氧、下层无氧的条件下净化污水的稳定塘,是最常用的塘型。兼性塘的有效水深一般为 1.0~2.0 m,通常由三层组成,上部好氧层、中部兼性层和底部厌氧层,如图 10-2 所示。

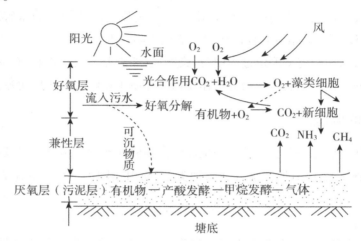

图 10-2 兼性塘净化机理示意

阳光对塘水的透射深度小于 0.4~0.5 m,上层阳光可透入,藻类的生长不受限制,藻类光合作用供氧充足,水中溶解氧含量较高,尤其在白天能达到饱和,为好氧生物的生命活动提供了良好的环境条件,形成好氧微生物活动带,称为好氧层;而底层为沉淀物和藻类及细菌等生物残体,由于缺氧,主要发生厌氧发酵反应,称为厌氧层;在好氧层和厌氧层中间存在兼性层,此层存活兼性微生物,既能利用分子氧进行好氧反应,又能在无分子氧条件下进行无氧代谢。兼性区的塘水溶解氧较低,且时有时无,一般白天光合作用较强时有溶解氧存在,而在夜间处于厌氧状态。

兼性塘中的上述 3 个区域并不是截然分开的,而是通过物质与能量的转化形成相互利用的关系。在厌氧层产生的代谢产物向上扩散运动经过其他两层时,所生成的有机酸可被兼性菌和好氧菌吸收降解,CO$_2$ 被好氧层的藻类利用,CH$_4$ 则逸散进入大气;好氧层的藻类死亡之后沉淀到厌氧层,由厌氧菌对其进行分解。

兼性塘去除污染物的范围比好氧塘广,它不仅可去除一般的有机污染物,还可有效地去除氮、磷等营养物质和某些难降解的有机污染物,常被用于处理小城镇的原污水以及中小城市污水处理厂一级沉淀处理后出水或二级生化处理后的出水,也可用于处理石油化工、有机化工、印染、造纸等工业污水,接在曝气塘或厌氧塘之后作为二级处理塘使用。

(三)厌氧塘

厌氧塘是一类在无氧状态下净化污水的稳定塘,其净化机理与污水的厌氧生物处理相同,如图 10-3 所示。厌氧塘对有机污染物的降解,与所有的厌氧生物处理工艺相同,是由两类厌氧菌通过产酸发酵和甲烷发酵两阶段来完成的。厌氧塘的设计和运行也应以甲烷发酵阶段的要求作为控制条件。影响厌氧塘处理效率的因素有气温、水温、进水水质、浮渣、营养比、污泥成分等,其中气温和水温是影响厌氧塘处理效率的主要因素。

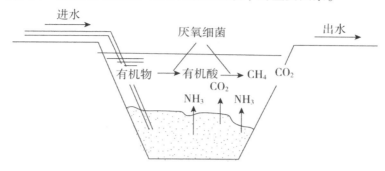

图 10-3 厌氧塘作用机理示意

厌氧塘深度一般在 2.5 m 以上,有的深达 4~5 m,一般作为预处理工段与其他稳定塘组成厌氧-好氧(兼性)稳定塘系统,即厌氧塘通常设置于稳定塘系统的首端,以减少后续各处理单元的有机负荷。厌氧塘主要用于处理水量小、浓度高的有机污水,如屠宰废水、禽蛋废水、制浆造纸废水等,也可用于处理城市污水。

(四)曝气塘

曝气塘采用人工曝气向塘内供氧,塘深在 2 m 以上,全部塘水具有溶解氧,由好氧微生物起净化作用,污水停留时间较短,是一种人工强化和自然净化相结合的形式,适用于土地面积有限、不足以建成完全以自然净化为特征的塘系统。

曝气塘 BOD_5 的去除率为 50%~90%,但由于出水中常含有大量活性或惰性微生物体,因而曝气塘出水不宜直接排放,一般需后接其他类型的稳定塘或生物固体沉淀分离设施进一步处理。

三、稳定塘的设计

稳定塘的设计要点如下:

第一,城市规划或现状中有池塘、洼地等可供污水处理利用,且在城镇水体下游,并应设在居民区下风向 200 m 以外,以防止散发的臭气影响居民区。此外,不应设在距机场 2 km 以内的地方,以防鸟类到塘中觅食、聚集,对飞机航行构成危险。

第二,稳定塘至少应分为两格。

第三,污水进入稳定塘前,宜经过一定预处理。

第四,稳定塘可接在其他生物处理工序之后,也可用作二级生物处理,稳定塘可单塘运行,也可多级串联运行。

第五,当稳定塘多级串联运行时,未经过沉淀处理后的污水,串联级数一般不少于 3 级;经过处理后的污水,串联运行可为 1~3 级。

第六,稳定塘的超高不小于 0.9 m,稳定塘应采用防止污染地下水源和周围环境的防渗措施,并应妥善处理污泥。

第七，塘的衬砌应在设计水位上下各 0.5 m 以上，若需防止雨水冲刷时，塘的衬砌应做到堤顶。

第八，在有冰冻的地区，背阴面的衬砌应注意防冻。若筑堤土为黏土时，在结冰水位以上应置换为非黏性土。

第九，设计时应注意配水、集水均匀，避免短流、沟流及混合死区。为此可采用多点进水和出水，并使进口、出口之间的直线距离尽可能大，进口、出口的方向避开当地主导风向等。

第二节　土地处理系统

土地处理系统也称土地灌溉系统和草地灌溉系统，此系统是将经适当预处理的污水有控制地投配到土地上，利用土壤—微生物—植物生态系统的自净功能和自我调控机制，通过一系列物理、化学和生物化学等过程，使污水达到预定处理效果的一种污水处理系统。该系统由污水预处理、水量调节与储存、配水与布水、土地处理田间工程、排水和监测等六部分组成，其中土地处理田间工程是其核心环节。土地处理系统具有以下优点：①处理成本低廉，基建投资少，运行费用低；②运行简便，易于操作管理，节省能源；③污水处理与农业利用相结合，能够充分利用水肥资源；④能绿化土地，促进生态系统的良性循环；⑤污泥得到充分利用，二次污染小。

一、土地处理的机理及过程

(一) 净化机理

污水流经土壤得以净化的过程极为复杂，其净化机理是多种作用、多种过程的综合过程。

1.土壤的物理作用

（1）过滤

污水流经土壤，其中的悬浮态污染物质被土壤团聚颗粒间的孔隙所截留，污水得到净化。影响土壤物理过滤效果的因素有团聚颗粒的大小、颗粒间孔隙的形状和大小、孔隙的分布以及污水中悬浮颗粒的性质、多少与大小等。

（2）沉淀

土层本身相当于一个有巨大比表面积的沉淀池，因此污水中的污染物可以在土壤团聚颗粒表面上沉淀而被去除。

（3）吸附

在非极性分子间范德华力的作用下，土壤中黏粒能吸附土壤溶液中的中性分子；污水中的部分重金属离子可因阳离子交换作用而被置换，吸附并生成难溶性物质被固定在矿物晶格中；土壤中的黏粒、腐殖质和矿物质具有强烈的吸附活性，能吸附污水中多种溶解性污染物。

2.土壤的化学作用

土壤层是一个能容纳各种物质和催化剂的化学反应器,并始终保持动态平衡。当污水进入土壤层时,污染物导致土层中的平衡体系被破坏,则土层内发生一系列的氧化还原、吸附、离子交换、络合等反应,使进入的污染物质或被氧化、还原,或被吸附、吸收,或变为难溶性的沉淀等,重新建立新的平衡,在这一过程中,污水得以净化。例如金属离子可与土壤中的无机和有机胶体颗粒生成螯合化合物;有机物与无机物的复合而生成复合物;调整、改变土壤的氧化还原电位,能够生成难溶性硫化物;改变 pH,能够生成金属氢氧化物;某些化学反应还能够生成金属磷酸盐等物质,沉积于土壤之中。

3.土壤的物理化学作用

土壤中的黏土、腐殖质构成了复杂的胶体颗粒体系,而各种污染物大多是以胶体状态存在于污水中,当污水进入土层,原来两个各自独立的体系便构成新的胶体体系。由于电解质平衡体系的破坏和土壤层中腐殖质等高分子物质的不饱和特性,导致在新的体系中发生一系列的胶体颗粒的脱稳、凝聚、絮凝和相互吸附等物理化学过程,从而使污水得到净化。

4.土壤的生物作用

在土壤环境中生长着大量的细菌、真菌、酵母菌、原生动物、后生动物、腔肠动物、各种昆虫等,并存在一个丰富的土壤微生物酶系,通过微生物的降解和吸收,污水中的有机质及氮和磷等营养素部分转化为有机质贮存在生物体内,从而与水分离。

(二)主要污染物的去除途径

1.BOD_5的去除

BOD_5的去除机理包括过滤、吸附和生物氧化作用。污水进入土地处理系统以后,BOD_5经过土壤表层区的过滤、吸附作用被截留下来,然后通过土层中的微生物(如细菌、真菌、酵母、霉菌、原生动物、后生动物等)氧化作用将其降解,并合成微生物新细胞。

2.氮和磷的去除

在土地处理中,氮主要通过植物吸收,微生物脱氮(氨化、硝化、反硝化),挥发、渗出(氨在碱性条件下逸出、硝酸盐的渗出)等方式被去除,其去除率受作物的类型、生长期、对氮的吸收能力以及土地处理工艺等因素影响。

磷主要通过植物吸收、化学反应和沉淀(与土壤中的钙、铝、铁等离子形成难溶的磷酸盐)、物理吸附和沉积(土壤中的黏土矿物对磷酸盐的吸附和沉积)、物理化学吸附(离子交换、络合吸附)等方式被去除,其去除效果受土壤结构、阳离子交换容量、铁铝氧化物和植物对磷的吸收等因素影响。

3.悬浮物质的去除

污水中的悬浮物质是依靠作物和土壤颗粒间的孔隙截留、过滤去除的。土壤颗粒的大小、颗粒间孔隙的形状、大小、分布和水流通道,以及悬浮物的性质、大小和浓度等都影响对悬浮物的截留过滤效果。

4.病原体的去除

污水经土壤过滤后,水中大部分的病菌和病毒可被去除,去除率可达 92% ~ 97%。其去除率与选用的土地处理系统工艺有关,其中地表漫流的去除率略低,但若有较长的漫流距离和停留时间,可达到较高的去除效率。

5.重金属的去除

重金属主要通过物理化学吸附、化学反应与沉淀等途径被去除,比如,重金属离子在土壤胶体表面进行阳离子交换而被置换、吸附,并生成难溶性化合物被固定于矿物晶格中;重金属与某些有机物生成可吸性螯合物被固定于矿物晶格中;重金属离子与土壤的某些组分进行化学反应,生成金属磷酸盐和有机重金属等沉积于土壤中。

二、土地处理的工艺类型

土地处理工艺类型较多,主要有慢速渗滤系统、快速渗滤系统、地表漫流系统、地下渗滤系统和湿地处理系统等,其中湿地处理系统在本章第三节中介绍。

(一)慢速渗滤系统

慢速渗滤系统(SR)是将污水投配到种有作物的土壤表面,污水在流经地表土壤—植物系统时得到充分净化的一种土地处理工艺类型。在慢速渗滤系统中,植物可吸收污水中的水分和营养成分,通过土壤—微生物—作物对污水进行净化,部分污水蒸发和渗滤,流出处理场地的水量一般为零,是土地处理技术中经济效益最大、水和营养成分利用率最高的一种类型。

慢速渗滤系统有农业型和森林型两种,适用于渗水性良好的土壤、砂质土壤及蒸发量小、气候润湿的地区,对于村镇生活污水和季节性排放的有机工业废水的处理比较合适。慢速渗滤系统的污水投配负荷一般较低,投配方式可采用畦灌、沟灌及可升降的或可移动的喷灌系统,渗滤速度慢,故污水净化效果好,出水水质优良。

(二)快速渗滤系统

快速渗滤系统(RI)是将污水有控制地投配到具有良好渗滤性的土壤表面,污水在向下渗滤的过程中,借生物氧化、沉淀、过滤、氧化还原和硝化、反硝化等过程而得到净化的一种污水土地处理系统,如图 10-4 所示。

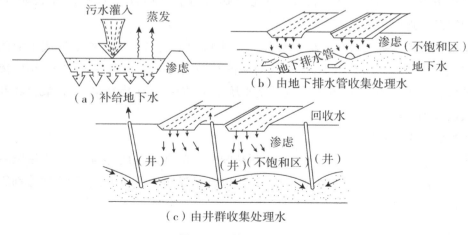

图 10-4　快速渗滤系统

快速渗滤的作用机理与间歇运行的"生物砂滤池"相似,通常淹水、干化交替运行,以便使渗滤池处于厌氧和好氧交替运行状态,依靠土壤微生物将被土壤截留的溶解性和悬浮有机物进行分解,使污水得以净化。污水快速渗滤系统是污水土地处理系统的一种基本类型,其 BOD$_5$、COD、氨氮及磷的去除率都比较高,

而且系统的水力负荷和有机负荷较其他类型的土地处理系统高得多,且投资少,管理方便,土地面积需求量小,可常年运行。但其对水文水质条件的要求更为严格,场地和土壤条件决定了快速渗滤系统的适用性;而且它对总氮的去除率不高,处理出水中的硝态氮可能导致地下水污染,因此污水应进行适当预处理。

(三)地表漫流系统

地表漫流系统(OF)是将污水有控制地投配在生长着茂密植物、具有和缓坡度且土壤渗透性较低的土地表面上,污水呈薄层缓慢而均匀地在土表上流经一段距离后得到净化的一种污水处理工艺,如图 10-5 所示。

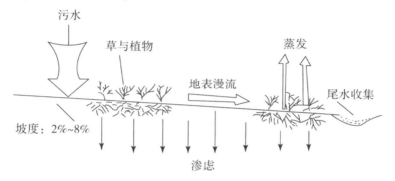

图 10-5　地表漫流系统

地表漫流系统适用于渗透性低的黏土或亚黏土,用于处理分散居住地区的生活污水和季节性排放的有机工业废水。它对污水预处理程度要求低,出水以地表径流收集为主,对地下水的影响最小,处理过程只有少部分水量因蒸发和渗入地下而损失,大部分径流水汇入集水沟;出水水质可达二级或高于二级处理的出水水质;投资省,管理简单;地表可种植经济作物,处理出水也可回用。但该系统受气候、作物需水量、地表坡度的影响大,气温降至冰点和雨季期间,其应用受到限制,而且通常还需考虑出水在排入水体以前的消毒问题。

(四)地下渗滤系统

地下渗滤系统(SWI)是将污水有控制地投配到距地表一定深度(约 0.5 m)、具有一定构造和良好扩散性能的土层中,使污水在土壤的毛细管浸润和渗滤作用下,向周围运动且达到净化污水要求的土地处理系统。

地下渗滤系统适用于无法接入城市排水管网的小水量污水处理,如分散的居民点住宅、度假村、疗养院等,但污水进入处理系统前须经化粪池或酸化池预处理。该系统处理污水的负荷较低,停留时间长,因此净化效果好且稳定;可与绿化和生态环境的建设相结合,运行管理简单;氮磷去除能力强,处理出水水质好,可用于回用。缺点是受场地和土壤条件的影响较大;如果负荷控制不当,土壤会堵塞;进、出水设施埋设地下,工程量较大,投资相对于其他

土地处理系统要高。

三、污水土地处理系统的设计

(一)设计内容

污水土地处理系统的设计内容包括:收集、分析场地及其土壤物理性质;根据处理对象确定处理工艺;依据当地气候、土壤条件、污水性质选择植物;确定渗流速度及计算水力负荷;计算所需要的土地面积;设计布水和排水系统;分析对地下水及土壤的影响,运行及管理情况等。

(二)设计计算(以慢速渗滤系统设计为例)

1.水力负荷

水力负荷可根据土壤的渗透力、滤水中含氮量以及淋溶这 3 方面限制因素进行计算。

(1)所投配污水的水力负荷

$$L_w = E_T - P_r + P_w \tag{10-2}$$

式中,L_w ——所投配污水的水力负荷,mm/a;

E_T ——蒸发量,mm/a;

P_r ——降水量,mm/a;

P_w ——污水渗滤率,mm/a;由污水日渗滤速度 P'_w 累积而得。

$$P'_w = K \times 24 \times (0.04 \sim 0.10) \tag{10-3}$$

式中,P'_w ——污水日入渗速度,mm/d;

K——限制土层的水传导率,mm/h。

(2)所投配污水的氮负荷量

$$L_N = U + fL_N + 100C_pP_w \tag{10-4}$$

式中,L_N ——所投配污水中氮的负荷量,kg/(万 $m^2 \cdot a$);

U——植物对氮的利用量,kg/(万 $m^2 \cdot a$);

f——污水中的氮因挥发、脱氮、土壤储存等造成的损失系数;

C_p ——渗滤水中氮的浓度,mg/L;

P_w ——污水年渗滤值,mm/a。

(3)根据淋溶限制计算水力负荷

在一些水资源缺乏而土地资源相对充足的干旱地区,可通过漫流满足植物生长需要。在此场合下需根据淋溶限制计算水力负荷,其计算公式如下:

$$L_w = (E_T - P_r) (1 + L_R) \frac{100}{E} \tag{10-5}$$

式中:L_R ——淋溶系数,范围为 0.05~0.3,取决于植物类型、降水量和废水中总溶解固体;

E——灌溉系数。

2.土地面积

慢速渗滤系统所占土地面积包括慢速渗滤处理田和辅助面积两部分,其中,慢速渗滤处理田的计算公式为:

$$A_w = \frac{Q \times 365 \times \Delta V_s}{L_w \times 100}$$

（10-6）

式中,A_w——慢速渗滤处理田面积,万 m^2;

ΔV_s——预处理单元和储存塘中因降水、蒸发、渗漏引起的水量增减量,m^3/d。

第三节　人工湿地系统

湿地是地球表层的地理综合体,是陆生生态与水生生态之间的过渡地带,是地球上的重要自然资源。湿地可以分为天然湿地和人工湿地两大类,天然湿地生态系统极其珍贵,其承担的污染负荷能力有极大的局限性,不能大规模开发利用。因此人工湿地越来越受到重视,在污水处理中已得到广泛应用。

人工湿地系统相对于传统的二级处理系统而言,具有以下优点:①建造、操作及维护费用低;②节省能源,无二次污染;③处理过的水可循环再利用;④提供许多湿地生物的栖息地;⑤容易实现中水回用;⑥可承受进水流量的大幅度变化;⑦水资源的永续管理;⑧具有一定的景观观赏功能;⑨在海岸地区具有防风的功能;⑩可提供一些非直接的效益,如绿色空间及教育研究等。但存在以下缺点:①土地面积需求大;②净化处理速度缓慢;③污水需经过预处理;④易滋生蚊蝇;⑤关于人工湿地的设计,建设和运行还缺少统一的规范,缺乏精确的参数;⑥生物组织对毒性化学物质敏感等。

一、人工湿地净化机理

人工湿地(Constructed Wetlands)也叫构建湿地,是人工建造的、可控制的和工程化的污水生态处理系统,由水、填料以及水生生物组成。

(一)填料、植物和微生物在人工湿地系统中的作用

1.填料

人工湿地常用的填料有土壤、砾石、砂、沸石、碎瓦片、灰渣等。填料在人工湿地中不仅为植物提供生长介质,为各种化合物和复杂离子提供反应界面及对微生物提供附着载体,而且可通过离子交换、沉淀、过滤和专性与非专性吸附、整合等作用直接去除污染物。污水中磷和重金属的净化主要通过上述反应实现,其反应产物最终吸附或沉降在土壤内。

2.水生植物

水生植物是人工湿地的重要组成部分,具有以下作用:①将污水中的部分污染物作为自身生长的养料而吸收;②能将某些有毒物质富集、转化、分解成无毒物质;③向根区输送氧气创造有利于微生物降解有机污染物的良好根区环境;④增加或稳定土壤的透水性。

可用于人工湿地的植物有芦苇、香蒲、灯心草、风车草、水葱、香根草、浮萍等,其中芦苇应用最广。

3.微生物

微生物是人工湿地净化污水不可缺少的重要部分,在湿地养分的生物化学循环过程中起核心作用,它们不仅对污染物起吸收和降解作用,而且还能捕获溶解性成分给自身或植物共生体利用。人工湿地系统中的微生物主要去除污水中的有机质和氮。

(二)人工湿地系统对污水的作用机理

人工湿地系统对污水的净化机理十分复杂,净化过程综合了物理、化学和生物的三重协同作用。物理作用,主要是对可沉固体、BOD_5、氮、磷、难溶有机物等的沉淀作用,填料和植物根系对污染物的过滤和吸附作用;化学作用是指人工湿地系统中由于植物、填料、微生物及酶的多样性而发生的各种化学反应过程,包括化学沉淀、吸附、离子交换、氧化还原等;生物作用则主要是依靠微生物的代谢、细菌的硝化与反硝化、植物的代谢与吸收等作用,实现对污染物的去除。最后通过对湿地填料的定期更换或对栽种植物的收割,而使污染物最终从系统中去除。下面分别对人工湿地系统中有机物、氮和磷的去除进行阐述。

1.人工湿地对有机物的去除过程

人工湿地处理系统的显著特点之一就是对有机物有较强的降解能力。水体中的不溶性有机物通过湿地的沉淀、过滤作用,可以很快地被截留而被微生物利用,而出水中的可溶性有机物则可通过植物根系生物膜的吸附、吸收及生物代谢而被去除。因此湿地对有机物的去除是物理的截留沉淀和生物的吸收降解共同作用的结果。

2.人工湿地对氮的去除过程

人工湿地系统对氮的去除作用包括填料的吸附、过滤、沉淀,氮的挥发,植物的吸收以及微生物硝化、反硝化作用。氮在湿地系统中呈现一个复杂的生物地球化学循环,它包括了7种价态的多种转换。水体中的氮通常是以有机氮和氨的形式存在,在土壤-植物系统中,有机氮首先被截留或沉淀,然后在微生物的作用下转化为氨态氮。由于土壤颗粒带有负电荷,氨离子很容易被吸附,土壤微生物通过硝化作用将氨离子转化为 NO_3^-,土壤又可恢复对氨离子的吸附功能。同时水中的无机氮可作为植物生长过程中不可缺少的物质而直接被植物摄取,并合成植物体内的蛋白质等有机氮,通过植物的收割而从污水和湿地系统中去除。但氮的去除主要还是通过湿地中微生物的硝化和反硝化作用。研究表明,微生物的反硝化是人工湿地脱氮的主要途径,植物吸收总氮量仅占入水氮量的15%左右。如果通过选择有效的植物组合,能够对脱氮起到良好效果,研究报道芦苇具有较强的输氧能力,茭白具有较强的吸收氮、磷的能力,将两种植物混种对 TN 和氨氮的去除率可分别达到60.6%和80.9%。

3.人工湿地对磷的去除过程

人工湿地系统对磷的去除是由植物吸收、微生物去除及填料的物理化学作用而完成的。如同无机氮一样,污水中的无机磷在植物吸收及同化作用下,可变成植物的有机成分(如 ATP、DNA、RNA 等),通过植物的收割而得以去除。植物的生长状况直接影响到去除效果:在春季和夏季,植物生长迅速,生物量增加,对磷的吸收加快,出水中磷含量减少;而在秋季植物枯萎后,吸收速度放慢,冬季死亡的植株会释放磷到湿地中,致使出水磷含量上升,无机磷含量甚至高于进水。因此,对植物的及时收割和填料的定期更换有助于延长湿地系统的处理寿命。

填料的物理化学作用主要是填料对磷的吸收、过滤和与磷酸根离子的化学反应,因填料不同而存在差异。填料中含有较多 Fe、Al 和 Ca 的离子时有利于对磷的去除。据研究报道,以花岗石和黏性土壤为主要介质的湿地能高效去除水中的磷物质,就是因为土壤中含有较丰富的铁、铝离子,而花岗石含较多钙离子能与磷酸根离子结合形成不溶性盐固定下来。但填料对磷的这种吸附和沉淀作用不是永久性的,而是可逆的。

微生物对磷的去除,包括对磷的正常同化作用(将磷纳入其分子组成)和对磷的过量积累。一般二级污水处理中,当进水磷含量为 10 mg/L 时,微生物对磷的正常同化去除,仅是进水总量的 4.5%～19%。所以,微生物除磷主要是通过强化后对磷的过量积累来完成。对磷的过量积累,得益于湿地植物光合作用中光反应、暗反应,形成根毛输氧多少的交替出现,以及系统内部不同区域对氧消耗量的差异,而导致了系统中厌氧、好氧状态的交替出现。

二、人工湿地系统的类型

根据水在湿地中流动的方式不同,人工湿地系统分为地表流湿地(Surface Flow Wetland,SFW)和潜流湿地(Subsurface Flow Wetland,SSFW)。工程化应用时可以根据各种类型湿地的优缺点,结合不同污水的特点进行科学、合理的有机组合。

(一)地表流湿地系统

地表流湿地系统也称为水面湿地系统,与自然湿地最为接近,但它受人工设计和监督管理的影响,其去污效果优于自然湿地系统。

污水在湿地的表面流动,水位较浅,在 0.1～0.9 m,通过生长在植物水下部分茎、秆上的生物膜去除污水中的大部分有机污染物,氧的来源主要靠水体表面扩散、植物根系的传输和植物的光合作用,但传输能力十分有限。这种类型的湿地系统具有投资少、操作简单、运行费用低等优点,但占地面积大、负荷小、处理效果较差、易受气候影响、卫生条件差。

(二)潜流湿地系统

潜流湿地系统也称为渗滤湿地系统,污水在填料表面下流动,填料床底层为小豆石,中层为砾石,上层覆盖表层土壤层,种植耐水植物,为保证潜流污水在床内的均匀流态,需布置合理的床内配水系统和集水系统。

污水在湿地床的内部流动,水位较深,它是利用填料表面生长的生物膜、丰富的植物根系及表层土和填料截留的作用来净化污水。由于水流在地表以下流动,具有保温性能好,处理效果受气候影响小,卫生条件较好的特点。与水面流湿地相比,潜流湿地的水力负荷大和污染负荷大,对 BOD、COD、SS、重金属等污染指标的去除效果好,出水水质稳定,不需适应期,占地面积小,但投资要比水面湿地高,控制相对复杂。

潜流湿地系统可分为水平流潜流系统、垂直流潜流系统和潮汐潜流系统。

1.水平流潜流系统

水平流潜流人工湿地因污水从一端水平流过填料床而得名,与自由表面流人工湿地相比,水平潜流入工湿地的水力负荷高,对 BOD、COD、SS、重金属等污染物的去除效果好,且很少有恶臭和滋生蚊蝇现象。但其脱氮、除磷效果不及下述的垂直流潜流入工湿地。

2.垂直流潜流系统

垂直流潜流人工湿地中,污水从湿地表面垂直向下流过填料床的底部或从底部垂直向上流进表面,床体处于不饱和状态,氧可通过大气扩散和植物传输进入人工湿地。垂直流潜流人工湿地的硝化能力高于水平流潜流人工湿地,用于处理氨氮浓度较高的污水更具优势,但对有机物的去除能力不如水平流潜流湿地,且控制相对复杂,基建要求较高,夏季有滋生蚊蝇的现象。

3.潮汐潜流系统

潮汐潜流人工湿地的湿地床按时间顺序交替地被充满水和排干,床体出水过程中空气被挤出,给排水过程中新鲜的空气被带入床内。通过这种交替的进水和空气运动,氧的传输速率和消耗量大大提高,极大地提高了湿地床的处理效果。但潮汐潜流湿地运行一段时间后,床体可能会被大量的生物堵塞,从而限制水和空气在床体内的流动,降低了处理效果,因此设计中可考虑采用备用床交替运行。

思考题

1.稳定塘有哪几种主要类型?各适用于什么场合。

2.试述好氧塘、兼性塘和厌氧塘净化污水的基本原理。

3.污水土地处理系统有几种类型?各有什么特点?

4.污水土地处理系统的设计内容和设计计算主要有哪些?

5.人工湿地脱氮除磷的机理是什么?

第十一章　污水深度处理

导读：

　　污水深度处理是指城市污水或工业废水经一级、二级处理后，为了达到一定的回用水标准使污水作为水资源回用于生产或生活的进一步水处理过程。针对污水(废水)的原水水质和处理后的水质要求可进一步采用三级处理或多级处理工艺。常用于去除水中的微量 COD 和 BOD 有机污染物质，SS 及氮、磷高浓度营养物质及盐类。

学习目标：

　　1.了解深度污水处理中过滤的作用机理

　　2.掌握污水处理重要的消毒技术

第一节　过滤

　　过滤(Filtration)是去除水中悬浮物，特别是去除低浓度悬浮液中微小颗粒的一种有效方法，是借助粒状材料或多孔介质截除水中悬浮固体的过程，去除对象包括各种无机、有机质粒和浮游生物、细菌、滤过性病毒、漂浮油和乳化油等。

　　在饮用水净化处理工艺中，过滤是必不可缺的工序，用于给水处理系统中的沉淀池和澄清池之后，保证出水的浊度达到饮用水标准。而在污水处理系统中，过滤既可作为吸附、离子交换、膜分离等深度处理的预处理，也可用于生化处理后的深度处理，以去除出水中残留的悬浮物，使出水达到回用要求。

　　根据所采用的过滤介质不同，过滤可分为格筛过滤(Screen Filtration)、微孔过滤(Micro-filtration)、膜过滤(Membrane Filtration)和深层过滤(Depth Filtration)四种类型，本章主要介绍深层过滤。

一、过滤理论

　　污水通过一定厚度的颗粒状滤料(如石英砂、无烟煤等)床层时，由于滤料颗粒之间存在孔隙，水中的悬浮物和胶体会被截留在滤料表面和内部孔隙中，这一过程称为深层过滤，简称为过滤。

(一)过滤机理

过滤是一个包含多种作用的复杂过程,多数研究者认为过滤主要是悬浮颗粒与粒状滤料之间黏附作用的结果,其过滤机理可分为阻力截留、重力沉降和接触絮凝三种。

1.阻力截留

过滤过程中,当污水流经滤料层时,粒径较大的悬浮物颗粒首先被截留在表层滤料的孔隙中,从而使表层滤料的孔隙越来越小,截污能力随之变得越来越高,逐渐形成一层由被截留的悬浮颗粒构成的滤膜,并起到所谓的"表层截污"作用,这种作用称为阻力截留(Staining)或筛滤作用。由于该过滤作用是在滤料的表面进行,故也称之为表面过滤。阻力截留作用的大小,取决于悬浮颗粒和滤料粒径及过滤速度。一般情况下,悬浮颗粒的粒径越大,滤料的粒径越小,过滤速度越小,阻力截留作用愈强。

由于阻力截留作用的表层截污现象会增加过滤阻力,严重时会堵塞滤池,使下层滤料的截污作用得不到充分发挥,因此在实际过滤操作中应尽量防止阻力截留作用的形成,从而充分发挥深层滤料的纳污能力。

2.重力沉降

污水通过滤料层时,众多的滤料介质表面同时提供了巨大的沉降面积,形成无数微型的沉淀池,据相关资料统计,1 m³粒径为 0.5 mm 的滤料中就拥有 400 m² 的有效沉降面积。根据斯托克斯定律,污水中的悬浮颗粒沿着水流流线运动时,在沉速适宜的条件下,悬浮颗粒会在重力作用下脱离流线而在滤料表面沉降下来。

重力沉降(Gravity Settlement)强度主要取决于滤料直径和过滤速度。滤料越小,沉降面积越大;滤速越小则水流越平稳,这些都有利于悬浮物的沉降。

3.接触絮凝

滤料拥有巨大的比表面积,使之对悬浮颗粒具有明显的黏附作用。在范德瓦耳斯力、静电力的相互作用以及某些化学键和特殊的化学吸附作用下,与滤料表面接近或接触的颗粒就会被黏附于滤料表面上,黏附过程同时还存在着絮凝颗粒的架桥作用,有些研究者称其为接触絮凝(Contact Flocculation)。接触絮凝是一种物理化学作用,其强弱主要取决于滤料和水中悬浮颗粒的表面物理化学性质。如快滤池表层细砂层粒径为 0.5 mm,滤料孔隙率为80,进入滤池的颗粒尺寸大部分小于 30 但仍然能被去除,主要原因就是接触絮凝作用使小粒径颗粒黏附在滤层上。因此,接触絮凝对提高过滤效率具有重要作用。

由于以重力沉降和接触絮凝作用为主的过滤均可充分发挥深层滤料的截污能力,故将这两种作用统称为深层过滤。

在过滤过程中,上述三种作用同时存在,只是条件不同时其主导作用不同而已。通常,大粒径的悬浮颗粒以阻力截留形式的表层过滤作用为主,而细粒径的悬浮颗粒则主要以重力沉降和接触絮凝作用的深层过滤为主。

(二)过滤方式

过滤有等速过滤和变速过滤两种基本方式。当滤池过滤速度保持不变,亦即滤池流量保持不变时,称等速过滤;而滤速随过滤时间而逐渐减小的过滤称变速过滤。

1.变水头等速过滤

随着过滤进行,滤层孔隙率减少,水头损失增加,滤池内水位自动上升,自由进流,以保持过滤速度不变,这种情况称为"变水头等速过滤"。虹吸滤池、无阀滤池属于等速过滤的滤池。

水流通过于净滤层的水头损失称"清洁滤层水头损失"或称"起始水头损失",即 H_0。假设过滤 t 后,滤层水头损失增加 ΔH_t,于是过滤时滤料的总水头损失 H 是清洁滤层水头损失 H_0、配水系统、承托层及灌渠水头损失之和 h 再加上 ΔH_t。

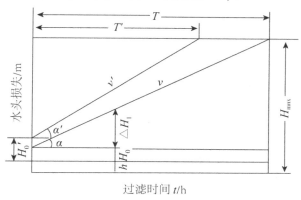

图 11-1　变水头等速过滤水头损失与过滤时间的关系

图 11-1 是 ΔH_t 与时间的关系,反映了滤层截留杂质与过滤时间的关系。图中是水头损失增值为最大时的过滤水头损失,一般设计时取 1.5~2.0 m。图中 H_{max} 为过滤周期。如果不出现滤后水质恶化等情况,过滤周期不仅决定于最大允许水头损失,还与滤速有关。设滤速 $v' > v$,其对应清洁砂层水头损失为 H'_0,$H'_0 > H$。同时对应的单位时间内被滤层截留的杂质量也较多,水头损失增加也较快,即 $\tan\alpha' > \tan\alpha$,因而此滤速下过滤周期 $T' < T$。这里可忽略承托层及配水系统、管(渠)等相对微小变化的水头损失。

2.等水头等速过滤

在整个过滤周期内,滤池的水位和滤速都保持不变,称为"等水头等速过滤"。等水头等速过滤是通过设置出流量控制阀来控制的,如 V 型滤池。

过滤时流经滤料层的水头损失逐渐增加,为使剩余水头不变,可开大出水阀减小流经控制阀的水头损失。当过滤周期快结束时,出水阀已经全部打开,此时流经控制阀的水头损失已达最小。继续过滤,流经控制阀的水头损失开始逐渐减小,直至全部消耗完,滤池也不再出水,过滤完成。在实际运行中,一般当出水阀全部打开时(过滤时间为 T),就停止过滤而进行反冲洗。时间 T 就是过滤周期。

3.等水头变速过滤

在过滤过程中,如果过滤水头损失始终保持不变,而滤层孔隙率又逐渐减小,则滤速逐渐减小,这种情况称"等水头变速过滤"。这种变速过滤状态在分格数很多的移动冲洗罩滤池中可近似达到。

设 4 座滤池组成 1 个滤池组,进入滤池组的总流量不变。由于每座滤池的进水渠相互连通,4 座滤池内的水位或总水头损失在任何时间内基本上都是相等的。在整个过滤过程中,4 座滤池的平均滤速始终不变,以保持总的进出流量平衡。但对某一座滤池而言,其滤速则随着过滤时间的延续而逐渐降低。最大滤速发生在该座滤池刚反冲洗完毕投入运行阶段,而后滤速呈阶梯形下降。一般最大、最小滤速分别是平均滤速的 150%、50%。如果滤池格数无限大,则滤速变化接近连续曲线。

与等速过滤相比,在平均滤速相同的情况下,变速过滤具有滤后水质好、在相同过滤周期内过滤水头损失较小、单位水头损失产水量高等优点。但滤层内截留杂质较多时,虽然滤速降低,但因滤层孔隙率减小,孔隙流速未必减小。

二、过滤设备

滤池(Filter)是实现过滤的设备。目前使用的滤池类型很多,按水流方向,可分为下向流、上向流和双向流滤池;根据滤料组成,可分为单层滤料、双层滤料、三层及混合滤料滤池;按过滤速度,分为低速过滤(速度小于 4 $m^3/(m^2 \cdot h)$);中速过滤(速度为 4~10 $m^3/(m^2 \cdot h)$)和高速过滤(速度为 10~16 $m^3/(m^2 \cdot h)$);按作用力分为重力式滤池(过滤压力水头为 4~5 m)、压力滤池(过滤压力水头为 15~20 m);按进出水的方式和反冲洗的方式,可分为普通快滤池、双阀滤池和无阀滤池。

(一) 普通快滤池

1.普通快滤池的结构

各种类型的滤池在构造上虽各有特点,但其工作原理和运行过程基本相同,这里以最常用的普通快滤池(Rapid Filter)为例进行介绍。

最早出现的滤池为下向流重力式石英砂块滤池,又称普通快滤池。普通快滤池的构造如图 10-2 所示,包括池体、滤料层、承托层、配水系统和管廊。

快滤池的运行过程包含过滤(Filtration)和反冲洗(Backwash)两个工序。过滤的作用是截留分离悬浮物,以获得澄清的出水,过滤速度大于 10 m/h;而反冲洗的目的则在于清除滤料层中残留的悬浮物,恢复其过滤能力。两个工序交替进行,共同完成过滤作用。

过滤时,开启进水支管和出水支管的阀门。原水经进水总管、进水支管,由进水渠进入滤池,在洗砂排水槽的作用下均匀分配在整个滤池的断面上,然后流经滤料层、承托层后,由配水系统的配水支管汇集,再经配水干管、出水支管、出水总管流向下一个构筑物。

原水流经滤料层时,水中杂质被滤料层截留。随着过滤时间的增长,滤层中杂质截留量的逐渐增加,滤料颗粒的孔隙不断减小,水流阻力不断增加。当水头损失达到一定程度(最大为 1.5~2 m),滤池出水量减少或出水水质不符合要求时,就须停止过滤而进行反冲洗操作。

冲洗水流的方向与过滤恰好相反,故称为反冲洗。反冲洗时,关闭进水支管上的阀门,待水位下降到砂面以上约 10 cm 时,再关闭出水支管的阀门。开启排水阀和冲洗水支管阀门,冲洗水即由冲洗水总管和冲洗水支管,经配水系统干管、配水支管从下而上流过承托层

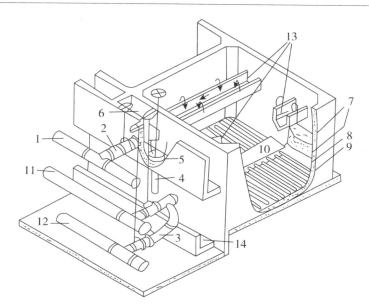

图 11-2 普通快滤池构造剖视图

1—进水总管;2—进水支管;3—出水支管;4—冲洗水支管;5—排水阀;6—进水渠;7—滤料层;

8—承托层; 9—配水支管;10—配水干管;11—冲洗水总管;12—出水总管;13—冲洗排水槽;14—污水渠

和滤料层,均匀地分布于整个滤池表面上。滤料层在反冲洗水流的作用下呈悬浮状态,并逐步膨胀到一定高度,滤料颗粒之间互相碰撞、摩擦,黏附在滤料表面上的污染物等杂质便脱落下来。冲洗污水排入冲洗排水槽,再经进水渠、出水总管和污水渠流入下水道。一般反冲洗水利用过滤后的清水,其用量约占滤池产水量的 1%~3%。

从过滤开始到过滤结束称为一个过滤周期(Filter Run),而从过滤开始到反冲洗结束的过程则为过滤循环(Filter Cycle),也称为工作周期,滤池的工作周期一般为 12~24 h。

2.滤料及其性能

滤料是滤池的重要组成部分,它能为去除悬浮物提供巨大的接触表面和纳污空间。性能优良的滤料应具有足够的机械强度,以防冲洗时滤料产生磨损和破碎现象;具有足够的化学稳定性,以免滤料与水产生化学反应而恶化水质;有适宜的级配和足够的空隙率;滤料的外形最好接近于球形,表面粗糙而有棱角;滤料还应价廉、易得。

目前,水处理中石英砂是使用最广泛的滤料。在双层和多层滤料中,常用的还有无烟煤、石榴石、磁铁矿、金刚砂、白云石、聚苯乙烯,以及近年来研发的硅藻土、陶粒、核桃壳、纤维滤料等。滤料的选择要根据其性能指标、实验和工程实际来确定。

(1)滤料的规格

滤料的规格通常指滤料的粒径级配及滤层厚度,两者是决定过滤效果和纳污能力的重要指标。

①滤料的粒径级配(Grain Size and Grade)

粒径级配是指各种粒径的颗粒所占的重量比例,通常用有效粒径(Effective Size)和不均匀系数(Diversity Factor)表示。

有效粒径是指有 10% 的滤料能通过的筛孔孔径,用 d_{10} 表示。d_{10} 反映了滤料中小颗粒的大小。d_{80} 则表示有 80% 滤料通过的筛孔孔径。d_{80} 与 d_{10} 之比称为不均匀系数,表示为 $k_{80} = d_{80}/d_{10}$。k_{80} 反映滤料大小的不均匀程度。k_{80} 越大表示滤料中颗粒大小相差越大,颗粒越不均匀,这对过滤和冲洗都很不利。因此越接近于 1,滤料越均匀,过滤和反冲洗效果越好,但滤料价格会较高,一般 k_{80} 控制在 1.65~1.80 之间为宜。

我国规范中所采用的滤料粒径级配法是通过最大粒径 d_{max}、最小粒径 d_{min} 和不均匀系数 k_{80} 来控制滤料粒径分布,工程上为使用方便,一般取 $d_{min} \approx d_{10}$,$d_{max} \approx d_{80}$。

不同型式的滤池要求有效粒径和不均匀系数亦不一样。但非每种滤料都能满足要求,因此应将滤料进行筛分试验。

②滤层厚度

滤料必须有一定的厚度,才能保证出水水质。滤层厚度取决于悬浮物穿透的深度,与滤料的粒径、滤速及混凝效果有关。滤料粒径越大,滤速越快,混凝效果越差,穿透深度也随之增加,所需的滤层较厚;而滤料粒径小,滤速慢,污染物穿透深度也较小,所需的滤层厚度较薄。

理想的滤料层是按水流方向,滤料的粒径由粗到细分布的。单层滤料通常由石英砂组成,其粒径分布是上细下粗,出水水质较好,但易形成筛滤层,且反冲洗困难,一般不适宜处理污水。为改变单层滤料上细下粗的分布不均匀现象,提高滤料层纳污能力,出现了双层滤料、三层滤料及均质滤料。

双层滤料的上层采用密度较小、粒径较大的轻质滤料(如无烟煤),下层采用密度较大、粒径较小的重质滤料(如石英砂),从而形成了滤层孔隙上大下小的排列。上层无烟煤空隙率较大,可除去进水中大部分悬浮物,而下层细粒径的石英砂起精滤作用,保证了出水水质。实践证明,双层滤料纳污能力较单层滤料约高 1 倍以上;相同滤速下,过滤周期增长;相同过滤周期下,滤速可提高。

三层滤料是在双层滤料底部再铺设一层密度更大而粒径更小的重矿石(如石榴石、磁铁矿)。这种滤料从上到下分别为大粒径、小密度的轻质滤料层,中等粒径、中等密度的滤料层和小粒径、大密度的重质滤料层,每层滤料的平均粒径由上而下递减,在粒径分布上更接近于理想滤料,因此三层滤料不仅纳污能力大,而且因为下层为小粒径的重质滤料,滤后水质有保障。

所谓"均质滤料"是指沿整个滤层深度方向的任一横断面上,滤料组成和平均粒径均匀一致。均质滤料层的纳污能力远大于上细下粗的级配滤层。

(2)滤料的纳污能力

滤料的纳污能力(Capacity of Retaining Pollutants)是指在保证出水水质的前提下,在一个过滤周期内单位体积滤料中所截留污染物的量,单位以 g/cm^3 或 kg/m^3 计。

图 11-3 所示是滤料层截污量的变化曲线,其中含污量系指单位体积滤层中所截留的污染物量。图中曲线与坐标轴所包围的面积除以滤层总厚度即为滤层纳污能力。在滤层厚度一定条件下,此面积越大,滤层纳污能力越大。显然悬浮颗粒量在滤层深度方向变化越大,表明下层滤料截污作用越小,就整个滤层而言,纳污能力越小,反之亦然。

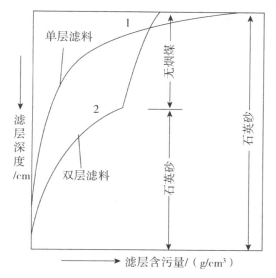

图 11-3 滤料层截污量变化

（3）滤料的孔隙率和比表面积

孔隙率（Porosity）是指一定体积的滤层中,孔隙所占体积与总体积的比值。滤料层孔隙率与滤料颗粒形状、均匀程度以及压实程度等有关。均匀粒径和不规则形状的滤料,孔隙率大。常用的石英砂和白煤滤料的孔隙率分别为 0.40 和 0.50。

滤料的比表面积（Specific Surface）是指单位重量或单位体积的滤料所具有的表面积,用 cm^2/g 或 cm^2/cm^3 表示。

3.承托层

承托层（Supporting Grave Layer）铺垫在滤料层底部,起到承托滤料的作用,亦称垫料层。其作用主要是防止滤料从配水系统中流失,同时在反冲洗时起到均匀布水的作用。

一般要求承托层不被反冲洗水冲动发生位移,形成的孔隙均匀,使布水均匀,同时要有足够的化学稳定性和机械强度。其最小粒径不应小于滤料的最大粒径,从上至下按粒度由小到大分层铺设。承托层常采用天然卵石或砾石,采用分层布置方式。

承托层一般配合大阻力配水系统使用。若采用小阻力配水系统,承托层可以减薄或不设。

4.配水系统

配水系统（Water Distribution System）的作用是均匀收集滤后水,更重要的是均匀分配反冲洗水。配水系统的合理设计是保证滤池正常工作、滤料层稳定的重要前提。配水不均匀,部分滤层膨胀不足,冲洗不净;而部分滤层膨胀过甚,甚至会招致局部承托层发生移动,造成跑砂现象。

（二）其他形式的滤池

1.虹吸滤池

虹吸滤池是快滤池的一种形式,它的特点是利用虹吸原理进水和排水,并利用池子自身的水位进行反冲洗,不需另设冲洗水箱或水泵,采用小阻力配水系统。

虹吸滤池是由6~8个单元滤池组成一个整体,图11-4中为左右对置的两个池子,分别表示滤池过滤和反冲洗时的情况,池子的中心部分相当于普通快滤池的管廊,上部设有真空控制系统。

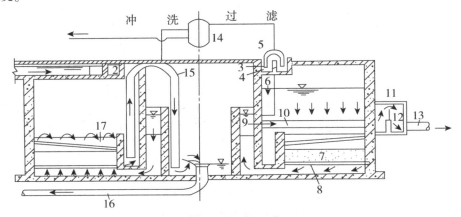

图11-4　虹吸滤池结构

1—进水总槽;2—环形配水槽;3—进水虹吸管;4—单个滤池进水槽;5—进水堰;6—布水管;7—滤层;
8—配水系统;9—环形集水槽;10—出水管;11—出水井;12—控制堰;13—清水管;14—真空系统;
15—冲洗排水虹吸管;16—冲洗排水管;17—冲洗排水槽;18—汇水槽

过滤时(右侧池),经澄清的水由进水槽流入滤池上部的配水槽,经虹吸管进入进水槽,再经过进水堰和布水管流入滤池。水经过滤层和配水系统流入集水槽,再经过出水管流入出水井,最后由控制堰流出滤池。

过滤过程中滤池的水头损失不断增加,池内水位不断上升,当水位上升到一定高度时,水头损失达到了最大允许值(一般为1.5~2.0 m),则进水的虹吸作用被破坏,进水停止,滤池即自动进行反冲洗。

反冲洗时(左侧池),利用真空系统将冲洗虹吸管抽成真空,使它形成虹吸,则滤池内的存水沿虹吸管被抽到滤池中心的下部,由排水管排出。此时池内水位逐渐降低,至低于集水槽的水位时,反冲洗即正式开始,集水槽的水反向流过滤层,冲洗滤料,反洗水经排水槽排至虹吸管进口处抽出。当滤料冲洗干净以后,破坏冲洗虹吸管的真空,冲洗即停止,再启动进水虹吸管,滤池又进入过滤状态。

虹吸滤池是利用虹吸作用控制滤池运行,不需大型阀门及电动、水利等控制设施,能利用滤池本身的水位进行反冲洗,操作管理方便,易于实现自动控制,造价比普通快滤池低20%~30%。但池体较深(一般为5~6 m),且面积较小(不大于16 m²),因此冲洗水头受到限制,一般为1.1~1.3 m,平均冲洗强度一般采用10~15 L/(m²·s),多适用于中小型水处理厂。

2.无阀滤池

无阀滤池(Filter without Valve)是利用水力学原理,通过进出水的压力差自动控制虹吸管,实现自动清洗和投入过滤的滤池,这种类型的滤池可完全不用阀门控制。其内部构造同一般快滤池无本质上的差异,只是通过虹吸上升管与辅助管口间的水位高差实现自动反冲洗。

过滤时,水流方向如图中箭头所示。污水经进水分配槽,由进水管进入虹吸上升管,再经顶盖下面的挡板后,均匀地分布在滤料层上,通过承托层、小阻力排水系统进入底部空间。滤后水从底部空间经连通渠(管)上升到冲洗水箱,再经出水管流入清水池。

开始过滤时,虹吸上升管与冲洗水箱中的水位差,为过滤起始水头损失。随着过滤时间的延续,滤料层水头损失逐渐增加,虹吸上升管中水位相应逐渐升高。管内原存空气受到压缩,一部分空气将从虹吸下降管出口端穿过水封进入大气。当水位上升到虹吸辅助管的管口时,水从辅助管流下,依靠下降水流在管中形成的真空和水流的挟气作用,抽气管不断将虹吸管中空气抽出,使虹吸管中真空度逐渐增大。其结果是一方面虹吸上升管中水位升高,同时,虹吸下降管将排水水封井中的水吸上至一定高度。当上升管中的水越过虹吸管顶端而下落时,管中真空度急剧增加,达到一定程度时,下落水流与下降管中上升水柱汇成一股冲出管口,把管中残留空气全部带走,形成连续虹吸水流。这时的滤层上部压力骤降,促使冲洗水箱的水沿着与过滤时的相反方向进入虹吸管,滤料层受到反冲洗。冲洗污水由排水水封井流入下水道。冲洗过程中,水箱内水位逐渐下降。

当水位下降到虹吸破坏斗以下时,虹吸破坏管把小斗中的水吸完。管口与大气相通,虹吸破坏,冲洗结束,过滤重新开始。

从过滤开始至虹吸上升管中水位升至辅助管口的这段时间,为无阀滤池的过滤周期。因为当水从辅助管向下流时,仅需数分钟便进入冲洗阶段,故辅助管口至冲洗水箱最高水位差 H 即为反洗前期最终允许水头损失值,一般采用 1.5~2.0 m。

如果在滤层水头损失还未达到最大允许值,而因某种原因(如出水水质不符要求)需要冲洗时,可进行人工强制冲洗。强制冲洗设备是在辅助管与抽气管相连接的三通上部,接一根压力水管,称强制冲洗管。打开强制冲洗管阀门,在抽气管与虹吸辅助管连接三通处的高速水流产生强烈的抽气作用,使虹吸很快形成。

无阀滤池不需大型阀门,冲洗完全自动,造价较低,操作管理方便,过滤过程中不会出现负水头现象。因冲洗水头不高,故配水采用小阻力配水系统。但其池体结构较复杂,反洗水量较大,滤料装卸困难;冲洗水箱位于滤池上部,出水标高较高,给水厂的总体高程布置带来困难。无阀滤池较适用于小型水处理工程,

3.移动冲洗罩滤池

移动冲洗罩滤池(Movable Hood Backwashing Filter)为快滤池的一种类型。它是由许多滤格构成的滤池,利用一个可移动的冲洗罩轮流对各滤格进行冲洗。某滤格的冲洗水来自本组其他滤格的滤后水。移动冲洗罩的作用与无阀滤池伞形顶盖相同,冲洗时,使滤格处于封闭状态。因此,移动罩滤池具有虹吸滤池和无阀滤池的某些特点。

过滤时,原水从进水管进入,水流自上而下经过各格滤层过滤,滤后水通过底部集水区,由出水虹吸管和出水上堰口流入清水池。出水虹吸管上装有水位恒定器,用以控制滤池水位,使其在较小幅度内波动,

反冲洗时,桁车带动冲洗罩移到滤格上方定位,然后使罩体紧贴在滤格四周的隔墙上,

达到密封不漏水的要求,即可用虹吸或水泵抽吸的方法,使该滤格进入反冲洗阶段。反冲洗水来自各个滤格的过滤水。冲洗排出水由排水槽流出,进入下水道。如高程允许时,还可送往反应池、沉淀池或澄清池加以回收。冲洗结束后,破坏冲洗罩的密封,重新恢复过滤。冲洗罩再移到下一滤格,按同样步骤一格一格依次反冲洗。

移动罩滤池池体结构简单,无须冲洗水箱(塔),无大型阀门,管件小。采用泵吸式冲洗罩时,池深较浅。与同规模的普通快滤池相比,造价有所下降。但它的机电及控制设备较多,自动控制与维修较复杂。为检修需要,水厂内的滤池座数不得少于 2 个。移动冲洗罩滤池生产规模可从 60 万 m³/d 到 1 200 m³/d 大小不等。

4.压力滤池

压力滤池(Pressure Filter)也称为压力过滤器,是一个承压的钢制密封过滤罐。其内部构造和普通过滤池相似,进水用泵直接抽入,在压力下工作,允许水头损失 6~7 m,滤后的余压将出水送到用水地点或远距离输送。反冲洗污水通过顶部的漏斗或设挡板的进水管收集并排除。为提高反洗效果,常辅以表面冲洗或压缩空气冲洗。

压力滤池分竖式和卧式两种,一般直径不超过 3 m。常用无烟煤和石英砂双层滤料,处理含油污水也可用表面疏水的核桃壳做滤料,粒径一般采用 0.6~1.0 mm,厚度约 1.1~1.2 m,滤速为 8~10 m/s。配水系统常用小阻力缝隙式滤头。压力滤池外部安装有压力表、取样管,及时监控水头损失和水质变化。顶部设有排气阀,用以排除池内和水中析出的空气。

压力滤池过滤能力强,容积小,设备定型,使用的机动性大,能实现单台或者多台过滤器系统 PC 自控,在工业生产中应用广泛。但由于密闭,滤料的装卸不方便,特别适合于处理量小且悬浮物浓度相对较高的污水,

(三)新型滤池

过滤技术的发展趋势是净化效果好、效率高、管理方便、易于设备化和技术成套化。用于污水再生工艺的新型滤池主要有滤布滤池、RoDisc 转盘过滤器、V 型滤池、Biofor 生物滤池、连续膜过滤、Aria 系统和 DA 超高 D 型滤池等。

1.滤布滤池

滤布滤池(Cloth Media Filtration)与膜过滤一样,都属于表面过滤,它使液体通过一层隔膜(滤料)的机械筛滤,去除悬浮于液体中的颗粒物质。过滤器的隔膜材料有金属织物、以不同方式编织的滤布和多种合成材料,也称为滤布转盘过滤器,目前研究和应用较多的有纤维转盘滤池、钻石型滤布滤池等。

纤维转盘滤池结构主要由箱体、滤盘、空心转轴、清洗装置、排泥装置、驱动装置、抽吸泵、阀机构、电气控制系统组成。它由出水槽动装置用于支撑滤布的垂直安装于中央集水管上的平行过滤转盘串联组成。过滤转盘数量一般为 2~20 片,每个转盘是由 6 小块扇形组合而成。每片滤盘外包高强度滤布,滤布以有机纤维堆织而成,标称孔径约为 10 mm。纤维转盘滤池过滤时,污水以重力流进入滤池,通过滤布过滤,过滤液通过中空管收集后,重力流通过出水堰排出滤池。过滤中部分污泥吸附于滤布外侧,随着滤布上污泥的积聚,过滤阻力增

加,滤池水位逐渐升高,通过设置在滤池内的压力传感器监测池内液位变化,当该池内液位到达清洗设定值(高水位)时,可启动反洗泵,开始清洗过程。过滤转盘以反洗水泵负压抽吸滤布表面,吸除滤布上积聚的污泥颗粒,过滤转盘内的水自里向外被同时抽吸,对滤布起清洗作用。

纤维转盘滤池的过滤转盘下设有斗形池底,有利于池底污泥的收集。污泥池底沉积减少了滤布上的污泥量,可延长过滤时间,减少反洗水量。池底通过排泥泵由穿孔排泥管将污泥回流至厂区排水系统。

过滤期间,滤盘全部静止浸没于污水中,有利于污泥的池底沉积。反冲洗期间,滤盘以 $0.5 \sim 1$ r/min 的速度旋转。

纤维转盘滤池出水水质好,水量稳定;耐冲击负荷,适应性强;过滤及反洗效率高,占地面积小;运行自动化,维护方便;设备紧凑,附属设备少,投资运行费用低;可广泛应用于地表水净化、污水深度处理,设置于常规二级污水处理系统之后,主要去除总悬浮物,结合投加药剂可去除部分磷、浊度和 COD 等污染物。

2.RoDisc 转盘过滤器

RoDisc 转盘过滤器由德国汉斯琥珀公司于 1997 年开发。转盘过滤装置是由系列水平安装在中央管上的过滤转盘构成。污水从内向外穿流过滤转盘,处理之后的过滤液做通过池体端部的溢流堰再经出流管排出装置。在过滤过程中,转盘处于静止状态,被筛网截留的固体物质会造成水头损失,导致盘内或者中央管内的液位上升。当液位达到预先设置的最大值时,转盘开始缓慢旋转,同时冲洗棒对转盘筛网从外向内进行清洗,将附着在筛网上的固体物质冲入泥浆水收集槽内。

冲洗水来自经过滤后的出水(内部冲洗水循环),过滤转盘内外的液位差(中央管内的液位和外部池内液位)是过滤驱动力,不需抽吸水泵。

该装置网布采用的是不锈钢过滤网布,网内的孔隙形状一般为方格型。不锈钢过滤网布属于二维空隙结构和分离界限,具有很高的固液分离效率。另外,不锈钢网布结构稳定,不会因为受紫外线照射而使滤布变黄发脆,使用寿命长。

转盘过滤装置的最大特点是安装简单、占地小。转盘过滤装置主要应用于污水处理厂的深度过滤处理。同时由于水头损失小,所以尤其适于对已建污水处理厂的改造工程。

第二节　吸附

吸附就是固体或液体表面对气体或溶质的吸着现象。由于化学键的作用而产生的吸附为化学吸附。如镍催化剂吸附氢气,化学吸附过程有化学键的生成与破坏,吸收或放出的吸附热比较大,所需活化能也较大,需在高热下进行并有选择性。物理吸附是由分子间作用力相互作用而产生的吸附。如活性炭对气体的吸附,物理吸附一般是在低温下进行,吸附速度快、吸附热小、吸附无选择性。

广义地讲,指固体表面对气体或液体的吸着现象。固体称为吸附剂,被吸附的物质称为吸附质。根据吸附质与吸附剂表面分子间结合力的性质,可分为物理吸附和化学吸附。物理吸附由吸附质与吸附剂分子间引力所引起,结合力较弱,吸附热比较小,容易脱附,如活性炭对气体的吸附。化学吸附则由吸附质与吸附剂间的化学键所引起,犹如化学反应,吸附常是不可逆的,吸附热通常较大。在化工生产中,吸附专指用固体吸附剂处理流体混合物,将其中所含的一种或几种组分吸附在固体表面上,从而使混合物组分分离,是一种属于传质分离过程的单元操作,所涉及的主要是物理吸附。吸附分离广泛应用于化工、石油、食品、轻工和环境保护等部门。

一、吸附分类

(一)物理吸附

物理吸附也称为范德华吸附,它是吸附质和吸附剂以分子间作用力为主的吸附。物理吸附,它的严格定义是某个组分在相界层区域的富及集。物理吸附的作用力是固体表面与气体分子之间,以及已被吸附分子与气体分子间的范德华引力,包括静电力诱导力和色散力。物理吸附过程不产生化学反应,不发生电子转移、原子重排及化学键的破坏与生成。由于分子间引力的作用比较弱,使得吸附质分子的结构变化很小。在吸附过程中物质不改变原来的性质,因此吸附能小,被吸附的物质很容易再脱离,如用活性炭吸附气体,只要升高温度,就可以使被吸附的气体逐出活性炭表面。

(二)化学吸附

化学吸附是吸附质和吸附剂以分子间的化学键为主的吸附,是指吸附剂与吸附质之间发生化学作用,生成化学键引起的吸附,在吸附过程中不仅有引力,还运用化学键的力,因此吸附能较大,要逐出被吸附的物质需要较高的温度,而且被吸附的物质即使被逐出,也已经产生了化学变化,不再是原来的物质了,一般催化剂都是以这种吸附方式起作用。

物理吸附和化学吸附并不是孤立的,往往相伴发生。在污水处理技术中,大部分的吸附往往是几种吸附综合作用的结果。由于吸附质、吸附剂及其他因素的影响,可能某种吸附是起主导作用的。

在化学键力作用下产生的吸附为化学吸附。只有一定条件下才能产生化学吸附,如惰性气体不能产生化学吸附。如果表面原子的价键已经和邻近的原子形成饱和键也不能产生化学吸附。化学吸附时,化学键力起作用其作用力比范德瓦尔引力大得多,所以吸附位阱更深,作用距离更短。在产生化学吸附的过程中,气体原子和表面原子之间产生电子的转移。事实上,化学吸附过程通常并非发生在分子事先被离解的情况。物理吸附与分子在表面上的凝聚现象相似,它是没有选择性的。由于吸附相分子与气相分子间的范德瓦尔引力,因而可以形成多个吸附层。

二、吸附基本原理

当液体或气体混合物与吸附剂长时间充分接触后,系统达到平衡,吸附质的平衡吸附量

(单位质量吸附剂在达到吸附平衡时所吸附的吸附质量),首先取决于吸附剂的化学组成和物理结构,同时与系统的温度和压力以及该组分和其他组分的浓度或分压有关。对于只含一种吸附质的混合物,在一定温度下吸附质的平衡吸附量与其浓度或分压间的函数关系的图线,称为吸附等温线。对于压力不太高的气体混合物,惰性组分对吸附等温线基本无影响;而液体混合物的溶剂通常对吸附等温线有影响。同一体系的吸附等温线随温度而改变。温度越高,平衡吸附量越小。当混合物中含有几种吸附质时,各组分的平衡吸附量不同,被吸附的各组分浓度之比,一般不同于原混合物组成,即分离因子(见传质分离过程)不等于1。吸附剂的选择性愈好,愈有利于吸附分离。

　　分离只含一种吸附质的混合物时,过程最为简单。当原料中吸附质含量很低,而平衡吸附量又相当大时,混合物与吸附剂一次接触就可使吸附质完全被吸附。吸附剂经脱附再生后循环使用,并同时得到吸附质产品。但是工业上经常遇到的一些情况,是混合物料中含有几种吸附质,或是吸附剂的选择性不高,平衡吸附量不大,若混合物与吸附剂仅进行一次接触就不能满足分离要求,或吸附剂用量太大时,须用多级的或微分接触的传质设备。

三、吸附分离

　　利用某些多孔固体有选择地吸附流体中的一个或几个组分,从而使混合物分离的方法称为吸附操作,它是分离和纯净气体和液体混合物的重要单元操作之一。

　　吸附分离实例:

　　(1)气体或液体的脱水及深度干燥,如将乙烯气体中的水分脱到痕量,再聚合。

　　(2)气体或溶液的脱臭、脱色及溶剂蒸气的回收,如在喷漆工业中,常有大量的有机溶剂逸出,采用活性炭处理排放的气体,既减少环境的污染,又可回收有价值的溶剂。

　　(3)气体中痕量物质的吸附分离,如纯氮、纯氧的制取。

　　(4)分离某些精馏难以分离的物系,如烷烃、烯烃、芳香烃馏分的分离。

　　(5)废气和废水的处理,如从高炉废气中回收一氧化碳和二氧化碳,从炼厂废水中脱除酚等有害物质。

　　评价吸附分离的指标有:

　　(1)吸附质的回收率(当吸附质是有价值的物料时)或吸附质的净化率(当吸附质是有害杂质时)。

　　(2)设备的操作强度,即单位设备体积所能处理的混合气体或溶液的流量。

　　(3)能量消耗,包括输送物料和吸附剂的能耗,脱附时升温的热能消耗等。

　　吸附剂的平衡吸附量和吸附选择性对吸附操作的上述指标都有决定性的影响,选用平衡吸附量大、吸附选择性高的吸附剂可以显著改善过程的经济性。此外,吸附剂的用量以及操作的温度和压力,对上述指标有重要影响,必须谨慎决定。

第三节 离子交换

离子交换是溶液中的离子与某种离子交换剂上的离子进行交换的作用或现象,是借助于固体离子交换剂中的离子与稀溶液中的离子进行交换,以达到提取或去除溶液中某些离子的目的,是一种属于传质分离过程的单元操作。

离子交换是可逆的等当量交换反应。离子交换树脂充夹在阴阳离子交换膜之间形成单个处理单元,并构成淡水室。离子交换速度随树脂交联度的增大而降低,随颗粒的减小而增大。离子交换是一种液固相反应过程,必然涉及物质在液相和固相中的扩散过程。

水溶液中的一些阳离子进入反离子层,而原来在反离子层中的阳离子进入水溶液,这种发生在反离子层与正常浓度处水溶液之间的同性离子交换被称为离子交换作用。离子交换主要发生在扩散层与正常水溶液之间,由于黏土颗粒表面通常带的是负电荷,故离子交换以阳离子交换为主,故又称为阳离子交换。离子交换严格服从当量定律,即进入反离子层的阳离子与被置换出反离子层的阳离子的当量相等。

早在 1850 年就发现了土壤吸收铵盐时的离子交换现象,但离子交换作为一种现代分离手段,是在 20 世纪 40 年代人工合成了离子交换树脂以后的事。离子交换操作的过程和设备,与吸附基本相同,但离子交换的选择性较高,更适用于高纯度的分离和净化。

离子交换主要用于水处理(软化和纯化);溶液(如糖液)的精制和脱色;从矿物浸出液中提取铀和稀有金属;从发酵液中提取抗生素以及从工业废水中回收贵金属等。

EDI(Electro-de-ionization)是一种将离子交换技术、离子交换膜技术和离子电迁移技术(电渗析技术)相结合的纯水制造技术。该技术利用离子交换能深度脱盐来克服电渗析极化而脱盐不彻底,又利用电渗析极化而发生水电离产生 H^+ 和 OH^- 离子实现树脂自再生来克服树脂失效后通过化学药剂再生的缺陷,是 20 世纪 80 年代以来逐渐兴起的新技术。经过十几年的发展,EDI 技术已经在北美及欧洲占据了相当部分的超纯水市场。

EDI 装置包括阴/阳离子交换膜、离子交换树脂、直流电源等设备。其中阴离子交换膜只允许阴离子透过,不允许阳离子通过,而阳离子交换膜只允许阳离子透过,不允许阴离子通过。离子交换树脂充夹在阴阳离子交换膜之间形成单个处理单元,并构成淡水室。单元与单元之间用网状物隔开,形成浓水室。在单元组两端的直流电源阴阳电极形成电场。来水流经淡水室,水中的阴阳离子在电场作用下通过阴阳离子交换膜被清除,进入浓水室。在离子交换膜之间充填的离子交换树脂大大地提高了离子被清除的速度。同时,水分子在电场作用下产生氢离子和氢氧根离子,这些离子对离子交换树脂进行连续再生,以使离子交换树脂保持最佳状态。EDI 装置将给水分成三股独立的水流:纯水、浓水和极水。纯水(90%~95%)为最终得到水,浓水(5%~10%)可以再循环处理,极水(1%)排放掉。

EDI 装置属于精处理水系统,一般多与反渗透(RO)配合使用,组成预处理、反渗透、EDI

装置的超纯水处理系统,取代了传统水处理工艺的混合离子交换设备。EDI 装置进水要求为电阻率为 $0.025 \sim 0.5$ MΩ · cm,反渗透装置完全可以满足要求。EDI 装置可生产电阻率高达 15 MΩ · cm 以上的超纯水。

EDI 装置属于水精处理设备,具有连续产水、水质高、易控制、占地少、不需酸碱、利于环保等优点,具有广泛的应用前景。随着设备改进与技术完善以及针对不同行业进行优化,初投资费用会大大降低。可以相信在不久的将来会完全取代传统的水处理工艺中的混合 。

第四节　消毒

消毒(Disinfection)是指消除或杀灭水中的病原微生物,使其达到无害化的过程。消毒是水处理工艺中的重要环节,其作用是使水中病原微生物失去活性,通常在过滤以后进行。水中的病原微生物主要包括病菌、原生动物胞囊、病毒(如传染性肝炎病毒、脑膜炎病毒)等,它们通过水的传播可造成人类疾病。

消毒方法可分为物理法、化学法及生物法。物理法是应用热、光波和电子流体等实现消毒作用的方法。目前采用和研究的物理法有加热、冷冻、辐射、紫外线及高压静电、微电解等。化学法是通过向水中投加消毒剂来实现消毒作用的方法,常用的消毒剂有氯及其化合物、各种卤素、臭氧等。生物法是利用生物酶等活性物质直接作用于水中有害细菌和病毒的遗传物质,裂解其 DNA 或 RNA,达到杀灭这些有害细菌和病毒的目的,但由于生物酶消毒剂的成本相对较高以及其他一些原因,生物消毒法还不能广泛应用于水处理行业。

目前,在水处理中常用的消毒方法有氯消毒、臭氧消毒和紫外线消毒三种方法。

一、氯消毒

氯消毒(Chlorine Disinfection)是一种传统的消毒技术,具有效果可靠、操作方便、价格便宜等优点,是水处理中广泛采用的消毒方法。

(一)氯系消毒剂的种类
氯系消毒剂包括氯气、次氯酸钠、漂白粉、漂粉精、二氧化氯、氯胺等。

次氯酸钠别名漂白水,分子式为 NaClO,一般工业品为无色或淡黄色液体,具有刺激气味,有效氯含量为 $10\% \sim 13\%$。性质不稳定,受光照、浓度、温度、金属离子杂质和 pH 等影响,宜保存在 pH 大于 12 的碱性溶液中。

漂白粉分子式 $Ca(OCl)_2 \cdot CaCl_2 \cdot 2H_2O$,为白色粉末,具有类似氯气的臭味。易溶解于水,其水溶液呈碱性。暴露于空气中易吸收水分、二氧化碳,性质不稳定,有效氯含量为 $25\% \sim 35\%$。

漂粉精即高效漂白粉,分子式 $3Ca(OCl)_2 \cdot 2Ca(OH)_2 \cdot 2H_2O$,白色或微灰色粉状或颗粒,具有腐蚀性和较强的氧化性,易溶于冷水,有效氯含量大于 60%。性能比较稳定,常温下贮存 200 天不分解。通常将其加人适当的添加剂,压制成便于使用的片剂,俗称消毒片。

二氧化氯分子式 ClO_2,易溶于水,稳定的二氧化氯溶液为无色、无臭、无腐蚀性的透明水溶液,不易燃、不挥发,在 $-5 \sim 95$ ℃时质量稳定,不易分解。在水溶液中的饱和溶解度为 5.7%,其有效氯含量是氯的 2.6 倍,属强氧化剂。二氧化氯是国际上公认的含氯消毒剂中唯一高效、快速、持久、无毒、无刺激的安全消毒剂。

氯胺属有机型消毒剂,外观为白色或淡黄色结晶,氯味及刺激性小,稳定耐贮存,有效氯含量约为 35%。

通常把在氯化合物中以正价态形式存在的具有氧化作用的氯称为有效氯。有效氯含量是衡量氯化物中所含有效消毒成分多少的参数,有效氯含量越高,则相应消毒剂用量就越少。

(二)消毒原理

1.液氯

液氯主要是通过其水解产物次氯酸(HOCl)起作用。其他氯系消毒剂溶于水后,在常温下也迅速水解为次氯酸,而次氯酸为弱酸,在水中发生部分电离。其反应如下:

$$Cl_2 + H_2O \rightarrow HOCl + HCl \qquad (11-10)$$

$$HOCl \rightarrow H^+ + ClO^- \qquad (11-11)$$

HOCl、OCl⁻ 统称为游离氯。液氯的消毒作用主要依靠 HOCl,而 OCl⁻ 的作用较弱。可能是因为次氯酸为中性小分子,很容易能扩散到带负电的细菌表面,穿透细胞壁进入到菌体内部,进而与细菌的酶系统发生氧化反应,使细菌的酶系统遭到钝化破坏而被灭活。而 OCl⁻ 带负电荷,不易接近带负电的菌体,难于发挥杀菌作用。

当水中含有氨态氮时,投氯可依次形成三种氯胺:

$$NH_3 + HOCl \rightarrow NH_2Cl(一氯胺) + H_2O \qquad (11-12)$$

$$NH_2Cl + HOCl \rightarrow NHCl_2(三氯胺) + H_2O \qquad (11-13)$$

$$NHCl_2 + HOCl \rightarrow NCl_3(三氯胺) + H_2O \qquad (11-15)$$

上述反应与 pH、温度和接触时间有关,也与氨和氯的初始比值有关,大多数情况下,反应主要生成一氯胺和二氯胺,其中的氯称为化合氯。二氯胺的消毒作用比一氯胺强,而三氯胺消毒作用极差,且有恶臭味,在通常的水处理条件下生成的可能性极小。氯胺的消毒作用实质上也是依靠其水解产生的 HOCl,只有当水中的 HOCl 消耗殆尽后,氯胺才水解释放出 HOCl 起到消毒作用,因此氯胺的消毒作用比较缓慢。

此外,液氯在消毒过程中,会与污水中的有机物反应生成各种具有毒性和三致效应的消毒副产物,如三卤甲烷、卤乙酸、卤乙腈等,对人体的健康存在一定的危害性,因此,氯消毒的安全性正在日益受到关注。研究表明,氯消毒副产物的生成受反应条件的影响,如投氯量、反应温度、pH、反应时间等。鉴于上述原因,二氧化氯消毒正逐步得到人们的青睐。

2.二氧化氯

二氧化氯是自然界中完全或几乎完全以单体游离原子团型体存在的少数化合物之一,在水溶液中以 ClO_2 分子状态存在,有利于在水中扩散,极易穿透细胞膜,渗入细菌细胞内,具有优良的消毒功能。

二氯化氯对细胞壁有较好的吸附和透过性能,可有效地氧化含巯基的酶反应使细菌死亡,也可以与细菌及其他生物蛋白质中的部分氨基酸发生氧化还原反应使氨基酸分解破坏,进而控制微生物蛋白质的合成,最终导致细菌死亡。二氧化氯中的氯以正四价态存在,其活性为氯的 2.5 倍,其理论氧化能力是氯的 263 倍。特别是在酸性条件下,二氧化氯氧化能力更强,其对大肠菌、细菌、病毒及藻类均有较好的杀灭作用。

同氯气消毒相比,二氧化氯具有如下优势:①二氧化氯消毒一般只起氧化作用,不起氯化作用,可大大降低了三卤甲烷等消毒副产物的产生;②二氧化氯可选择性地与无机物、有机物发生反应,因此其投加量远低于氯的投加量;③二氧化氯能有效地氧化去除水中的藻类、酚类及硫化物等有害物质,对这些物质造成的水的色、嗅、味等具有比氯气更好的去除效果;④二氧化氯是现场发生使用,即使泄漏也不会对附近的居民及操作人员造成伤害。

当然,二氧化氯也存在消毒成本较高、检测手段不完备、分析检测程序复杂和相对的操作管理水平要求高等缺点,同时过量的 ClO_2 和其副产物 ClO_2^- 对人体血红细胞有损害,故其投加量和 ClO_2^- 残留量的限量标准是特别要注意的问题。

(三)加氯量的确定

为获得持久而可靠的消毒效果,氯化消毒必须保证有足够的加氯量,加氯量包括需氯量和余氯量两部分。

需氯量是指用于达到指定的消毒指标及氧化水中所含有机物和还原性物质所需的有效氯。此外,为抑制水中残存的细菌再度繁殖,在水中尚需维存少量有效氯,即为剩余氯量,简称为余氯。

加氯量视原水水质和消毒要求不同而异,加氯量和余氯量之间的关系曲线见图 11-6。

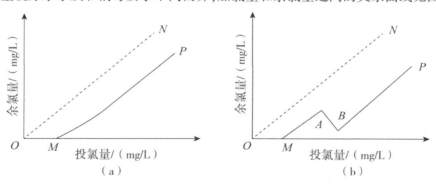

图 11-6 加氯量与余氯量的关系

(a)水中无氨时;(b)水中有氨时

对于清洁水,即水中不含微生物、有机物、还原性物质、氨、含氮化合物等时,其需氯量为零,则投氯量即为余氯量,二者关系如图 11-6(a)中的虚线 ON 所示;当水中只含有消毒对象细菌以及有机物、还原性无机物等需氯物质时,加氯量为需氯量和余氯量之和,二者关系如图 11-6(a)中的实线 OMP 所示;当水中的需氯物质主要是氨和含氮化合物时,投氯量与余氯量之间的关系如图 11-6(b)中的折线 OMABP 所示。

由图 11-6(b)可见,在 OM 段,所投加的有效氯均为水中的细菌及其他杂质所消耗,余氯为零,此时消毒效果不可靠,细菌等有再度繁殖的可能;在 MA 段,有效氯与水中的氨反应生成氯胺,余氯以化合氯的形式存在,有一定的消毒效果;在 AB 段,仍产生化合氯,但随着加氯量的增加,部分氯胺被氧化分解为不起消毒作用的 N_2、N_2O 等,导致余氯由 A 点降至最小值,即折点 B 的位置;自 B 点之后,水中的需氯杂质已基本消耗殆尽,此时所投加的氯全部用于增加游离氯,即 BP 段,在此阶段消毒效果稳定可靠。

将加氯量超过折点 B 需要量时的氯化消毒操作称为折点加氯。在含氨水中投氯的研究中发现,当加氯量达到氯与氨的摩尔比值 1:1 时,化合余氯即增加,当摩尔比达到 1.5:1 时,余氯下降到最低点,即"折点"。

实际加氯操作中,应视原水水质、消毒要求等情况,控制适宜的加氯量。如当原水中游离氯含量低于 0.3 mg/L 时,通常控制加氯量超过折点 B,以维持一定的游离氯;而当原水中游离氯含量超过 0.5 mg/L 时,则将加氯量控制在 A 点之前即可,此时的化合性余氯可以满足消毒要求。

(四) 消毒工艺

1.液氯

消毒处理系统应具备设备安全可靠、定比投加、能够保证消毒剂和水的快速混合和充分接触等特点。

消毒工艺中加氯机是消毒系统的关键设备,它是将氯气加入水中的设备。目前采用的加氯设备主要是真空式加氯机(Vaccum Chlorine Injector),相对于过去使用过的正压式加氯设备及转子加氯机,真空式加氯机具有更高的安全性,成为各类水厂加氯设备的首选。

图 11-7 所示为 NXT3000 真空加氯机的工作原理示意图。该机运行时,压力水流经过水射器喉管形成一个真空,从而开启水射器中的止回阀。真空通过真空管路到真空调节器,在那里形成的压差使真空调节器上的进气阀打开,促使气体流动,真空调节器中的弹簧膜片调节真空度。气体在真空作用下经流量计、流量控制阀和真空管路到达水射器,在这里与水安全混合。在水射器到真空调节器进气安全阀之间,系统完全处于负压状态。如果水射器停止给水或真空条件破坏,弹簧负压载的进气阀立刻关闭,隔断气源。当气源用尽的时候,调节装置会自动封闭以防湿气被吸回气源。

当需要多点投加时,可提供多个流量计和水射器。在需要 24 h 不间断供气时,可采用自动切换系统。每个系统都包括两个真空调节器,一个自动转换器,一个水射器和一个远程安装的流量管。

液氯消毒的效果与水温、pH、接触时间、混合程度、污水浊度及所含干扰物质、有效氯含量有关。

2.二氧化氯

实际工程应用中,由于二氧化氯性质不稳定,不便贮存运输,需现场制备。其制备的方法有电解法和化学法。由于电解法应用的隔膜和电极寿命有限、产生的二氧化氯浓度低、设备复杂和运行维护困难,工程中常用化学法。化学法包括氯酸盐法和亚氯酸盐法,常用的是氯酸盐法。

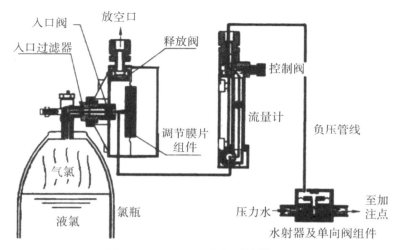

图 11-7　NXT3000 加氯系统原理图

氯酸盐法就是在高酸性介质中,用还原剂还原氯酸钠制取二氧化氯。其效率随还原剂的不同而变化。主要还原剂有盐酸、甲醇和氧化钠等。

还原剂为盐酸的氯酸盐法特点是反应产物氯化钠(可电解生成氯酸钠)和氯都可以再回收利用于二氧化氯的生产。当反应温度较高时,产生的二氧化氯纯度可达 70%,生产成本较低。国产发生器一般采用此方法,反应式如下:

$$2 NaClO_3 + 4HCl \rightarrow 2 ClO_2 + Cl_2 + 2NaCl + 2H_2O \tag{11-15}$$

二、臭氧消毒

臭氧技术是 1840 年德国化学家发明的,1856 年被用于水处理消毒行业。目前,臭氧消毒(Ozone Disinfection)技术已广泛用于水处理、空气净化、食品加工、医疗、医药、水产养殖等领域。臭氧可使用臭氧发生器制取,通过高压放电、电晕放电、电化学、光化学、原子辐射等方法,利用高压电力或化学反应,使空气中的部分氧气分解后聚合为臭氧,是氧的同素异形转变的一种过程。

(一)臭氧消毒机理

臭氧(O_3)对大肠杆菌、肠道致病菌、结核杆菌、芽孢和蠕虫卵都有很强的杀灭能力,其消毒机理实质上仍然是氧化作用。

臭氧可以通过三条途径来杀死细菌和病毒:一是氧化分解细菌内部氧化葡萄糖所必需的葡萄糖氧化酶;二是直接与细菌、病毒发生作用,破坏其细胞器和核糖核酸,分解 DNA、RNA、蛋白质,脂类和多糖等大分子聚合物,使细菌的物质代谢和繁殖过程遭到破坏;三是侵入细胞膜内作用于外膜脂蛋白和内部的脂多糖,使细胞发生通透性畸变,导致细胞的溶解死亡,并且将死亡菌体内的遗传基因、寄生菌种、寄生病毒粒子、噬菌体、支原体及细菌病毒代谢产物等溶解变性死亡,从而起到消毒作用。

(二)臭氧消毒的特点

臭氧消毒的优点在于:①消毒作用受污水 pH、温度及干扰物质的影响较小;②杀菌作用快、效率高,且能杀死抗氯性强的病菌及芽孢;③可除污水的色、嗅、味和酚、氰污染物,同时实现消毒、脱色、除味、除臭、氧化破坏水中污染物、增加溶解氧等功能,能有效改善出水水质;④可氧化分解难生物降解的有机物及三致物质,不会产生残留导致的二次污染。

但臭氧消毒也存在一些缺点:①设备投资及运行费用高;②臭氧具有强腐蚀性,与之接触的容器、管路等均应采用耐腐烛材料或作防腐处理,管理维护复杂;③臭氧的半衰期短,不具备持久的杀菌作用,只能就地生产就地使用,且杀菌后尚需投加少量的消毒药剂。

(三)臭氧消毒工艺

臭氧是空气中的氧通过高压放电产生的,制备时必须净化和干燥,以提高效率和防止腐蚀。臭氧溶解度高于氧,但在一定温度和中性条件下每升仅溶解十几毫克,要大量溶解很难。因此,一般需加长反应池长度或串联几个反应池使其充分混合。

臭氧在用于饮用水消毒时具有极高的杀菌效率,但在污水消毒时往往需要较大的臭氧投加量和较长的接触时间。影响消毒效果的主要因素有水质、臭氧投加量、剩余臭氧量和臭氧接触方式。水质影响主要是水中含 COD、$NO_2^- - N$、悬浮固体、色度等消耗水中的臭氧。因此在臭氧消毒前尽量彻底去除原水有机物,同时应以试验的方式确定臭氧投加量和剩余臭氧量。另外,根据气液传质原理,增加臭氧的传质效率可提高臭氧的利用率,因此应选用相应的投加方式,常用的臭氧投加方式有鼓泡法、射流法、涡轮混合法、尼可尼混合法等。

三、紫外线消毒

紫外线消毒(Ultraviolet Disinfection)技术是在现代防疫学、医学和光动力学的基础上,利用特殊设计的高效率、高强度和长寿命的 UVC 波段紫外光照射,将水中各种细菌、病毒、寄生虫、水藻以及其他病原体直接杀死,达到消毒的目的。由于紫外线消毒对于微生物指标有较好的控制能力,因此多用于生活污水和工业污水的深度处理中。

(一)紫外线消毒机理

根据生物效应的不同,将紫外线按照波长划分为四个部分:UV-A(400~320 nm),称为黑斑效应紫外线;UV-B(320~275 nm),称为红斑效应紫外线;UV-C(275~200 nm),称为灭菌紫外线;UV-D(200~10 nm),称为真空紫外线。用于污水消毒的是 C 波段紫外线,当紫外线波长 250~270 nm 时杀菌能力最强。

紫外线能穿透微生物的细胞壁与细胞质,细菌核酸吸收紫外光谱能量会发生突变,其复制、转录功能受到阻碍,微生物体内的蛋白质和酶的合成无法进行,导致细胞死亡。这种紫外线损伤是致死性损伤。

紫外线消毒主要是利用 C 波段紫外线对微生物(细菌、病毒、芽孢等病原体)的辐射损伤和破坏核酸的功能,破坏微生物机体细胞中的 DNA(脱氧核糖核酸)或 RNA(核糖核酸)的分子结构,造成生长性细胞死亡和(或)再生性细胞死亡,从而达到消毒的目的。

(二)紫外线消毒的特点

与液氯消毒相比,紫外线消毒具有许多优点,①消毒速度快,污水经紫外线照射几十秒即能杀菌;②杀菌效果高,去除细菌总数的百分比达 96.6%,去除大肠杆菌的百分比达 98%;

③不产生二次污染,不增加水的臭与味;④消毒器携带方便,管理简单。

紫外线消毒也存在一定的问题:①耗电量大,运行成本高;②消毒后的持续时间短,不能解决后续污染问题;③工艺运行中石英套管外壁的清洗是影响消毒效果的一个重要因素,因此必须根据不同水质采用合理的防结垢措施和清洗装置。另外,寿命长的紫外灯生产技术也是该法应用需亟待解决的问题。

(三)紫外线消毒工艺

工艺中起消毒作用的就电能是照射池,根据池内安装的紫外线(UV)消毒器形式的不同,消毒工艺可分为敞开式和封闭式。

敞开式系统中需要消毒的水在重力作用下流经消毒器并灭活水中的微生物,主要适用于中、大水量处理.多用于污水处理厂。根据紫外灯安装的位置,又可分为浸没式和水面式两种。

浸没式是将外加同心圆石英套管的紫外灯置入水中,水从石英套管的周围流过。这种系统运行的关键在于恒定水位的维持,若水位太高则灯管顶部的部分进水得不到足够的辐射,可能造成出水中微生物指标过高;若水位太低则会造成上排灯管暴露于大气之中,进而引起灯管过热并在石英套管上生成污垢膜而抑制紫外线的辐射,因此控制水位多采用自动水位控制器。当灯管(组)需要更换时,使用提升设备将其抬高至工作面进行操作。

该方式构造比较复杂,但紫外辐射能的利用率高、灭菌效果好且易于维修。

水面式即将紫外灯置于水面之上,由平行电子管产生的平行紫外光对水体进行消毒。该方式较浸没式简单,但能量浪费较大、杀菌效能不如浸没式,实际生产中很少应用。

封闭式结构如图11-8所示,消毒器属承压型,用金属筒体和带石英套管的紫外灯把被消毒的水封闭起来。筒体常用不锈钢或铝合金制造,内壁多作抛光处理以提高对紫外线的反射能力和增强辐射强度。同时可根据处理水量的大小调整紫外灯的数量。为加强处理效果可在筒体内壁加装螺旋形叶片,不但可以改变水流的运动状态以避免出现死水和管道堵塞,而且所产生的紊流及叶片锋利的边缘会打碎悬浮固体,使附着的微生物完全暴露于紫外线的辐射中,提高消毒效率。封闭式消毒器一般适用于中、小水量处理,或有必要施加压力且消毒器不能在明渠中使用的情况。

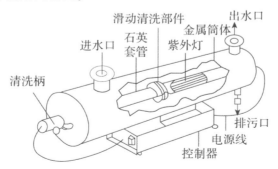

图 11-8　封闭式紫外线消毒器

紫外线消毒效果主要受灯管温度、光源的辐射强度、水层厚度及处理时间、水流分布状态、水质和微生物的抗性等因素的影响。为符合实际状况,设计前先测出需要消毒水样的水质,包括细菌数、种类、水样透射率等。其次可采用静态或动态的试验获得相应参数。

思考题

1.根据滤层中杂质分布规律,提出改善快滤池的几种途径,并简述滤池发展趋势。

2.双层和多层滤料混杂与哪些因素有关?滤料混杂对过滤有何影响?

3.滤料承托层有何作用?粒径级配和厚度如何考虑?

第十二章　水环境规划与管理

导读:
　　水资源是有限的资源,水资源的开发利用是一项系统工程,防治水资源危机首先是加强水环境的规划和管理,合理开发利用有限而宝贵的水资源。水环境管理在保护水资源,防治水污染,促进经济可持续发展等方面发挥着重要作用。水环境管理是一个内容广泛的系统工程,它包括法律、经济、社会、政治等一系列活动或行为。

学习目标:
　　1.认识水环境管理的原则
　　2.学习水环境保护的战略

第一节　水环境规划

　　在把水视为人类赖以生存和发展的环境资源条件的前提下,在水环境系统分析的基础上,摸清水质和供需情况,合理确定水体功能,进而对水的开采、供给、使用、处理、排放等各个环节做出统筹的安排和决策,称为水环境规划。一般认为,水环境规划包括水质控制规划和水资源利用规划,这两个部分相辅相成,缺一不可。前者以实现水体功能质量要求为目标,是水环境规划的基础;后者强调水资源的合理利用和水环境保护,它以满足国民经济增长和社会发展对供水的需要为宗旨,是水环境规划的落脚点。

　　水环境规划是在水资源危机日益严重的背景下产生和发展起来的。特别是 20 世纪 90 年代以来,人口激增和经济高速发展,对水量、水质的需求越来越高,而水资源却日益枯竭,水污染日趋严重,水环境问题越来越尖锐。水环境规划作为解决这一问题的有效手段,受到普遍的重视。

一、水环境规划原则

　　水环境规划是区域规划的重要组成部分,在规划中必须贯彻可持续发展和科学发展观的原则,并根据规划类型和内容的不同而体现一些基本原则:前瞻性和可操作性的原则;突出重点和分期实施的原则;以人为本、生态优先、尊重自然的原则;坚持预防为主、防治结合的原则;水环境保护与水资源开发利用并重、社会经济发展与水环境保护协调发展的原则。

二、水环境规划类型

根据研究对象的不同,水环境规划大体分为两类,即水污染控制系统规划和水资源系统规划。水污染控制系统规划是水环境规划的基础,以实现水体功能要求为目标。水资源系统规划是水环境规划的归宿,以满足国民经济和社会发展的需要为宗旨。

(一) 水污染控制系统规划

水污染控制系统规划是由污染物的产生、排出、输送、处理及其在水体中迁移转化等各种过程和影响因素所组成的系统。水污染控制系统规划是以国家的法规、标准为基本依据,以环境保护科学技术和地区经济发展规划为指导,以水污染控制系统的最佳综合效益为总目标,以最佳适用防治技术为实施对策,统筹考虑污染发生-防治-排污体制-污水处理-水体质量及其与经济发展、技术改进和加强管理之间的关系,进行系统的调查、监测、评价、预测、模拟和优化决策,寻求整体最优化的近、远期污染控制规划方案。根据水污染控制系统的不同特点,水污染控制系统规划又可以分为流域水污染控制系统规划、区域(城市)水污染控制系统规划和水污染控制设施规划三个层次。

(二) 水资源系统规划

水资源系统是以水为主体,构成的一种特定的系统,是一个相互联系、相互制约及相互作用的若干水资源工程单元和管理技术单元所组成的有机体。水资源系统规划是指应用系统分析的方法和原理,在某区域内为水资源的开发利用和水患的防治所制定的总体措施、计划和安排。根据水资源系统规划的范围不同,水资源系统规划又可以分为流域水资源规划、地区和专业水资源规划三个层次。

三、水环境规划措施

水环境规划方案是由许多具体的技术措施构成的组合方案。这些技术措施涉及水资源的开发利用和水污染控制的方方面面,这里选择了一些常用的水环境规划措施作以介绍。

(一) 节约用水

综合防治水污染的最有效的方法之一就是节约用水,提高水资源的利用率。坚持开源与节流并重,节流优先、治污为本、科学开源、综合利用。

各个区域要根据本地区水资源状况和水环境容量,合理确定城市规模,优化调整产业结构和布局;以创建节水型社会为目标,节约用水要坚持建设项目的主体工程与节水措施同时设计、同时施工、同时投入使用;取水单位必须做到用水计划到位、节水目标到位、节水措施到位和管水制度到位;缺水地区要限期关停一批耗水量大的企业,严格限制高耗水型工业项目和农业粗放型用水,尽快形成节水型经济;加大推行各种节水技术政策和技术标准的贯彻执行力度,制定并推行节水型用水器具的强制性标准;改造城市供水管网,降低管网漏失率;发展工业用水重复和循环利用系统;开展城市废水的再生和回用;改进农业灌溉技术;加强管理,减少跑冒滴漏。这些都是行之有效的缓解水资源短缺、减少污水排放量的有效措施。

(二)加强生活饮用水水源地保护

组织制定饮用水水源保护规划,依法划定饮用水水源保护区。依照相关法规和标准,禁止在生活饮用水地表水源一级保护区内排放污水,从事旅游、游泳和其他可能污染水体的活动,禁止新建、扩建与供水设施和保护水源无关的建设项目等。

(三)推行清洁生产

清洁生产是指将整体预防的环境战略持续地应用于生产过程、产品和服务中,以期改善生态效率并减少对人类和环境的风险。相对于传统生产,清洁生产表现为节约能源和原材料,淘汰有害原材料,减少污染物和废物的产生与排放,减少企业在环保设施方面的投入,降低生产成本,提高经济效益;对产品而言,清洁生产表现为减低产品全生命周期对环境的有害影响;对服务而言,清洁生产指将污染预防结合到服务业的设计和运行中,使公众有一个更好的生活空间。

(四)实施污染物排放总量控制制度

水污染物排放总量控制,是根据某一特定区域的环境目标的要求,预先推算出达到该目标所允许的污染物最大排放量或最小污染物削减量,然后通过优化计算将污染指标分配到各个水污染控制单元,各单元根据内部各污染源的地理位置、技术水平和经济承受能力协调分配污染指标到排污单位。

实施污染物排放总量控制,综合考虑了环境目标、污染源特点、排污单位技术经济水平和环境承载力,对污染源从整体上有计划、有目的地削减排放量。使环境质量逐步得到改善。总量控制具体可以分为容量总量控制、目标总量控制和行业总量控制三类。容量总量控制从受纳水体环境容量出发,制订排放口总量控制指标。容量总量控制以水质标准为控制基点,从污染源可控性、环境目标可达性两个方面进行总量控制负荷分配;目标总量控制从控制区域允许排污量控制目标出发,制定排放口总量控制指标。目标总量控制以排放限制为控制基点,从污染源可控性研究入手,进行总量负荷分配;行业总量控制从总量控制方案技术、经济评价出发,制订排放口总量控制指标。行业总量控制以能源、资源合理利用为控制基点,从最佳生产工艺和实用处理技术两个方面进行总量控制负荷分配。

(五)加大水污染治理力度

对工业企业的水污染治理,要突出清洁生产,从源头减少废水排放,对末端排放废水要优选处理技术,保证污染物稳定达标排放;对生活污水,要提高污水的处理率和污水再生回用率;对农业面源污染,要合理规划农业用地,加强农田管理,防止水体流失,合理使用化肥、农药,优化水肥结构,施行节水灌溉,大力发展生态农业。

(六)提高或充分利用水环境容量

水环境容量是环境的自然规律参数与社会效益参数的多变量函数,它反映在满足特定功能条件下水环境对污染物的承受能力。水环境容量是水环境规划的主要环境约束条件,是污染物总量控制的关键参数。水环境容量的大小与水体特征、水质目标和污染物特性有关。水污染控制系统规划的主要目的,是在保证水环境质量的同时,提高水体对污染物的容纳能力,进而提高水环境承载力,减少水环境系统对经济发展的约束。提高或充分利用水环境容量的措施有人工复氧、污水调节和河流流量调控等几种。

第二节　水环境管理

水资源是构成国家自然和文化景观的战略性资源,也是区域经济模式的决定性因素。中国现在面临着严峻的水的挑战,主要表现在水资源短缺和分布不均、水污染严重和用水浪费,并已成为中国许多地区和城市生存与发展的巨大障碍,对比国外水环境管理的趋势,可以看出,中国的水环境管理主要存在着以下几方面的不足。

(一)水环境的区域管理方面

中国虽然也在七大河流上建立了流域管理机构,如长江水利委员会、珠江水利委员会等,但它们都不是权力机构,其工作重点是防洪和泥沙、干旱的防治及负责过界地区的水污染等,无权过问其他行政及经济方面的事务,与各地环保局、各省市有关部门之间在处理水环境问题时无法统一指挥。这造成七大流域除了防洪外,没有随时间季节而定的水资源管理;缺少流域间的相互协调;在各省内,水资源利用规划旨在最大程度地为本省谋利,导致流域水资源效益的次优化,流域管理委员会经济上不独立等弊端,没有真正达到流域管理的效果。

(二)水环境管理体制和政策方面

中国水环境管理体制的主要问题是水资源管理与水污染控制的分离,以及有关国家与地方部门的条块分割。生态环境部虽然全面负责水环境保护与管理,但是它与其他很多机构分享权力,责权交叉多,从而导致"谁都该管"而"谁都不管"的现象。如中国的水管理分属水利、电力、农业、城建等部门,多龙治水难以实现"统一规划、合理布局"。

在水环境政策上,中国水资源的无偿使用和低水价政策,难以实现节约用水和污水资源化。国外的经验表明,适当提高水价,加强污水回用及资源化措施,对缓解水资源的紧张和对水环境的保护能起到重要的作用,

(三)水环境保护法制方面

经过多年的努力,中国水环境管理立法和标准日趋完善。但还存在以下不足,其一,立法空白,执法不严,如缺乏流域管理委员会设立的组织法、程序法,流域管理委员会的稳定性和职权没有法律保障,缺乏流域的水资源法,缺乏公众参与的程序法,与水污染防治法配套的法规、制度、标准尚不够完善,有法不依,执法不严的现象时有发生等;其二,相关的法律及其补充规定,没有包括解决水环境问题所需的综合整治,水污染防治法着重于点源污染而对非点源污染强调不够,水环境保护的法律较多,每一部法律都有一定的作用,但没有任何一部法律提供一个水环境综合管理的方法。

(四)水环境保护规划方面

主要表现在以下两点:其一,政府各部门和企业之间在流域管理和经营上相互的条块分

割问题是中国水环境规划中最严重的问题之一,如上游流域规划管理可能由林业部门负责,但也常常有可能由林业、农业部门共同负责,水利部门、能源部门或建设部门在特定的情况下也可能负责水库上游流域地区的规划管理;其二,水环境规划中区域间和行业间公平问题。由于中国不同地区间的社会经济差别较大,不同行业间的环境影响以及经济实力悬殊,统一的环境规划必然导致环境不公平。在行业间,比如目前影响中国水环境质量的主要是有机污染物,而这些污染物的来源是有机工业废水、城镇污水未经妥善处理的排放和农田大量使用的农药和化肥流失,但中国水环境规划以工业企业的主要污染源和主要污染物为控制对象,对水污染的农业污染等非点源污染没有给予应有的重视。在地区间,由于地区经济发展不平衡,会出现污染物排放量控制配额与其环境容量不相当的问题。

第三节　水环境保护战略

一、控制人口数量

地球上的水资源数量是有限的,如果人口无节制地增长,水资源的需求量就会不断增加,可利用的水资源会越来越少,水是人类生存之本,水资源的匮乏将最终影响到人类的生存和发展,因此,必须控制人口数量,防止人口过量增长,目前世界上人口增长快的地方大多在发展中国家,大多数发达国家人口数量增长缓慢,有的甚至出现负增长。因此,控制人口数量的主要任务落在了发展中国家的身上,中国人口众多,人均拥有水资源且为世界平均水平的 1/4,控制人口数量,实行计划生育在中国是非常必要的。

二、加强管理

从目前水资源质量的发展趋势看,如不及时采取有效措施,21 世纪初将面临更为严峻的局面。目前,中国的水资源保护还缺乏有效的管理体系,因此,对水资源的开发利用进行管理是非常必要的,针对中国水资源保护存在的问题及其产生原因,我们应该建全水资源保护管理体系,强化统一管理。

(一) 加强水资源保护管理体制建设

中国水资源保护存在的共性问题是管理上的无序状态。要解决好中国水资源保护问题的一项重大措施就是强化统一管理,使管理工作纳入科学的、以国家利益为前提的统一管理轨道。为此建议:

第一,成立协调全国水资源保护管理的权力机构,制定统一政策,对水资源保护实施全国统一管理,改变国家多部门分管的分散状况。

第二,加强以流域为单元的水资源保护机构建设,并赋予其行政监督和管理职能,负责本流域水资源保护工作的组织协调、规划计划与监督管理,在流域决策体制下,对全流域的水污染进行宏观调控与治理。

第三,建立流域与区域结合、管理与保护统一的水资源保护工作体系。逐步形成中央与地方,流域与区域,资源保护与污染防治,上游与下游分工明确、责任到位、统一协调、管理有序的水资源保护机制。流域水资源保护机构负责组织编制流域水资源保护规划,组织水功能区划分,审定水域纳污能力,制定污染物排放总量控制方案,确定省界水体水质管理标准,对流域内各省区污染物排放总量控制实行监督。流域内各省、市人民政府对辖区内水质负责,依据污染物排放总量控制指标,制定辖区内水污染防治规划,将总量控制方案落实到污染源治理和污水处理上,确保水资源保护目标的实现。

(二)制定和完善水资源保护政策法规体系

建全法制、以法治水是水资源保护工作的基本依据和保证。总结过去,既要看到已颁布的《环境保护法》《水法》《水污染防治法》《水土保持法》《河道管理条例》和《取水许可制度实施办法》等对水资源保护所起到的作用,也应看到许多水污染和水环境问题与法制不健全、法规与政策不完善及执法不严有关。因此,除了要修改和完善《水法》,制定《流域法》,以法律形式明确水行政主管部门在水资源保护工作中的地位、责任和权力外,还应加快制定由国务院颁布的《水资源保护管理条例》,确定以流域污染物排放总量控制为核心,地方各级政府行政首长分工负责,流域水资源保护机构实行监督的水资源保护机制。以部门规章制定入河排污监督管理、省界水体水质监督管理和水源地保护等水资源保护管理办法。

(三)建立水资源保护市场经济机制

保护水资源,改善水环境,不仅涉及管理体制和政策法规问题,也涉及如何适应社会主义市场经济的需要,逐步把市场经济机制引入到水资源保护工作中来的问题。水资源是国有自然资源,水资源对使用者来说是商品,应当有偿使用。因此,在观念上要有大的转变,要改变现有的计划经济下城市低价用水、农村无偿用水的旧体制。要利用市场化、商品化机制调节水价。使用者要合理地缴纳水资源费,包括供水投入的成本费、排放污水治理成本费等。水价要分类管理、分类计算,使用户对水资源的利用承担合理的经济责任。要利用经济杠杆激励水资源的节约利用,发挥其最大的社会经济效益。具体有以下几点:

1.合理运用价格机制,提高水资源费

价格改革是市场发育和经济体制改革的关键,过去水资源被视为无价且"取之不尽,用之不竭",结果带来了水工程年久失修,无自我维持之力;水环境破坏,生态失衡;还造成了水资源的大量浪费。当前应通过推行"取水许可"和征收"水资源费"制度,逐步把过去被扭曲了的价格扶正过来,适当提高水资源费价格,并利用水资源费植树造林,涵养水源,以促进生态环境良性循环。

合理运用供求机制,调整水的各项费用。在中国多数地方,特别是供水水源地污染严重的地区,存在着水资源供求关系紧张状况,所以应调整水的各项费用,实行"核定限额,超额加征"制度。在供水紧张情况下,对企事业单位和居民个人都要核定用水、排污定额,在此定额以内按国家价格征收水费、水资源费和排污费,超额加价收取水费、水资源费和排污费,这样可以鼓励节约用水,减少浪费,减少排污,有利于保护水资源,有利于改善水环境。

2.合理运用竞争机制,促进节水减污技术发展

治理水环境是一个复杂的系统工作,虽然经济杠杆是主要的手段之一,但还要辅以技术手段和行政手段,采用先进的技术降低成本,减少排污,包括废污水中污染物的回收、废污水资源化和建立生态农业等。通过技术发展促进竞争,通过竞争带动技术发展。另外,国家还应通过贷款与财政援助等途径,鼓励各行各业进行污染治理,促进水资源保护事业健康发展。

(四)加强水资源保护能力建设

加大水资源保护的投资力度,是加强水资源保护能力建设,增强管理水资源综合能力的重要保障。为此,各级政府应增加资金投入,加强水资源保护机构的能力建设,在逐步完善常规水质监测的基础上,大力提高水环境监测系统的机动能力、快速反应能力和自动测报能力。建立基于公用数据交换系统和卫星通讯的水质信息网络,增强对突发性水污染事故预知、预报和防范能力。装备用于水生生物、痕量元素和有毒有害物测试的先进仪器设备,不断提高监测水平和能力。进一步做好对从事水资源保护工作的管理和技术人员的岗位培训,提高水资源保护队伍的整体素质。

三、提高水利用率、节约水资源

进入 21 世纪以来,全世界用水量急剧增长,全世界农业用水增长了 6 倍,工业用水增长了 21 倍,城市生活用水增长了 7.5 倍。近几十年来,中国总用水量增长了 4.6 倍。其中农业用水增长了 4.2 倍,工业用水(含火电用水)增长了 22 倍,城市生活用水增长了 8 倍。当前全世界仍有不少国家和地区面临水源危机的严峻挑战,节约用水是当今世界各国的发展趋势,也是衡量一个国家或地区科技水平与精神文明的重要标志。中国水资源紧张,很多地区水资源严重不足,已成不争的事实,而水的利用率低及严重浪费是导致供水不足的一个重要原因。因此,必须提高全民的水资源保护和节约用水意识,建立节约用水、科学用水的新风尚,建成节水型社会。节水型社会包括节水型农业、节水型工业、节水型城市。节约用水近年来已被发展成为一整套成熟的措施,这些措施能够提供最为经济有效及保持良好环境的平衡计划用水的方法。事实上,更有效地用水就是创造新的供水水源。节约的每一升水都有助于满足新的用水需求而无须建造额外的河坝及耗用更多的地下水。除了在生态上更为优越之外,在提高用水效率方面每一元的投资,例如回用和节水,都比传统的供水工程的投资产生更多的可用水。

(一)节水型农业

由于农业用水占到所有从河流、湖泊及潜水层中取水量的 2/3,因此,提高灌溉的效率是保持持续用水承受能力的关键。农业上可能的节水量构成一个巨大的、尚未开发的主要供水水源。例如减少灌溉用水 1/10,就可使全世界的生活用水增加 1 倍。

农业是国民经济各个部门的用水大户,约占全国总用水量的 87.6%,达 $4.367×10^{11}$ m³。中国的农业用水包括种植业和养殖业以及 8 亿农民生活和乡镇企业用水,面广量大,季节性强,问题错综复杂。建设节水型农业,关系到国民经济各个部门和农业生产的每个环节,必

须从行政、立法、经济三管齐下，还要求工业及城市不断提高支农能力，不要把工业、城市污水泄向农村。

当前，强化水务管理，推广应用先进的灌溉制度和灌水技术，合理调整种植业和养殖业结构是节约农业用水的有效途径。国内外大量生产实践和科学试验研究表明，推广应用先进的节水灌溉技术，包括喷滴灌溉技术、低压管道输水技术、渠道防治技术，一般可节约用水30%左右，增产20%~30%。世界上一些国家的喷滴灌溉面积占总有效灌溉面积的比重，美国为40%，苏联为47%，罗马尼亚为80%，以色列为95%以上。中国发展喷滴灌溉比较晚，自20世纪70年代以来，走过一段曲折的道路，主要是设备造价太高，农民实难负担，至今全国喷滴灌溉面积只有66万~70万 hm²，仅占全国有效灌溉面积的1.38%。因此要积极研制优质、高效、价廉的灌溉设备。在新的方式未建立之前，应大力改变灌溉效率低、水量浪费大的传统的地面灌溉方式。推行计划用水，提倡大畦改小畦，长沟改短沟，串灌改块灌，大力平整土地，进行园田化建设。近年来在北方半干旱地区还推广"长畦分段灌溉法"和"地膜灌溉法"。在水稻田灌溉方面，推广"浅、湿、晒"的节水增产灌溉制度。根据水稻生长各阶段需水的不同要求，分别采取浅水、湿润和晒田的不同灌溉方式，达到节水增产的目的。为解决水源不足，北方水稻灌区还可开发"水稻旱种"。总之，依靠科技进步，推广应用先进的节水型灌溉技术，是建立节水型农业的根本保障。

现在，各种各样的方法被用来提高农业用水的生产率，例如在美国得克萨斯州，许多农民已将老式的沟渠灌溉系统改变成一种新型涌流法，从而减少渗漏损失，同时使布水更为均匀。在得克萨斯平原平均节水量可达25%；大约每公顷土地30美元的初期投资，一般在第一年里即可回收。以色列是滴灌技术的开拓者，此种节水技术是通过渗水介质或打有小孔的管道网络直接将水输送到作物根部，通常其效率可达到95%。自20世纪70年代中期以来，世界上滴灌或其他微灌技术的使用增加了26倍。现在大约有160万 hm²是使用这种方法来进行灌溉的。以色列大约有一半耕地使用滴灌技术，使当地农民每公顷的用水量降低了1/3，同时还增加了作物的产量。

除了推广这些技术，提高星罗棋布的地表水沟渠系统的效率也十分重要，这些系统在全世界被灌溉的土地占有主要地位，因为许多灌溉系统的维护和运行都比较差，因此有些土地灌溉的水太多，有些又太少。例如在印度改善其庞大的运河系统的基础设施及运行就能增加约1/5的灌溉面积而无须修建新的水坝。

(二) 节水型工业

总的说来，工业用水占到全世界用水总量的1/4左右。大多数工业用水被用来作为冷却加工及其他用途，在这些过程中水可能会被加热、污染，但并没有被消耗掉。这就使得工厂有可能重复使用它，从而工厂从得到的每一立方米水中获得更多的产出。对于新加坡、波士顿、墨西哥城、耶路撒冷、洛杉矶等靠引水工程供水的城市，节水已被证明是能满足其居民用水需求的一个很好的方法，例如在大波士顿地区，通过在家庭安装节水器、进行工业用水审计、输水系统的检漏及公众教育，降低了年用水量的16%。

中国正处在由农业大国向工业大国转变的关键历史时期，虽然目前工业用水比重不大，但势头很快。工业用水,水资源的经济效益比农业用水高得多。所以发展中的国家,工业用水处于优先地位。工业用水具有时间上均衡,区域密集,排放废污水,有污染环境破坏水源的特点。因此,建设节水型工业比节水农业更紧迫。建设节水型工业,政策性很强。首先要解决工业布局与水源条件相适应,目的在于充分有效地利用有限的水资源,来创造最高的经济效益,同时保护环境,使水资源能够永续利用,更快更好地实现国家工业化。其次是千方百计不断减轻水污染,工业发达国家正通过污水处理解决水污染问题,近年来正在向闭路循环和污水资源化方向发展。在中国建立节水型工业,除加强管理之外,采用先进的科学技术,改革工艺流程,提高水的循环利用率,降低万元产值的耗水量,同时开发污水资源化的科学技术,减少水污染,是建立节水型工业的根本途径。

(三)节水型城市

城市生活用水,要求供水均衡不断,保证率高,水质优良。目前中国城市用水比重小,仅占全国总量的 2%,但发展势头也很快。随着城市化的进程,人口和工业不断向城市集中,同时城市流动人口之大,世界独有,城市水量供需矛盾将越来越大。为此城市节约用水必将提到议事日程。为达到此目的,开发研制城市生活用水的节水型器具,逐步实现生活用水的循环使用和清污分流,同时建立高水平的城市污水处理系统,防止水污染,是建立节水型城市的有效途径。

中国的主要城市绝大部分在沿海、沿江、沿湖、沿线(铁路及公路干线),是中国各地政治、经济、文化的活动中心,且城市建制多为市管县,工业、农业、生活用水融为一体,在世界上独具特色。建设节水型城市,对于建设节水型社会将起到排头兵的作用,有条件地选择若干个城市试点,然后推广。

总之,利用现有的技术及方法,可能减少农业用水 10%~50%、工业用水 40%~90%,而不减少经济产出及降低生活的质量。但是我们的努力却面临着失败的危险,因为有些政策和法规鼓励浪费和滥用而不是提高用水效率和节约用水。最重要的是降低用水的补贴,特别是灌溉用水。许多农民所支付的水费只占真正成本的 1/5 以下,因此无须考虑如何节约用水。对于城市供水系统,设立符合实际的价格体系来鼓励工业和居民节约用水是至关重要的。此外,鼓励建立水交易的开放市场也有助于供水的再分配及提高用水效率。

四、污染防治

(一)调整中国产业结构和布局

中国的人口、耕地、矿藏资源等的分布以及社会历史情况决定了中国原有的产业结构和产业布局,但是这种分布状况与中国水资源的空间分布很不匹配。中国的主要农业灌溉区和需水工业大多集中于北方,而中国水资源分布却是南多北少,导致中国北方水环境恶化极其严重,水资源已经成为中国北方经济发展的一个不利因素。因此调整中国产业结构和布局势在必行。具体来说:①在北方地区加速发展高新技术产业、第三产业,尽量少建或不建能耗高、污染重的产业;②加强对老企业的改造和管理,降低其能耗和污染;③采取“分散集团式”的产业布局原则。

（二）建立水资源保护区

为从整体上解决中国水环境恶化的问题，必须有计划地建立不同类型和不同级别的水资源保护区，并采取有效措施加以保护。主要包括：①流域水资源保护区；②山区和平原水资源保护区；③大型水利工程水资源保护区；④重点城市水资源保护区。将各保护区内水资源的分配、水费、排污费的收取、治污资金的筹集等有效地统一起来，就能够实现从局部到整体的治理步骤的实现，从而解决中国水环境问题。

（三）加强水环境的综合治理与规划

由于水资源的再治理是很困难的，因此水环境的保护政策应当贯彻"以防为主、防治结合、综合治理、综合利用"的方针。具体来说就是要将污水处理措施、生物措施和水利措施结合起来，充分利用水环境的自净能力，从根本上治理水环境。例如对于海河，由于降雨量年内分配极不均匀，枯水期和丰水期经流相差十几倍，而污染主要集中在枯水期，污径比值在1994年曾经达到0.15，因此在其中上游修建一些水利工程设施，调节径流的年内分配，使水环境容量不至于在丰水期浪费，而枯水期又远远不足，增加河流的稀释能力，另一方面对于防洪、供水也有很大的益处。从规划上应将流域规划和区域规划结合起来，妥善处理好上下游、区域、部门之间的关系，全盘考虑，统一规划。

加强水资源保护是水资源开发利用的大前提。如果水资源枯竭或污染破坏，也就谈不上开发利用；也只有在水资源保护的前提下，才可能使开源与节流发挥有效的作用。因此水资源保护是今后开发利用水资源的基础。

水资源保护涉及的内容很多，但目前应重点抓好以下几方面的工作。

1.防止浪费是保护水资源的最有效的措施之一

大家知道，水是有限的资源，从这一角度出发，浪费就是人为地减少水资源。防止浪费就成为重要的保护内容之一。

2.严禁人类活动恶化水的质量

水资源包含质和量两方面的含义，质量不好的水非但不能利用，而且还可能酿成后患。严禁人类污染水环境、破坏水资源，使可利用水资源变成废水、丧失水体的功能的活动。

3.有节制地开发利用水资源

对某一河流或某一地区而言，水资源量是一定的，它与周围的环境和自然资源组成相互制约、相互作用的生态系统。因此开发利用水资源必须考虑周围的环境和资源，使其开发量限制在不破坏其他资源和环境为原则的前提下，过去那种只以水资源量为开发依据的做法应予限制。所谓有节制地开发，就是开采量限制在以不破坏某一河流、某一地区的生态环境为标准。只有这样，水资源的开发才能做到可持续开发利用。

总之，水资源的保护要坚持可持续发展的战略，在此基础上，要以先进的科技为先导，综合规划、合理利用，从经济、法制和行政三方面强化管理；还必须转变人们传统的用水观念，提高人们的可持续的利用水的意识。唯有如此，我们才能保护我们赖以生存和发展的水资源，才能摆脱水资源危机。

五、加强舆论宣传和监督工作

水涉及千家万户和各个领域,为了确保水量的稳定性,水质的优良性,充分发挥水资源的利用价值,必须深入持久地通过报纸、杂志、电视、广播、手册等工具,开展"立体型"的宣传教育,提高人们节水的责任感和自觉性,丰富人们的节水知识,使每个公民认识到水是宝贵的资源,水是生命不可缺少的部分,水的储量是有限的,对人类的贡献是巨大的。实践证明,在发达国家,法律作用、行政手段、经济支持和宣传工作,被认为是做好水资源管理和保护工作的四个要素。因此,舆论宣传是做好水资源保护工作的重要环节。只有唤起群众和全社会的重视,加强人人监督、群众舆论监督和各方面的监督,水资源才能真正得到保护。全民的水环境保护意识薄弱,是造成目前水资源危机的重要根源。从前文所述水资源危机的人为因素可以看到,那些人为因素,实际上是人们对自然世界、对客观规律认识不足造成的。人口对水资源的压力,是人类对人口问题认识不足的结果;人们在破坏涵养水源的森林植被时,没有认识到会受到自然的报复;人类在肆无忌惮地把大量有毒有害的污染物排入水体时,决不会想到会自食恶果;如果人类认识到水资源危机已到如此程度,也一定会收敛浪费水的行为。

因此,提高全民的水环境保护意识是非常重要的。提高全民水环境意识的重要途径包括以下几个方面。

首先,要加强宣传教育,要使人们了解水资源的重要性,水资源危机的严重性。要利用各级人民政府、各种媒体进行多种渠道的、多种形式的、全方位的宣传教育,使人们认识水资源、保护水资源。

其次,法制的宣传教育非常重要。目前中国有水资源保护法、水污染防治法,这是防治水污染、保护水资源的重要法律依据。我们要大力宣传,使人们了解国家的有关法律法规,自觉地去遵守;要利用对严重破坏、污染水资源案件的处罚,教育人民,起到处罚一个,教育一大片的目的。

另外,提高人们的水环境保护意识,转变观念是关键。其一,要改变人们长期认为的水资源是取之不尽、用之不竭的观念,使人们真正把水资源看作是宝贵的资源,其二,要改变人们认为的水有巨大的环境容量,可以消纳大量污染物的认识,实际上水的纳污能力是有限的,一旦超过这个限度,就会使水质严重恶化;其三,要改变人们认为水是自然之物,可无价或廉价使用的观念。长期以来,无论是工农业用水,还是人民生活用水,都是把水资源作为廉价资源任意使用,从而形成了人们轻视水资源的观念。我们可以通过水价改革,转变传统观念中水资源无价的认识,使全民认识到目前水资源日益紧缺的局面,从而提高全民的节水意识,促使全社会主动采取节水技术和设备,尽快建立节水型社会,实现水资源的可持续利用。

提高全民的水资源保护意识,不应该停留在口头上,还应该落实在行动中。水,就在你我身边,我们每天都有机会接触,都有机会实践水资源保护;假如人人从我做起、从现在做起,那么,我们一定会重现水的清澈透明,使水更好地造福于人类。

思考题

    1.水环境管理的基本原则是什么?

    2.中国的水环境管理的不足之处是什么?

参考文献

[1] 杨波.水环境水资源保护及水污染治理技术研究[M].北京:中国大地出版社,2019.

[2] 许秋瑾,胡小贞.水污染治理、水环境管理和饮用水安全保障技术评估与集成[M].北京:中国环境出版集团,2019.

[3] 欧阳和平.河流污染治理与水环境保护[M].延吉:延边大学出版社,2019.

[4] 王灿发,赵胜彪.水污染与健康维权[M].武汉:华中科技大学出版社,2019.

[5] 李玉超.水污染治理及其生态修复技术研究[M].青岛:中国海洋大学出版社,2019.

[6] 许鹏辉.基于持续和谐发展的环境生态学研究[M].北京:中国商务出版社,2019.

[7] 刘昕宇.吴世良.宗军.著.水环境污染物的筛查与风险分析[M].北京:科学出版社,2018.

[8] 王瑾.水污染密集产业的环境规制与效率评价[M].北京:经济科学出版社,2018.

[9] 辛志伟,卢学强.环境污染系统控制论[M].北京:中国环境出版集团.2018.

[10] 叶维丽等.水污染物排污权有偿使用关键技术与示范研究[M].中国环境出版社,2018.

[11] 张宝贵,郭爱红.周遗品.环境化学[M].武汉:华中科技大学出版社,2018.

[12] 郑丙辉.于萍副.水体污染事件应急处置技术手册[M].北京:中国环境出版集团.2018.

[13] 徐礼强.河流水环境污染物通量测算理论与实践[M].广州:中山大学出版社,2018.

[14] 王东阳,刘瑞娜,李永峰,等.基础环境管理学[M].哈尔滨:哈尔滨工业大学出版社,2018.

[15] 胡荣桂,刘康.环境生态学[M].武汉:华中科技大学出版社,2018.

[16] 谢阳村,马乐宽,赵越,等.重点流域水污染防治形势与水环境综合治理对策研究[M].北京:中国环境出版社,2017.

[17] 童晓青,龚耀庭.水环境污染现状及治理对策[M].北京/西安:世界图书出版公司.2017.

[18] 符露.水污染处理与环境保护研究[M].西安:西安交通大学出版社,2017.

[19] 苏会东,姜承志.张丽芳.水污染控制工程[M].北京:中国建材工业出版社,2017.

[20] 陈进.水·环境与人[M].武汉:长江出版社,2017.

[21] 王玉敏,高海鹰.环境水力学[M].南京:东南大学出版社,2017.

[22] 王文祥,李慧颖.水污染治理技术[M].北京:化学工业出版社,2019.

［23］　邱贤华.水污染治理与控制技术新探［M］.咸阳:西北农林科技大学出版社,2019.

［24］　朱丽芳.水污染与水环境治理［M］.北京:中国水利水电出版社,2019.

［25］　王洁方.排污权转移视角下跨界水污染补偿研究［M］.北京:海洋出版社,2019.

［26］　张仁志.水污染治理技术［M］.武汉:武汉理工大学出版社,2018.

［27］　于宏源.全球环境治理内涵及趋势研究［M］.上海:上海人民出版社,2018.

［28］　朱喜,胡明明.河湖生态环境治理调研与案例［M］.郑州:黄河水利出版社,2018.

［29］　张艳梅.污水治理与环境保护［M］.昆明:云南科技出版社,2018.

［30］　董文龙,李干蓉,陈雷.水污染控制技术［M］.郑州:黄河水利出版社,2020.